吉林大学本科教材出版资助项目

“十三五”普通高等教育实验实训系列教材

水资源基础实验指导书

赵玉红　马喆　孙晓庆　编著

中国水利水电出版社
www.waterpub.com.cn
·北京·

内 容 提 要

本书是在总结多年实习教学成果基础上编写而成的，主要内容包括：土的结构和构造实验，地表水流运动基础实验，饱水带渗流理论基础实验，饱水带地下水运动参数测定，常规水化学基础实验，水质毒理性指标实验，地下水水质弥散参数的测定，非饱和带地下水运移理论基础实验，非饱和土壤水运移参数测定，环境同位素测试。

本书主要供水文与水资源工程专业、地下水科学与工程专业的师生实习时使用，也可供其他有关专业实习时参考。

图书在版编目（CIP）数据

水资源基础实验指导书 / 赵玉红，马喆，孙晓庆编著. -- 北京 : 中国水利水电出版社，2020.5
"十三五"普通高等教育实验实训系列教材
ISBN 978-7-5170-8596-6

Ⅰ. ①水… Ⅱ. ①赵… ②马… ③孙… Ⅲ. ①水资源－高等学校－教材 Ⅳ. ①TV211

中国版本图书馆CIP数据核字(2020)第094187号

书　　名	"十三五"普通高等教育实验实训系列教材 **水资源基础实验指导书** SHUIZIYUAN JICHU SHIYAN ZHIDAOSHU
作　　者	赵玉红　马　喆　孙晓庆　编著
出版发行	中国水利水电出版社 （北京市海淀区玉渊潭南路1号D座　100038） 网址：www.waterpub.com.cn E-mail：sales@waterpub.com.cn 电话：(010) 68367658（营销中心）
经　　售	北京科水图书销售中心（零售） 电话：(010) 88383994、63202643、68545874 全国各地新华书店和相关出版物销售网点
排　　版	中国水利水电出版社微机排版中心
印　　刷	清淞永业（天津）印刷有限公司
规　　格	184mm×260mm　16开本　12.25印张　298千字
版　　次	2020年5月第1版　2020年5月第1次印刷
印　　数	0001—1500册
定　　价	**32.00**元

前 言

实践教学是本科教学的重要环节，实验课是实践教学的重要组成部分。为了满足本科教学科研和生产的需求，在吉林大学“十三五”规划教材项目资助下，按吉林大学2018版实践教学大纲要求，依据吉林大学地学部水文与水资源工程、地下水科学与工程、环境工程、地质工程和土木工程等专业，14门专业基础课程57项实验内容和方法，基于实验室现有条件和研发的“多功能土壤渗透仪”（授权发明专利2项）、“毛细水负压测定仪”（授权发明专利1项）等新型教学仪器及新实验方法，编写了本指导书。

本书包括7个方面实验内容：第一部分为地表水流运动实验；第二部分为岩土的水理性质实验；第三部分为包气带地下水运移实验；第四部分为饱水带渗流理论基础实验；第五部分为水化学分析实验；第六部分为仪器分析实验；第七部分为环境同位素测试。

本书参加编写人员如下：

赵玉红第二部分、第三部分（实验一）、第四部分（实验一、实验四、实验五的第一节和第二节、实验七、实验八）。

马喆第四部分（实验九）、第五部分、第六部分。

孙晓庆第一部分、第三部分（实验二、实验三）、第四部分（实验二、实验三、实验五第三节、第四节、实验六）。

杨峰田第七部分（实验三、实验四、实验五、实验六）。

郝洋第七部分（实验一、实验二、实验三、实验四）。

本书在拟定编写大纲以及编写过程中，得到曹玉清、曹剑锋、卞建民、冶雪艳教授，鲍新华、田海龙、路莹、方樟、吕航副教授大量的指导和建议，在此表示衷心感谢！

本书编写过程中，参阅了大量国家级规划教材、相关规范标准、仪器操作说明及前人相关研究成果，所有引用文献已尽量注明，但限于疏漏未能全部列出，在此向他们表示诚挚歉意！

由于本书所涉及的内容广泛，尽管我们从事实验教学多年，并研发有发明专利的实验教学仪器和新的实验方法，但鉴于编者的水平有限，书中难免有不妥和错误之处，敬请广大读者给予批评指正。

编者

2020年1月

目 录

第一部分　地表水流运动实验

实验一　静水压强实验

一、实验目的

（1）掌握用测压管测量静水压强的方法，通过对水静力学现象的实验分析，加深理解水静力学方程的物理意义和几何意义，提高解决实际问题的能力。

（2）观察测定在重力作用下液体任意点的位置水头 z、压强水头 P/γ 和测压管水头 $Z+P/\gamma$，验证不可压缩流体静力学的基本方程。

（3）测量当 P_0（仪器外部大气压）$=P_a$（仪器内部大气压）、$P_0>P_a$、$P_0<P_a$ 时静水中某一点的压强，分析各测压管水头变化规律，加深对绝对压强、相对压强、真空压强和真空度的理解。

（4）学习测量液体重度的方法。

二、实验原理

1. 水静力学的基本方程

在重力作用下，处于静止状态下不可压缩的均质液体，其基本方程为

$$Z_1+\frac{P_1}{\gamma}=Z_2+\frac{P_2}{\gamma}=\cdots=C \tag{1-1}$$

式中　Z——单位重量液体相对于基准面的位置高度或称位置水头，cm；

P/γ——单位重量液体的压能或称压强水头，cm；

$Z+P/\gamma$——测压管水头，cm。

方程式（1-1）的物理意义是：静止液体中任一点的单位位能和单位压能之和为一常数，而 $Z+P/\gamma$ 表示单位重量液体具有的总势能，因此也可以说，在静止液体内部各点的单位重量液体的势能均相等。

静水压强方程也可以写成：

$$P=P_0+\gamma h \tag{1-2}$$

式中　γ——水的重度，$9.8\times10^{-3}\mathrm{N/m^3}$；

P_0——作用在液体表面的压强，kPa；

h——液体自由水面以下任一点的淹没深度，cm；

P——液体自由水面以下任一点的压强，kPa。

2. 水静力学的压强传递作用

式（1-2）说明，在静止液体中，任一点的静水压强 P，等于表面压强 P_0 加上该点在液面下的深度 h 与液体容重 γ 的乘积之和，表面压强遵守巴斯加原理，等值地传递到

液体内部所有各点上，所以当表面压强 P_0 一定时，静止液体中某一点的静水压强 P 与该点在液面下的深度 h 成正比。

3. 绝对压强、相对压强、真空压强和真空度

绝对压强是以没有气体存在的绝对真空为零来计算的压强。如果作用在液面上的是大气压强 P_a，则式（1-2）可写为

$$P=P_a+\gamma h \tag{1-3}$$

当作用在液面上的压强为 P_0，则式（1-3）写为 $P=P_0+\gamma h_0$。

上式说明当作用在液面上的压强为大气压强时，其静水压强等于大气压强 P_a 与液体重度 γ 和水深 h 乘积之和。这样所表示的一点压强称为绝对压强（当液面上压强不等于大气压强时以 P_0 表示）。

相对压强是以当地大气压强为零来计算的压强，相对压强表示一点的静水压强超过大气压强的数值，可以表示为

$$P=P_0+\gamma h-P_a \tag{1-4}$$

真空压强 P_v 的大小以标准大气压强和绝对压强之差来量度，即

$$P_v=P_{大气压强}-P_{绝对压强} \tag{1-5}$$

真空度等于相对压强的绝对值。

三、实验仪器

仪器结构如图 1-1 所示。

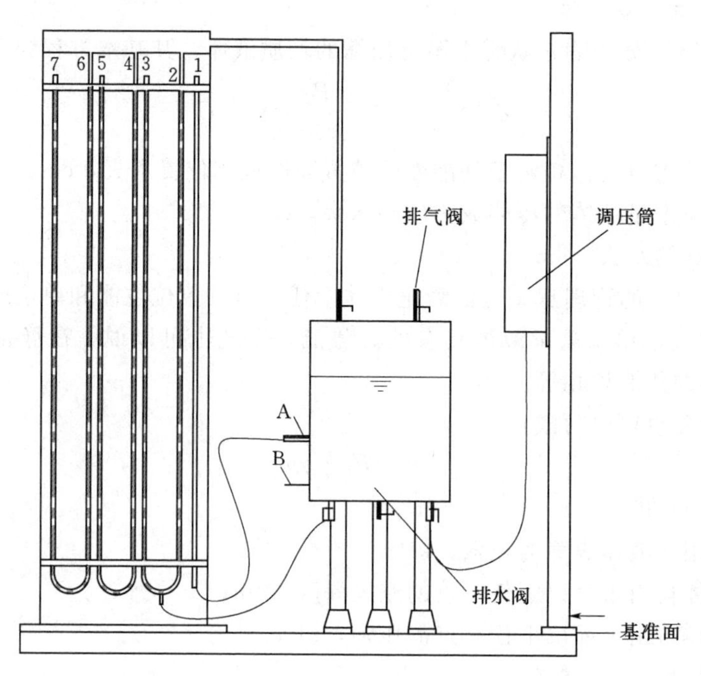

图 1-1　仪器结构图

6、7 测压管中所装液体为油，1～5 测压管中所装液体为水

1、2、3、4、5、6、7—测压管；A、B—液体自由水面以下不同深度

四、实验步骤

（1）在编号为6、7的U形管中装入需要量测重度的液体，可以是油或者是其他液体，本实验中为油。

（2）了解仪器组成及其用法，包括加压方法、减压方法。检查仪器是否密封，检查的方法是关闭排气阀，在调压筒中盛以一定深度的水，将调压筒上升高于密闭圆筒容器，待水面稳定后，看调压筒中的水面是否下降，若下降，表明漏气，应查明原因后加以处理。

（3）记录各测压管编号，选定基准面，记录基准面到各测压点的高度。

（4）打开密闭圆筒容器上的排气阀，使箱内液面压强 $P_0=P_a$，观测并记录1、2、3、4、5、6、7点测压管水面高度。

（5）关闭排气阀，升高调压筒，使箱内液面压强 $P_0>P_a$，待水面稳定后，观测并记录1、2、3、4、5、6、7点测压管水面高度。

（6）降低调压筒，使箱内液面压强 $P_0<P_a$，待水面稳定后，观测并记录1、2、3、4、5、6、7点测压管水面高度。

（7）实验结束后，将仪器恢复原状。

五、数据记录

1. 实验原始数据

根据实验测试，填写测压管水位值记录表（表1-1）。

表1-1　实验记录表

项　目	$\frac{P_1}{\gamma}$	$\frac{P_2}{\gamma}$	$\frac{P_3}{\gamma}$	$\frac{P_4}{\gamma}$	$\frac{P_5}{\gamma}$	$\frac{P_6}{\gamma}$	$\frac{P_7}{\gamma}$	$\frac{P_0}{\gamma}$	$Z_A+\frac{P_A}{\gamma}$	$Z_B+\frac{P_B}{\gamma}$
$P_0=P_a$										
$P_0>P_a$										
$P_0<P_a$										

注　P_0 为液体表面压强；P_a 为大气压强；P_A、P_B 为图1-1中仪器A、B点的液体压强值；Z为位置水头，基准面至测点相连测压管底部的高度，cm，表中$\frac{P_1}{\gamma}$代表h_1，$\frac{P_2}{\gamma}$代表h_2，$\frac{P_3}{\gamma}$代表h_3，$\frac{P_4}{\gamma}$代表h_4，$\frac{P_5}{\gamma}$代表h_5，$\frac{P_6}{\gamma}$代表h_6，$\frac{P_7}{\gamma}$代表h_7。$\frac{P_0}{\gamma}$代表密闭容器内的表面压强的水柱高，即编号4和6的水柱高。

2. 数据处理

（1）由表中计算的 $Z_A+\frac{P_A}{\gamma}$ 和 $Z_B+\frac{P_B}{\gamma}$，验证静水压强方程，对比二者是否相等。

（2）当 $P_0>P_a$ 时，由表中$\frac{P_4}{\gamma_{水}}$及$\frac{P_5}{\gamma_{水}}$数据，计算圆筒容器内水的表面压强，即基于编号4和5的水柱高，$P_0=P_a+\gamma_{水}\left(\frac{P_5}{\gamma_{水}}-\frac{P_4}{\gamma_{水}}\right)$。

（3）计算U形管中油的重度 $\gamma_{油}$。设在 $P_0>P_a$ 时，4号测压管和5号测压管的水面差为 Δh_1，6号测压管和7号测压管的油面差为 Δh_2，其中，$\Delta h_1=\frac{P_5-P_4}{\gamma_{水}}$、$\Delta h_2=\frac{P_7-P_6}{\gamma_{油}}$，

则 $P_5=\Delta h_1\gamma_{水}+P_4$　$P_7=\Delta h_2\gamma_{油}+P_6$，因 $P_0=P_4=P_6$，且 $P_5=P_7=P_a$，因此有

如下式子：

$$\gamma_{水}\Delta h_1=\gamma_{油}\Delta h_2 \tag{1-6}$$

由上式可得

$$\gamma_{油}=\gamma_{水}\frac{\Delta h_1}{\Delta h_2} \tag{1-7}$$

六、注意事项

（1）保证容器的密闭性。

（2）实验时仪器底座要水平。

七、思考题

（1）表面压强 P_0 的改变，对 A、B 两点的压强水头有什么影响，对真空度有什么影响？

（2）相对压强与绝对压强、相对压强与真空度有什么关系？

（3）U 形管中的压差 Δh 与液面压强 P_0 的变化有什么关系？

实验二　雷诺实验

一、实验目的

（1）实际观察流体的两种形态，加深对层流和紊流的认识。

（2）测定液体（水）在圆管中流动的临界雷诺数，即下临界雷诺数，学会其测定的方法。

二、实验原理

（1）实际流体的流动会呈现出两种不同的形态：层流和紊流。液体质点作有条不紊的运动，彼此不相混掺的形态称为层流；液体质点作不规则运动、互相混掺、轨迹曲折混乱的形态称为紊流。它们的区别在于：流动过程中流体层之间是否发生混掺现象。在紊流流动中存在随机变化的脉动量，而在层流流动中则没有，如图 1-2 所示。

（2）圆管中恒定流动的流态转化取决于雷诺数。雷诺根据大量实验资料，将影响流体流动状态的因素归纳成一个无因次数，称为雷诺数 Re，作为判别流体流动状态的准则：

$$Re=\frac{4Q}{\pi D\nu} \tag{1-8}$$

式中　Q——流体断面平均流量，cm^3/s；

D——圆管直径，cm；

ν——流体的运动粘度，cm^2/s。

层流状态

开始颤抖，过渡区

紊流状态

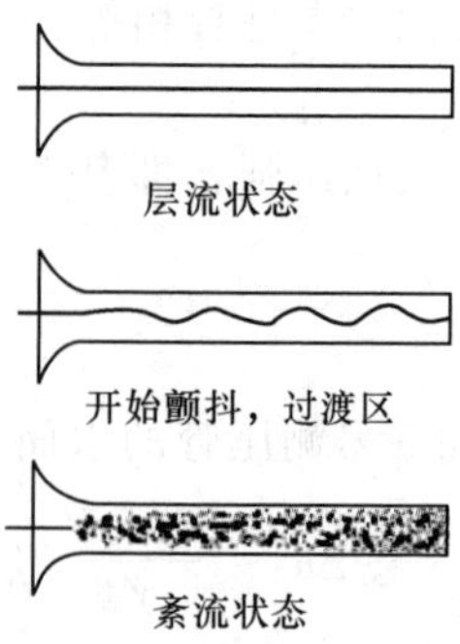

图 1-2　三种流态示意图

在本实验中，流体是水。水的运动粘度与温度的关系可用泊肃叶和斯托克斯提出的经验公式计算：

$$\nu=\{[0.585\times10^{-3}\times(T-12)-0.03361](T-12)+1.2350\}\times10^{-2} \tag{1-9}$$

式中　ν——水在 t℃时的运动粘度，cm^2/s；

T——水的温度，℃。

（3）圆管中定常流动的流态发生转化时对应的雷诺数称为临界雷诺数。流体从层流到紊流过渡时的速度称为上临界流速，从紊流到层流的过渡时的速度为下临界流速。下临界雷诺数，它表示低于此雷诺数的流动必为层流，有确定的取值，通常均以它作为判别流动状态的准则。

由于层流和紊流流态的流场结构和动力特性存在很大的区别，对它们加以判别并分别讨论是十分必要的。圆管中恒定流动的流态为层流时，沿程水头损失与平均流速成正比，而紊流时则与平均流速的1.75～2.0次方成正比，如图1-3所示。

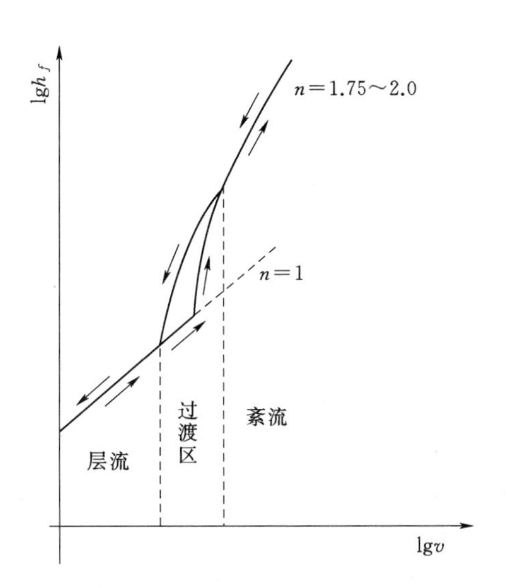

图1-3 层流、过渡区、紊流下沿程水头损失 h_f 与平均流速 v 的对数坐标关系曲线示意图

三、实验仪器

实验装置如图1-4所示。稳压水箱靠水箱溢流来维持不变的水位。在稳压水箱的下部装有水平放置的雷诺试验管，试验管与水箱相通，稳压水箱中的水可以经过试验管恒定出流，试验管的右端装有出水阀门，可用以调节出水的流量。在稳压水箱的上部装有颜色罐，其中的颜色液体可经细管引流到实验管的进口处。颜色罐的下部装有调节小阀门，可以用来控制和调节色液液流。雷诺仪还设有供水箱，有水泵向实验系统供水，而实验的回流液体可经回水管回流到供水箱中。

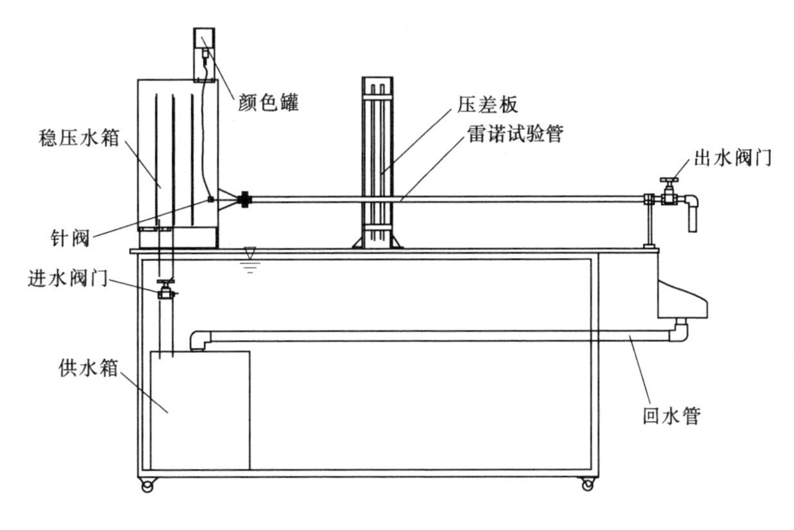

图1-4 实验装置图

四、实验步骤

1. 实验前的准备

（1）打开进水阀门后，启动水泵，向稳压水箱加水。

（2）稳压水箱的水位达到溢流水平，并保持稳定的溢流。

（3）适度打开出水阀门，使实验管出流，此时，稳压水箱仍要求保持恒水位，否则，可再调节阀门，使其达到恒水位，应一直保持有稳定溢流。注意：整个实验过程中都应满足这个要求。

（4）测量水温。

2. 进行实验，观察流态

（1）微开出水阀门，使实验管中水流有稳定而较小的流速。

（2）微开颜色罐下的小阀门，使色液从细管中不断流出，此时，可能看到管中的色液液流与管中的水流同步在直管中沿轴线向前流动，色液呈现一条细直流线，这说明在此流态下，流体的质点没有垂直于主流的横向运动，有色直线没有与周围的液体混杂，而是层次分明地向前流动。此时的流体即为层流，若看不到这种现象，可再逐渐关小阀门，直到颜色罐液体进入圆管中呈直线运动为止。

（3）逐渐缓慢开大阀门至一定开度时，可以观察到有色直线开始出现脉动，但流体质点还没有达到相互交换的程度，此时，即象征为流体流动状态开始转换的临界状态（上临界点），当时的流速即为临界流速。

（4）继续开大阀门，即会出现流体质点的横向脉动，继而色线会被全部扩散与水混合，此时的流态即为紊流。

（5）此后，如果把阀门逐渐关小，关小到一定开度时，有可以观察到流体的流态从紊流转变到层流的临界状态（下临界点）。继续关小阀门，试验管中会再次出现细直色线，流体流态转变为层流。

3. 测定临界雷诺数 Re_k

（1）开大水阀门，并保持细管中有色液流出，使实验管中的水流处于紊流状态，看不到色液的流线。

（2）缓慢地逐渐关小出水阀门，仔细观察试验管中的色液流动变化情况，当阀门关小到一定开度时，可看到试验管中色液出口处开始出现有色流线的脉动，但还没有达到转变为层流的状态，此时，即象征为稳流状态变为层流的临界状态。

（3）在此临界状态下测量出水流量，具体步骤如下：准备秒表和计量升杯，即可开始计量，重复测量 3 次，将每次量筒的一定接水量 W 与对应的时间 t 记入实验记录表中。

五、数据记录

1. 实验原始数据

通过实验操作，将各测试数据填入表 1－2。

2. 实验处理

根据如下公式计算下临界雷诺数：

$$Re_k=\frac{V_k d}{\nu} \tag{1-10}$$

表 1-2　　实验记录表

次数	W/cm^3	t/s	$Q/(cm^3/s)$	临界流速 $V_k/(cm/s)$	临界雷诺数 Re_k	附注
1						实验管内径 $d=$　cm 水温：　℃
2						
3						

注　W 为试验中一定时间内的水量，cm^3；t 为水量为 W 时的时间，s；Q 为通过水量和时间计算所得的流量。

$$V_k=\frac{Q}{A}=\frac{Q}{\pi\cdot\frac{d^2}{4}} \tag{1-11}$$

$$Q=\frac{W}{t} \tag{1-12}$$

式中　ν——水运动粘度（根据实验水温，从水的粘温曲线上查得），cm^2/s；

A——试验管内横截面积，cm^2。

六、注意事项

颜色水形态常见的几种：稳定直线、稳定略弯曲、直线摆动、直线抖动、断续、完全散开等。

七、思考题

（1）层流、紊流两种水流流态的外观表现是怎样的？

（2）雷诺数的物理意义是什么？为什么雷诺数可以用来判别流态？

（3）临界雷诺数与哪些因素有关？为什么上临界雷诺数和下临雷诺数不一样？

（4）流态判据为何采用无量纲参数，而不采用临界流速？

（5）破坏层流的主要物理原因是什么？

实验三　伯努利方程实验

一、实验目的

（1）观察流体流经能量方程试验管的能量转化情况，对实验中出现的现象进行分析，加深对能量方程的理解。

（2）掌握一种测量流体流速的方法。

（3）验证静压原理。

二、实验原理

不停运动着的一切物质，所具有的能量也在不停转化。在转化过程中，能量只能从一种形式转化为另一种形式，即遵守能量守恒定律。流体和其他物质一样，也具有动能和势能两种机械能，流体的动能与势能之间，机械能与其他形式的能量之间，也可互相转化，其转化关系，同样遵守能量转换守恒定律。

当流量调节阀旋到一定位置后，实验管道内的水流以恒定流速流动，在实验管道中沿管内水流方向取 n 个过水断面，从进口断面至另一个断面 i 的能量方程式为

$$Z_1+\frac{P_1}{r}+\frac{v_1^2}{2g}=Z_i+\frac{P_i}{r}+\frac{v_i^2}{2g}+h_\omega=常数 \quad i=2,3,\cdots,n \tag{1-13}$$

式中 Z——位置水头，cm；

P/r——压强水头，cm；

$\frac{v^2}{2g}$——速度水头，cm；

h_ω——进口断面至断面 i 的损失水头，cm。

从测压计中读出各断面的测压管水头（$Z+P/r$），通过体积时间法或重量时间法测出管道流量，计算不同管道内径时过水断面平均速度 v 及速度水头 $v^2/2g$，从而得到各断面的测压管水头和总水头。其中能量损失 h_ω 由沿程摩擦损失 h_f 和局部能量损失 h_j 两部分组成。本实验就是通过观察和测量流体在静止与流动时的位置水头、压强水头、速度水头，从而进行上述能量转化与守恒定律的验证。

三、实验仪器

实验装置如图 1-5 所示，在实验桌上方放有稳压水箱、实验管路、毕托管、测压管、压差板、控制阀门。实验桌的侧下方则放置有供水箱及水泵。

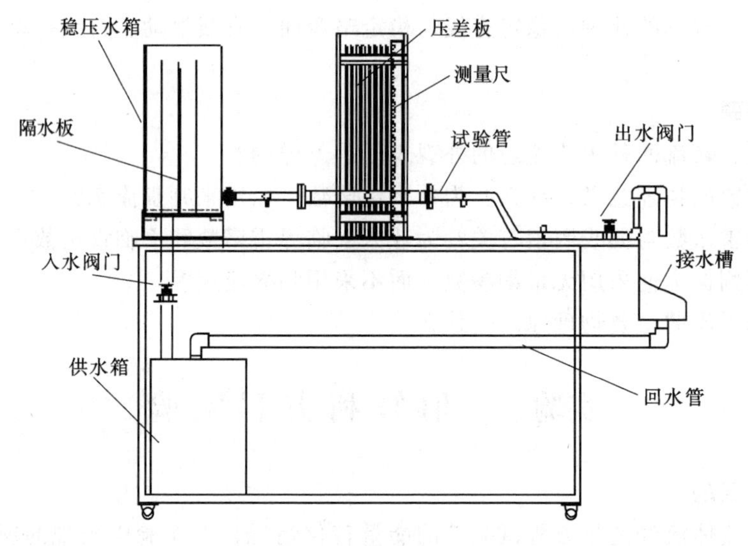

图 1-5 实验装置图

四、实验步骤

(1) 验证静压原理：启动水泵，等水灌满管道后，关闭两端阀门，这时观察能量方程实验管上各个测压管的液柱高度相同，因管内的水不流动没有流动损失，因此静止不可压缩重力流体中，任意点单位重量的位势能和压力势能之和保持不变，测点的测压管水柱高度和测点的前后位置无关。

(2) 测速：能量方程实验管上的每一组测压管都相当于一个皮托管，可测得管内任意一点的流体点速度，本实验台已将测压管开口位置设在能量方程实验管的轴心，故所测得动压为轴心处的，即最大速度。皮托管与普通测压管的测量对比见图 1-6。

皮托管求点速度公式：

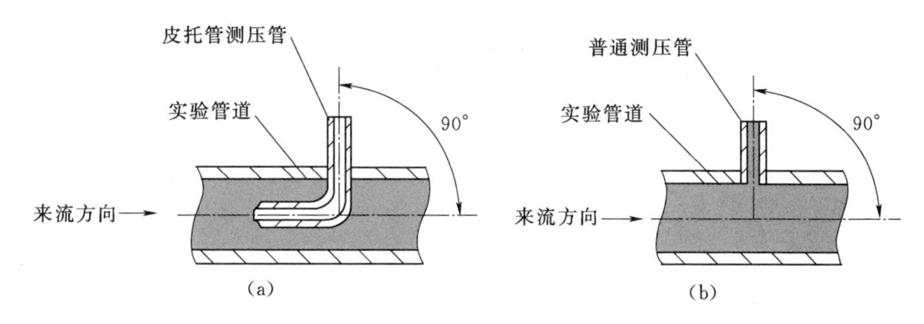

图 1-6　皮托管与普通测压管对比图

(a) 安装在实验管道中的皮托管测压管；(b) 普通测压管

$$v_p=\sqrt{2g\Delta h} \tag{1-14}$$

式中　v_p——能量方程实验管的轴心处的流体点速度，cm/s；

g——重力加速度，cm/s^2；

Δh——皮托管测压管的全压水头与普通测压管的测压水头之差，由测压管读数计算，cm。

求平均流速公式：

$$V=\frac{Q}{F} \tag{1-15}$$

式中　V——能量方程实验管的平均流速，cm/s；

Q——试验管的流量，cm^3/s；

F——断面的横截面积，cm^2。

根据以上公式计算某一工况各测点处的轴心速度和平均流速填入表格，可验证出连续性方程。对于不可压缩流体稳定的流动，当流量一定时，管径粗的地方流速小，细的地方流速大。

五、数据记录

1. 实验原始数据

填写实验记录表 1-3、表 1-4。

表 1-3　　　　**能量方程实验数据记录**

项目 / 序号	液体总量 W/cm^3	计时时间 t/s	单位时间流量 $Q_1/(cm^3/s)$	压差 Δh/cm	平均流速 V/(cm/s)	计算流量 $Q_2/(cm^3/s)$	流量系数 ζ
1							
2							
3							
4							
5							
6							
7							

续表

序号 \ 项目	液体总量 W/cm^3	计时时间 t/s	单位时间流量 $Q_1/(cm^3/s)$	压差 $\Delta h/cm$	平均流速 $V/(cm/s)$	计算流量 $Q_2/(cm^3/s)$	流量系数 ζ
8							
9							
10							

能量方程实验管对能量损失的情况：在能量方程实验管上布置4组测压管，每组能测出全压和静压，全开阀门，观察总压沿着水流方向的下降情况，说明流体的总势能沿着流体的流动方向是减少的，改变给水阀门的开度，同时计量不同阀门开度下的流量及相应的4组测压管液柱高度，进行记录和计算。

表1-4　　能量方程实验管工况点实验数据记录

序号 \ 液柱高/cm	1		2		3		4		流量 $/(cm^3/s)$
	全压	静压	全压	静压	全压	静压	全压	静压	
1									
2									
3									
4									
5									
6									
7									
8									
9									
10									
能量方程管中心高/cm									位置水头/cm
能量方程管内径/cm									

2. 数据处理

(1) 根据式(1-14)，基于皮托管测点读数，计算速度水头和总水头。

(2) 根据最大流量条件下的实验数据，绘制总水头和测压管水头沿管道的变化趋势线。

六、注意事项

(1) 实验前必须排除管道内及连通管中气体。

(2) 流量调节阀的开度要保证测压管液面在标尺刻度范围内。

七、思考题

(1) 根据最大流量时的数据绘制总水头和测压管水头沿管道变化趋势线，分析总水头和测压管水头沿管道变化趋势线有何不同？为什么？

(2) 流量增加，测压管水头线如何变化？为什么？

实验四 沿程及局部阻力系数测定实验

第一节 沿程阻力系数测定实验

一、实验目的

（1）学会测定管道沿程水头损失系数 λ 的方法。

（2）掌握圆管层流和紊流的沿程损失随平均流速的变化规律。

（3）根据实验数据在对数纸上绘制沿程阻力系数与 Re 的关系曲线，并与莫迪图作对比，分析实验曲线在哪些区域。

二、实验原理

对于通过直径不变的圆管的恒定水流，沿程水头损失为

$$h_f=\left(Z_1+\frac{P_1}{\gamma}\right)-\left(Z_2+\frac{P_2}{\gamma}\right)=\Delta h \tag{1-16}$$

式中 Δh——上下游量测断面的压差计读数之差，cm；

Z——位置水头值，cm；

P/γ——压强水头，cm。

沿程水头损失也常表达为 Darcy - Wisbach 公式：

$$h_f=\lambda\frac{L}{d}\frac{v^2}{2g}=\Delta h$$

其中

$$\lambda=\frac{\Delta h}{\frac{L}{d}\cdot\frac{v^2}{2g}} \tag{1-17}$$

式中 λ——沿程水头损失系数；

L——上下游量测断面之间的管段长度，cm；

d——管道直径，cm；

v——断面平均流速，cm/s；

g——重力加速度，cm/s^2。

若在实验中测得 Δh 和断面平均流速，则可直接得到沿程水头损失系数。

三、实验仪器

实验管为有机玻璃材质，管子中间 L 长度的两断面上设有测压孔，可用压差板测出管路实验长度 L 上的沿程损失，管路的流量测量采用体积法测量。利用水泵将供水箱中的水打入稳压水箱，稳定水流进入实验管路中，再通过出水阀门控制出水流量。实验装置如图 1 - 7 所示。

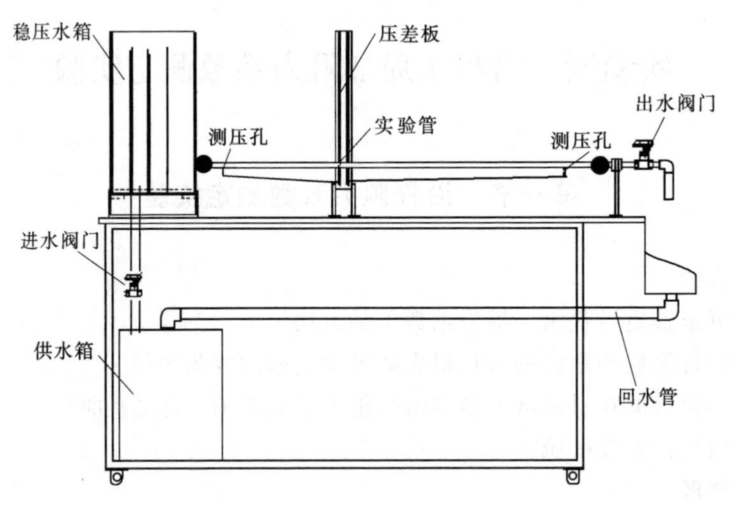

图 1-7 实验装置图

四、实验步骤

(1) 对照装置图和说明，弄清各组成部件的名称、作用及其工作原理；检查稳压水箱水位是否够高，否则予以补水；记录有关实验常数，工作管内径 d 和实验管长 L。

(2) 接通电源。

1) 启动水泵排出管道中的气体。

2) 关闭出水阀，排除其中的气体。

3) 调节进水阀门，保持稳压水箱液面稳定溢流。

4) 准备秒表和量筒。

(3) 实验装置通水排气后，即可进行实验测量，逐次开大出水阀，每次调节流量时，均需稳定 2～3min，流量越小，稳定时间越长；测流量时间不小于 8～10s；测流量的同时，需记测压管读数。

实验中，测定水的温度，可采用式 (1-9) 计算粘度，同时根据测定的流量数据及实验管路直径，采用式 (1-8) 进行计算实验条件下的 Re 数。

五、数据记录

1. 实验原始数据

填写实验记录表 (表 1-5)。

表 1-5　　记录及计算表

$d=$ cm　　$L=$ cm　　水温 $t=$ ℃

次序	体积 /cm³	时间 /s	流量 /(cm³/s)	流速 /(cm/s)	水温 /℃	粘度 /(cm²/s)	雷诺数 Re	差压板读数 Δh/cm	沿程损失 /cm	沿程损失系数 λ	实验区域判断
1											
2											
3											
4											

续表

次序	体积 /cm³	时间 /s	流量 /(cm³/s)	流速 /(cm/s)	水温 /℃	粘度 /(cm²/s)	雷诺数 Re	差压板读数 Δh/cm	沿程损失 /cm	沿程损失系数 λ	实验区域判断
5											
6											
7											
8											
9											

2. 数据处理

绘制 $\lg V-\lg h_f$ 曲线，并确定指数关系值 n 的大小。在坐标纸上以 $\lg V$ 为横坐标，以 $\lg h_f$ 为纵坐标，点绘所测的 $\lg V-\lg h_f$ 关系曲线，根据具体情况连成一段或几段直线。求坐标上直线的斜率：

$$n=\frac{\lg h_{f2}-\lg h_{f1}}{\lg v_2-\lg v_1} \tag{1-18}$$

将从图纸上求得 n 值与已知各流区的 n 值（即层流 $n=1$，光滑管流区 $n=1.75$，粗糙管紊流区 $n=2.0$，紊流过渡区 $1.75<n<2.0$）进行比较，确定流态区。

六、注意事项

(1) 实验前必须排除管道内及连通管中气体。

(2) 供水水箱需达到稳定流供水后方可开始实验。

七、思考题

(1) 为什么压差计的水柱差就是沿程水头损失？如实验管道安装成倾斜，是否影响实验结果？

(2) 据实测 n 值判别本实验的流区。

(3) 实际工程中钢管中的流动，大多为光滑紊流或紊流过渡区，而水电站泄洪洞的流动，大多为紊流阻力平方区，其原因何在？

(4) 管道的当量粗糙度如何测得？

(5) 本次实验结果与莫迪图吻合与否？试分析其原因。

第二节　局部阻力系数测定实验

一、实验目的

(1) 用实验方法测定两种局部管件（突扩、突缩）在流体流经管路时的局部阻力系数。

(2) 学会局部水头损失的测定方法。

二、实验原理

局部阻力系数测定的主要部件为局部阻力实验管路，它由细管和粗管组成一个突扩、一个突缩组件，并在等直细管的中间段接入一个阀门组件。每个阻力组件的两侧一定间距的断面上都设有测压孔，并用管路与测压板上相应的测压管相连接。当流体流经实验管路时，可以测出各测压孔截面上测压管的水柱高度及前后截面的水柱高度差 Δh。实验时还需要测定实验管路中的流体流量，由此可以测算水流流经各局部阻力组件的水头损失 h_j，从而最后得出各局部组件的局部阻力系数 ζ。计算公式为

$$h_\zeta = h_1 - h_2 + \frac{V_1^2 - V_2^2}{2g} \tag{1-19}$$

式中　h_1、h_2——阻力组件前、后的水柱高度，cm；

V_1、V_2——阻力组件前、后的水流流速，cm/s；

g——重力加速度，cm/s^2。

1. 突然扩大

$$h_\zeta = \left(1 - \frac{A_1}{A_2}\right)\frac{V_1^2}{2g} \tag{1-20}$$

$$\zeta = \left(1 - \frac{A_1}{A_2}\right)^2 \tag{1-21}$$

式中　A_1——突扩组件前的水流断面面积，cm^2；

A_2——突扩组件后的水流断面面积，cm^2。

在实验时，由于管径中既存在局部阻力，又含有沿程阻力，当对突扩前后两断面列能量方程式时，可得 $h_{\bar{\omega}} = h_\zeta + h_f$，其中 h_w 可由 $h_1 - h_3$ 测读，h_f 可由 $h_2 - h_3$ 测读，按流长比例换算后，$h_\zeta = h_{\bar{\omega}} - h_f$。由此得出

$$\zeta = \frac{h_\zeta}{\frac{V_1^2}{2g}} \tag{1-22}$$

局部阻力系数 ζ 计算时的流速经突然扩大断面时用流经该局部组件前的流速 V_1，一般不加说明的都是指流经局部组件后的流速 V_2。这点在计算时要特别注意。

2. 突然收缩

理论上，$\zeta_{缩} = 0.5(1 - A_2/A_1)$，实验时，同样，在读得突缩管段的水头损失后，按流长比例换算，分别将两端沿程损失除去，由此得

$$\zeta_{缩} = \frac{h_{j缩}}{\frac{V_{缩}^2}{2g}} \tag{1-23}$$

三、实验仪器

实验装置如图 1-8 所示。装置主要由出水阀门、试验管、压差板、进水阀门、稳压水箱、供水箱等组成。利用水泵将供水箱中的水打入实验管路，然后利用出水阀门可以控制和调节出水流量。阀门的下面装有回水盒经管路回流至供水箱中。测压板上的测压管是用塑胶管与各测试截面上的测压孔相连，由此在实验时可以显示出各截面的测管水头高度及其前后截面的水头差值。

四、实验步骤

1. 实验前的准备

(1) 熟悉实验装置的结构及流程。

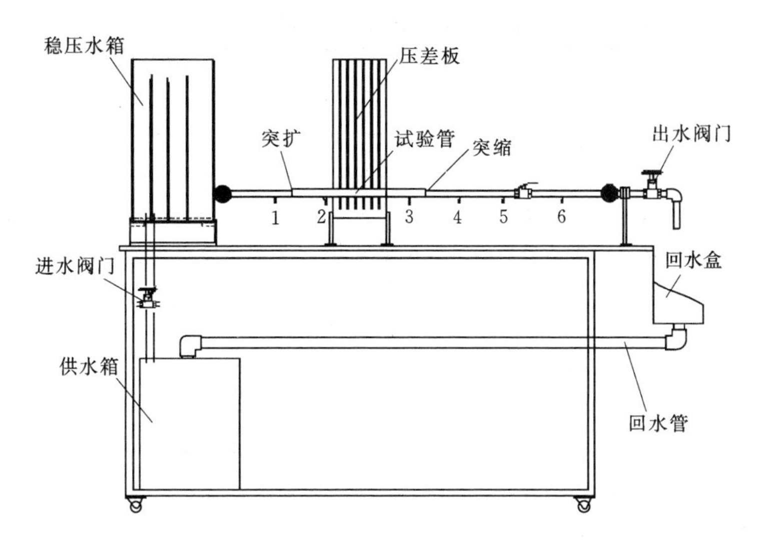

图 1-8　实验装置图

(2) 进行排气处理。

启动水泵，慢慢打开出水阀门，水流经过实验管路。在此过程中，观察和检查管路系统和测压管及其导管中有无气泡存在，应尽可能利用试验管路上的放气阀门或用其他有效措施将系统中的气体排尽。

2. 进行实验，测录数据

(1) 调节进水阀门和出水阀门，使各组压差达到测压管可测量的最大高度。

(2) 在水流稳定时，测读测压管的液柱高和前后的压差值。

(3) 在此工况下用电秒表和计量升杯测定流量。

(4) 调节出水阀门，适当减小流量，测读在新的工况下的实验结果。

如此，可做 3～5 个实验点。注意：实验点的压差值不宜太接近。

五、数据记录

(1) 将实验所得测试结果及实验装置的必要技术数据记入表 1-6 中。

(2) 计算出前后截面的水柱高度差值及相应工况的流量填入表 1-7 中。

(3) 根据式 (1-19) ～式 (1-23)，计算出各局部阻力组件的阻力水头损失 h_ζ 和局部阻力系数 ζ，并列入表 1-7 中。

表 1-6　测试结果

细管路的直径 $d_1=$　　cm；粗管路的直径 $d_2=$　　cm；水温 $t=$　　℃

	h_1/cm	h_2/cm	h_3/cm	h_4/cm	h_5/cm	h_6/cm	体积 w/cm^3	t/s
1								
2								
3								

表 1-7 前后截面的水柱高度差值及流量

	$\Delta h_{1,2}$/cm	$\Delta h_{2,3}$/cm	$\Delta h_{3,4}$/cm	$\Delta h_{5,6}$/cm	流量 $Q/(cm^3/s)$	备注
1						
2						
3						

表 1-8 各局部阻力组件的阻力水头损失 h_ζ 和局部阻力系数 ζ

	突扩		突缩		阀门		备注
	h_j/cm	ζ	h_j/cm	ζ	h_j/cm	ζ	
1							
2							
3							

六、注意事项

（1）实验前必须排除管道内及连通管中气体。

（2）供水水箱需达到稳定流供水后方可开始实验。

七、思考题

比较（实扩、突缩）局部阻力系数理论值与测定值。

实验五 水面曲线实验

一、实验目的

（1）通过观察，加深和巩固棱柱形渠道中恒定非均匀渐变流十二条水面曲线的概念，了解它们的特点、规律。

（2）观察渠道底坡变化时水面曲线的衔接情况，掌握十二条水面曲线的生成条件及形状。

二、实验原理

在渠道底坡可变的矩形水槽中，放置某一模拟的水工建筑物或改变成不同底坡时，在受边界条件影响的范围内，都会导致原有水流运动状态的改变而形成非均匀流动。非均匀流动既可能是渐变流，也可能是急变流，而恒定非均匀渐变流的问题主要归结为水面曲线分析和计算，其分析的微分方程式为

$$\frac{dh}{ds}=\frac{i-\frac{Q^2}{K^2}}{1-Fr^2} \tag{1-24}$$

式中 h——明渠水深，cm；

s——非均匀渐变流两断面之间的距离，cm；

i——渠道底坡；

Q——流量，cm^3/s；

K——流量系数，无量纲；

Fr——弗汝德数。

弗汝德数（Fr：Froude number）为流体内惯性力与重力的比值：

$$Fr = v/\sqrt{gh} \tag{1-25}$$

式中　v——平均流速，cm/s；

h——平均水深，cm。

十二条水面线（表1-9、图1-9）分别产生于3种不同底坡，即正坡、平坡、逆坡，正坡又分为临界坡、缓坡、陡坡，因而实验时，需先确定底坡性质，其中需测定的，最关键的是平坡和临界坡。

表1-9　水面曲线的形式和名称

明渠底坡	与水流临界底坡 i_k 比较	水面曲线的形式与符号		
		a区	b区	c区
$i>0$	$i>i_k$	a_2	b_2	c_2
	$i=i_k$	a_3		c_3
	$i<i_k$	a_1	b_1	c_1
$i=0$			b_0	c_o
$i<0$			b'	c'
水面曲线类型		壅水曲线	降水曲线	壅水曲线

临界水深采用绘图法确定，明渠底宽为b，边坡系数为m，测定其流量Q，取修正系数a为1.1。调整不同水深h，测量对应的水面宽B，以及过水断面A，计算对应的A^3/B，绘制$h-A^3/B$曲线，当$A^3/B=aQ^2/g$时的水深便是h_k。取$B=b+2mh$，$A=h(b+mh)$。

根据绘图法确定的h_k，采用以下公式计算临界坡度：

$$C_k = \frac{1}{n}R_k^{1/6} \quad R_k = \frac{B_k h_k}{B_k + 2h_k} \quad i_k = \frac{Q^2}{A_k^2 C_k^2 R_k} \tag{1-26}$$

式中　Q——流量，cm^3/s；

h_k——临界水深，cm；

A_k——临界过水断面面积，cm^2；

R_k——水力半径，cm；

C_k——谢才系数，$\sqrt{cm}/s$；

B_k——槽宽，cm；

i_k——临界底坡；

n——粗糙系数。

由于在不同渠道底坡下，实际水深h、正常水深h_0、临界水深h_k的不同组合及渠道底坡i的相互关系，形成了明渠非均匀流水面曲线的各种变化。

临界底坡确定后，保持流量不变，改变渠槽底坡，就可形成陡坡、缓坡、平坡和逆坡，分别在不同坡度下调节闸板开度，则可得到不同型式的水面曲线。调节底坡，可清楚地显示出十二条水面曲线的变化规律，亦可分别对顺坡、平坡及逆坡3种棱柱形渠道中水面曲线的情形进行讨论。

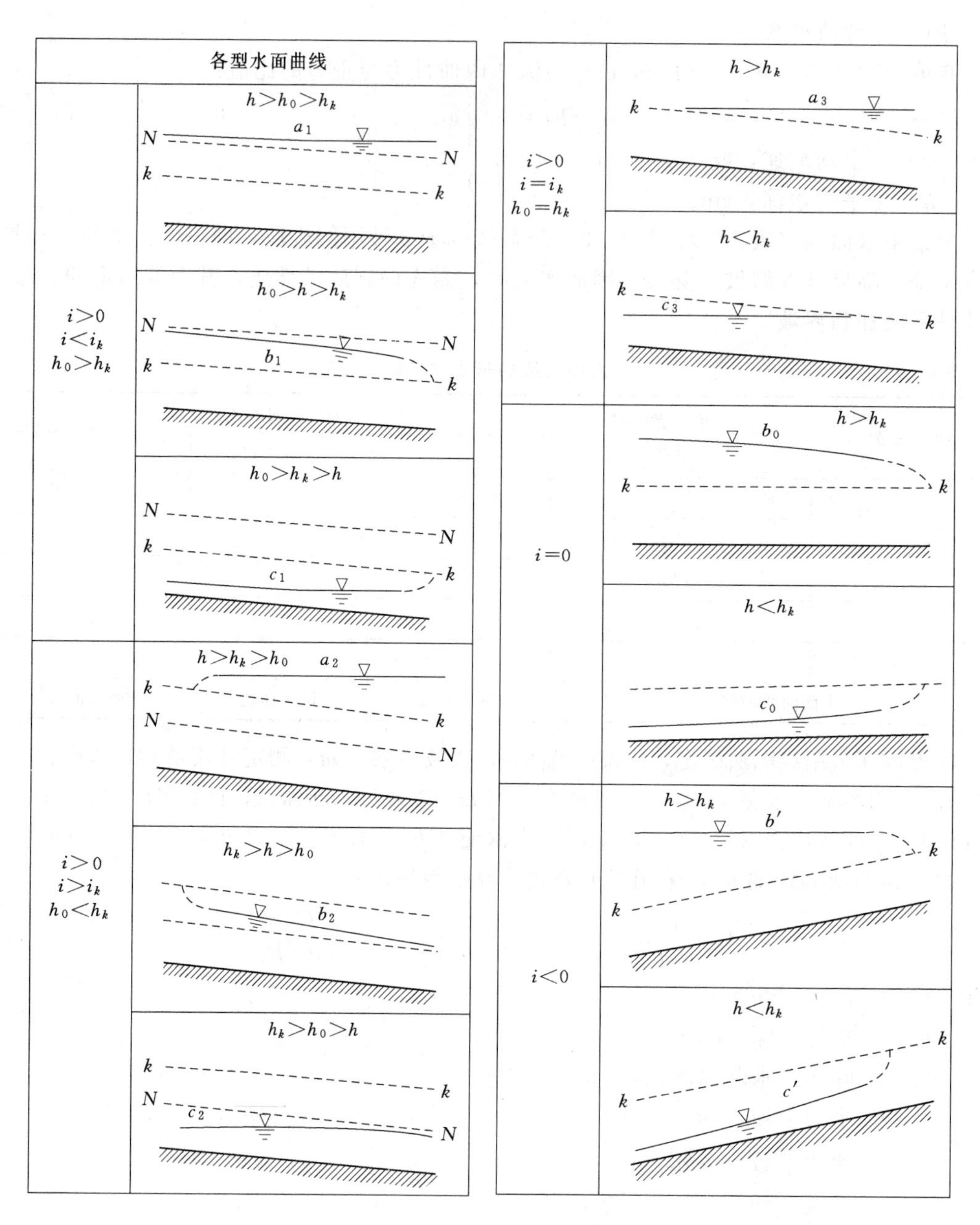

图 1-9　十二条水面曲线形状示意图

i—实际渠道底坡；i_k—临界底坡；h—实际水深；h_0—均匀流动的正常水深；h_k—临界水深；$k-k$—临界水深线；$N-N$—正常水深线

三、实验仪器

图 1-10 为实验装置简图，实验段主要由两段可以调节各种底坡的有机玻璃水槽组成。坡底的改变由 3 个升降螺杆控制，流量由首部进水池中的量水堰测定。当在槽中放置各种模拟的水工建筑物并改变坡底时，就可以观察到各种水面曲线。

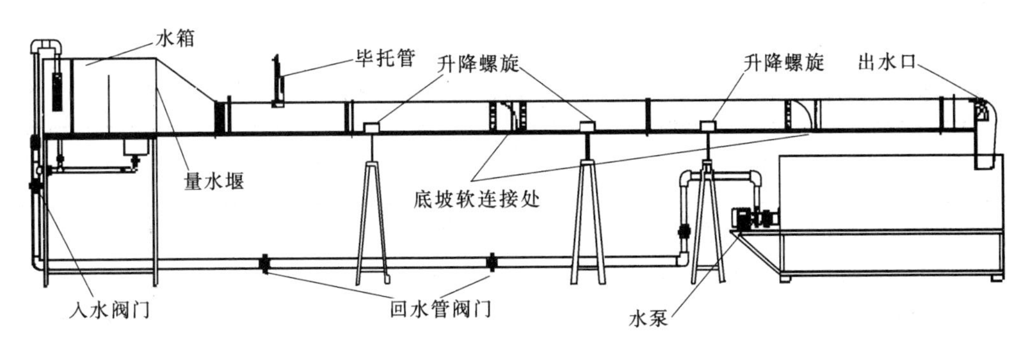

图 1-10　实验装置简图

四、实验步骤

（1）在有机玻璃水槽上游的某一适当位置放入模拟的曲线形式用堰（或其他堰型）。

（2）开启水泵，打开进水阀，调节成一适当流量，流量用闸板控制，此时，根据流量算出临界水深 h_k 及临界坡底 i_k。

（3）以临界坡底 i_k 为准，通过升降螺杆控制所需的底坡，观察各种形式的水面曲线，根据经验按下列顺序观察较为方便地：

1）将整个底坡调成负坡 $i<0$，观察 b'、c'型水面曲线。

2）将整个底坡调成平坡 $i=0$，观察 b_0、c_0 型水面曲线。

3）将整个底坡调成缓坡 $i<i_k$，观察 a_1、c_1 型水面曲线。

4）将整个底坡调成临界坡 $i=i_k$，观察 a_3、c_3 型水面曲线。

5）将整个底坡调成陡坡 $i>i_k$，（底坡调节幅度以曲线较为明显为宜），观察 a_2、c_2 型水面曲线。

6）将实用真切模型取出，并将槽身上游段底坡调成缓坡（$i<i_k$），观察 b_1、b_2 型水面曲线。

（4）实验结束，关闭水泵。

五、数据记录

（1）实验数据记录在表 1-10、表 1-11 中。

表 1-10　　流量记录表

粗糙系数 $n=$　；槽宽 $B_k=$　　cm

体积 V/cm^3			
时间 t/s			
流量 $Q/(cm^3/s)$			

表 1-11　　绘图法水深 *h*、过水断面面积 *A*、水面宽 *B* 记录表

序号	水深 h/cm	水面宽 B/cm	过水断面面积 A/cm	A^3/B
1				
2				
3				
4				
5				

(2) 根据式 (1-24) 和式 (1-26)，计算临界底坡。

表 1-12　　临界底坡记录表

$Q/(cm^3/s)$	h_k/cm	A_k/cm^2	R_k/cm	$C_k/(\sqrt{cm}/s)$	B_k/cm	i_k

注　Q 为流量；h_k 临界水深；A_k 临界过水断面面积；R_k 为水力半径；C_k 为谢才系数；B_k 为槽宽；i_k 为临界底坡。

(3) 结合实验过程，定性绘制水面线并注明线型。

六、注意事项

实验过程中注意明确不同底坡对应的水面曲线形式。

七、思考题

(1) 改变槽中流量，临界水深及临界底坡的数值是否发生变化？槽中水面曲线是否发生变化？

(2) 当槽中流量不变，槽中水面曲线的变化与什么因素有关？

(3) 分析计算水面线时，急流和缓流的控制断面应如何选择？为什么？

(4) 在进行缓坡或陡坡实验时，为什么在接近临界底坡情况下，不容易同时出现 3 种水面线的流动型式？

实验六　动量定律实验

一、实验目的

(1) 测定管嘴喷射水流对平板所施加的冲击力。

(2) 验证定常流动的动量方程式，将测出的冲击力与用动量方程计算出的冲击力进行比较，加深对动量方程的理解。

二、实验原理

应用力矩平衡原理如图 1-11 所示，求射流对平板的冲击力。

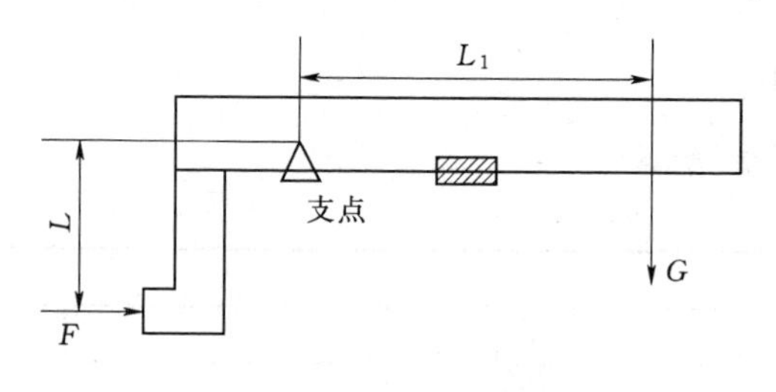

图 1-11　力矩平衡原理示意图

F—喷射水流对平板的冲击力；L—力矩；G—平衡冲击力所加砝码的重量产生的重力；L_1—其力矩

力矩平衡方程：

$$FL=GL_1, F=\frac{GL_1}{L} \tag{1-27}$$

式中　F——射流作用力，N；

L——作用力力臂，cm；

G——砝码重力，N；

L_1——砝码力臂，cm。

取喷嘴位置为 1—1 断面，水流冲击位置为 2—2 过流断面（图 1-12），之间的流体为控制体，列出在水平方向（x）的动量方程式：

$$F_x=\rho Q(\beta_2 v_{2x}-\beta_1 v_{1x}) \tag{1-28}$$

式中　F_x——平板对水流的作用力，N；

ρ——水的密度，$\rho=1000kg/m^3$；

Q——流量，m^3/s；

β_1、β_2——动量修正系数；

v_{1x}——1－1 控制面喷嘴出口平均流速在水平方向投影，$v_{1x}=v_0$，m/s；

v_{2x}——2－2 控制面平均流速在水平方向投影 $v_{2x}=0$，m/s。

若取动量修正系数 $\beta_1=\beta_2=1$，则式（1－28）为

$$F_x=-\rho Q v_{1x} \tag{1-29}$$

因为水流对平板的作用力 R_x 与 F_x 大小相等，方向相反。因此，平板所受的作用力：

$$R_x=-F_x=\rho Q v_{1x} \tag{1-30}$$

求得 R_x，对转轴取矩，得计算力矩：

$$M=R_x L=\rho Q v_{1x} L \tag{1-31}$$

式中　L——水流冲击点至转轴的距离，m；

v——管嘴出口的平均流速，m/s。

添加砝码得到实测力矩 M_0：

$$M_0=GL_1 \tag{1-32}$$

三、实验仪器

实验装置简图如图 1－12 所示。

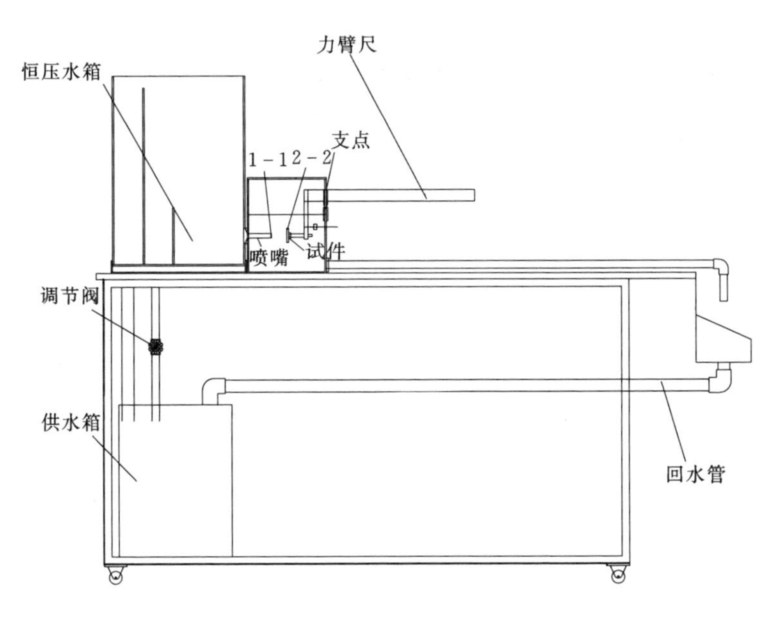

图 1－12　实验装置简图

四、实验步骤

（1）启动抽水机，使恒压水箱充水并保持溢流。缓慢开启控制阀门，此时水流从管嘴射出，冲击平板中心，标尺倾斜。在砝码盘中放入砝码，并调整阀门，使平板处于垂直位置，杠杆处于水平状态，达到力矩平衡。记录砝码质量和力臂 L_1。

（2）用体积法测量流量 Q 用以计算 F_x。

（3）改变砝码重量，重复步骤（2）。

（4）关闭抽水机，将水箱中水排空，砝码从杠杆上取下，结束实验。

五、数据记录

基于式（1-31）和式（1-32），分别计算水流对平板的作用力力矩以及砝码实测力矩，结果填入表1-13中。

表1-13　　数据记录表

管路直径 $d=$ 　　cm

测次	体积 /cm^3	时间 /s	流量 /(cm^3/s)	平均流量 /(cm^3/s)	流速 /(cm/s)	砝码重量 /($\times10^{-5}$N)	力臂 L、L_1 /cm	实测冲击力 $F_{实}$ /($\times10^{-5}$N)	理论冲击力 $F_{理}$ /($\times10^{-5}$N)
1									
2									
3									

注　$F_{实}=\frac{GL_1}{L}$，$F_{理}=\rho Q v_{1x}$。

六、注意事项

（1）注意观察水流是否能垂直射向挡水板。

（2）注意力臂的测量精度。

七、思考题

$F_{实}$ 与 $F_{理}$ 有差异，除实验误差外还有什么原因？

第二部分 岩土的水理性质实验

实验一 土壤颗粒分析

第一节 筛 分 法

一、实验目的

（1）掌握用筛分法测定土壤颗粒成分的方法。

（2）通过测定土壤粒度成分，加深对土壤粒度组成特征的理解。

二、实验原理

筛分法是用一套孔径不同的分析筛，来分离一定量的土壤中与筛孔径相应的粒组，并进行称量，计算各粒组的相对百分含量（%），确定土壤颗粒成分。

三、实验仪器

（1）分析筛。

1）粗筛一套：孔径为60mm、40mm、20mm、10mm、5mm、2mm。

2）细筛一套：孔径为2.0mm、1.0mm、0.5mm、0.25mm、0.075mm。

（2）天平：量程5000g，精度5g；量程1000g，精度1g；量程200g，精度0.1g。

（3）振筛机：筛析过程中能上下振动。

（4）其他：烘箱、研钵、瓷盘、毛刷等。

四、实验步骤

（1）从风干试样中，用四分法取代表性试样，取试样质量标准如下：

1）最大粒径小于2mm，取100～300g。

2）最大粒径小于10mm，取300～1000g。

3）最大粒径小于20mm，取1000～2000g。

4）最大粒径小于40mm，取2000～4000g。

5）最大粒径大于40mm，取4000g以上。

（2）用天平称取与标准相对应试样的数量，应准确至0.1g，试样数量超过500g时，应准确至1g。

（3）将试样过2mm筛，称筛上和筛下的试样质量。当筛下的试样质量小于试样总质量的10%，不作细筛分析，筛上的试样质量小于试样总质量的10%，不作粗筛分析。

（4）取筛上的试样倒入依次叠好的（大孔径在上，小孔径在下）粗筛中，筛下的试样倒入依次叠好的细筛中，进行筛析。细筛置于振筛机上振筛，振筛时间为10～15min，然后按由上而下的顺序将各筛取下，称各级筛上及底盘内试样的质量。

（5）各级筛及底盘上土重之和与筛析前所称的试样重之差，不得大于1%。

五、数据记录

（1）填写颗粒分析测定（筛分法）实验记录表2-1。

表2-1　　颗粒分析测定（筛分法）实验记录表

试样编号：　　　　　　　　　　　　实验日期：

干土总重＝　　g　　　　　　　　　2mm筛以下的土重＝　　g

细筛分析试样重＝　　g　　　　　　粒径小于2mm土重占总土重百分数 d_x＝　　%

孔径/mm	留筛土重/g	小于该孔径的土重/g	小于某粒径的土重百分数/%	小于某粒径的土重占总土重百分数/%
60				
40				
20				
10				
5				
2				
1				
0.5				
0.25				
0.075				
底盘				

（2）计算小于某粒径土重占总土重的百分比，按式（2-1）计算。

$$X=\frac{m_A}{m_B}d_x \qquad (2-1)$$

式中　X——小于某粒径的试样的质量占试样总质量的百分比，%；

m_A——小于某粒径的试样的质量，g；

m_B——细筛分析时为所取的试样质量，粗筛分析时为试样总质量，g；

d_x——粒径小于5（或2）mm试样的质量占试样总质量的百分比，若试样中无大于5（或2）mm的颗粒时 d_x＝100%。

各筛盘筛出的土壤颗粒的质量之和与筛前所称试样总质量之差不得大于1%，否则重新实验。若两者差值小于1%，应按实验过程中产生误差的原因，分配给某些粒组。最终各粒组百分含量之和应等于100%。

（3）绘制颗粒大小分布曲线（用单对数坐标纸），以小于某粒径的试样质量占试样总质量的百分比为纵坐标，颗粒粒径的对数值为横坐标。

（4）计算不均匀系数 C_U 和曲率系数 C_C。

1）不均匀系数按式（2-2）计算。

$$G_U=\frac{d_{60}}{d_{10}} \qquad (2-2)$$

式中 G_U——不均匀系数；

d_{60}——限制粒径，颗粒大小分布曲线上的某粒径，小于该粒径的试样含量占总质量的60%；

d_{10}——有效粒径，颗粒大小分布曲线上的某粒径，小于该粒径的试样含量占总质量的10%。

2）曲率系数按式（2-3）计算。

$$C_C=\frac{d_{30}{}^2}{d_{10}d_{60}} \tag{2-3}$$

式中 C_C——曲率系数；

d_{30}——颗粒大小分布曲线上的某粒径，小于该粒径的试样含量占总质量的30%。

（5）砂土的分类方法（表2-2）对颗粒分析测定（筛分法）结果进行砂土分类。

表2-2　　砂土的分类方法

《岩土工程勘察规范》(GB 50021—2001)	
颗　粒　级　配	土名称
粒径大于2mm的颗粒质量占总质量25%～50%	砾砂
粒径大于0.5mm的颗粒质量占总质量50%	粗砂
粒径大于0.25mm的颗粒质量占总质量50%	中砂
粒径大于0.075mm的颗粒质量占总质量85%	细砂
粒径大于0.075mm的颗粒质量占总质量50%	粉砂

注　定名时，应根据粒组由粗到细的顺序，以最先符合者定名。

六、注意事项

（1）研磨试样时要注意力度大小，不能将颗粒研碎。

（2）在筛析过程中，要避免微小颗粒飞扬，特别是将筛子内的试样倒出时，防止试样质量损失。

（3）过筛后，要检查筛孔中是否夹有颗粒，若夹有颗粒，应将颗粒轻轻刷下，放入该筛盘上的试样中一并称量。

七、思考题

（1）“粒组”与“粒度成分”两术语有什么区别？

（2）筛分试样数量的选取原则？

（3）分析实验过程中误差产生的原因以及误差如何分配？

第二节　沉降式颗粒测定仪法

一、实验目的

（1）通过实验，学会用TZC-4型颗粒测定仪进行土壤粒度分析，掌握颗粒分析仪的工作原理和操作方法。

（2）对3种黏土进行颗粒分析，根据实验所得粒度分析级配曲线，分析各级粒径百分含量。

二、实验原理

TZC-4 型颗粒测定仪实验原理是根据斯托克斯定理，粉尘颗粒在沉降过程中，发生颗粒分级，因而静止的沉降液的粘滞性对沉降颗粒起着摩擦阻力作用，按公式计算：

$$r=\sqrt{9\eta/[2g(r_k-r_t)]}\sqrt{H/t} \tag{2-4}$$

式中 r——颗粒半径，cm；

η——沉降液粘度，泊，即 g/(cm·s)；

γ_k——颗粒比重，g/cm^3；

γ_t——沉降液比重，g/cm^3；

H——沉降高度，沉降液面到称盘底面的距离，cm；

t——沉降时间，s；

g——重力加速度，$980cm/s^2$。

当测出颗粒沉降至一定高度 H 所需之时间 t 后，就能算出沉降速度 V、颗粒半径 r。沉降分析法就应用此理来求得颗粒分布情况。

仪器使用时，只要将被测定物（3～10g，或根据试样性质和经验确定试样量）烘干后放在 500mL 的沉降液中经搅拌后进行测试，求得沉降曲线，并计算颗粒大小及它们的百分比。

三、实验仪器

（1）TZC-4 颗粒测定仪（图 2-1）。TZC 系列颗粒测定仪由高精度电子沉降天平和计算机及颗粒度数据处理软件组成。测定 1～260μm（或 1～600μm）之间的颗粒大小及分布。

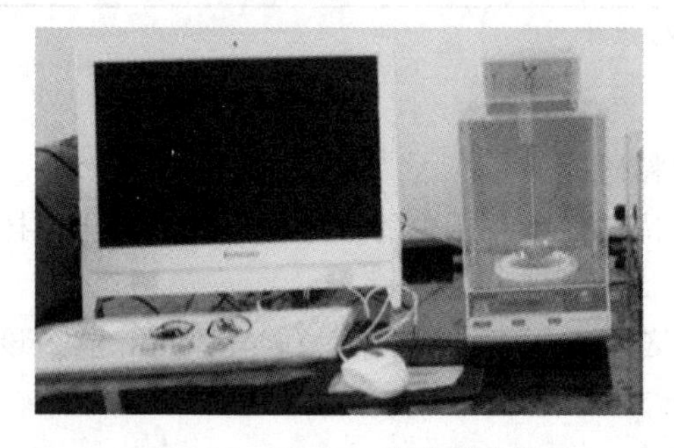

图 2-1　TZC-4 颗粒测定仪

当沉降液中的被测颗粒沉降到天平秤盘上，天平面板即显示质量值，该质量信号同时传输到计算机，由颗粒度数据处理软件实时采集质量信号并显示在屏幕上，沉降结束后，将曲线储存起来，以便随时调用，然后进行颗粒度计算，计算结果可以表和图形式打印出来。结构原理框图如图 2-2 所示。

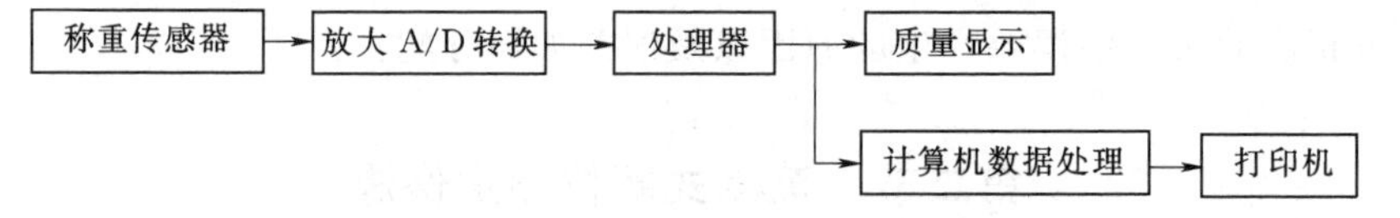

图 2-2　TZC 系列颗粒测定仪结构原理框图

（2）恒温箱。

（3）筛子：孔径 0.1mm。

（4）分散剂：六偏磷酸钠或焦磷酸、温度计、蒸馏水等。

四、实验步骤

（1）烘样：将试样放入烘箱烘干，一般取80℃左右，恒温4h。

（2）按《土工试验规程》（SL 237—1999）比重试验方法测定试样比重。

（3）称重：将烘干试样用0.1mm的筛子进行筛分，筛出小于0.1mm的样品用电子天平称重，烘干试样一般试样质量可选取3～10g。

（4）分散剂：为了更好地测得颗粒的分布值，防止试样粘结，需加分散剂。用水或水的混合物作沉降液时，分散剂可选择0.2%的六偏磷酸钠或焦磷酸钠，在500mL沉降液中需加5mL分散剂。

（5）沉降液制备：根据测试样品选择适当的沉降液，即介质溶液应不与样品起化学反应，也不能溶解及产生凝聚、结晶等现象，最常用的沉降液是蒸馏水。将5mL0.2%的六偏磷酸钠溶液加入500mL的蒸馏水中，然后倒入沉降筒中，用搅拌器进行搅拌，即为制备好的沉降液体。

（6）测量沉降液温度：用温度计测定出沉降液的温度即可查出液体的粘度。

（7）天平操作：首先接通电源，预热半小时以上，按ON/OFF键（开/关显示按键），显示0.000g。然后进行校准操作：按T键清零，再按C键（自校键），显示CAL，放上校准砝码（100g），约10s，显示校准砝码值，待发出“嘟”声后拿去校准砝码，显示0.000g。

（8）计算机数据处理：打开计算机电源，双击TZC-4型颗粒测定仪图标，进入颗粒测定窗口。点击沉降曲线采集，再点击“参数设置”菜单，粒度测定窗口如图2-3所示，弹出参数设置对话框，按要求填入参数，点击“确定”。

（9）沉降曲线采集：将盛有悬浮液（经充分搅拌的沉降液+分散剂+被测样品）的沉降筒和秤盘一起放入沉降筒底座，再把秤盘上下往复拉几次，迅速将秤盘挂到前吊耳上，天平经过短暂的平衡以后，显示数字变动逐渐趋小，按“T”清零键，同时迅速点击“沉降曲线采集”，（这一操作要熟练掌握，尽量在短时间内完成，防止被测样品大量沉积）当沉降曲线趋于水平时，点击“终止采样”。如图2-4所示。

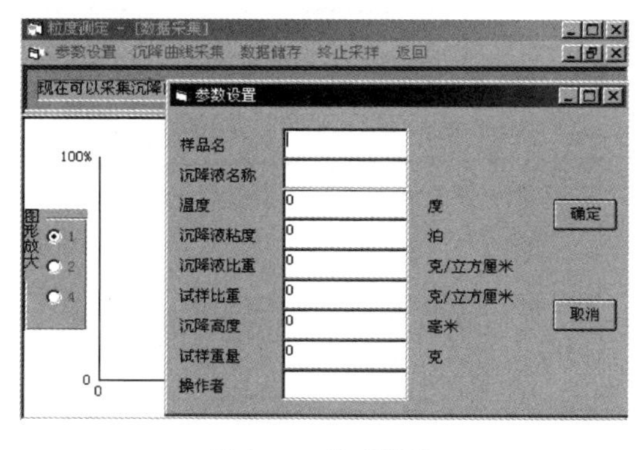

图2-3　粒度测定

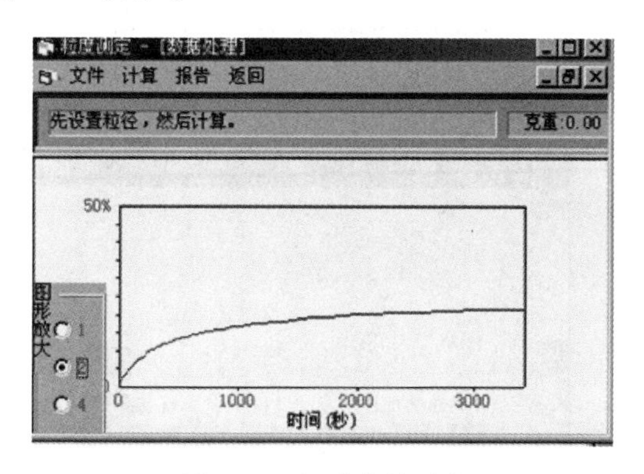

图2-4　沉降曲线采集

（10）数据保存：点击“数据储存”，在文件名（N）栏内键入样品名称，再点击“保存”。

（11）计算：先取出曲线，点击“数据处理”再点击“文件”，选中“打开曲线”点击要计算的曲线，然后点击“打开”，点击“计算”，选中“设置”，如图2-5所示设置框中序号1是采样终止时测得的颗粒直径，按“Enter”键出现序号2，键入颗粒直径，如此往复，直至需要计算最大颗粒直径数值（不超过0.1mm）。然后点击“计算”下拉菜单，选中“计算”，待提示出现“现在可以查看报告，打印报告，必要时可以清除结果”的提示，便可从报告中看到计算结果了。

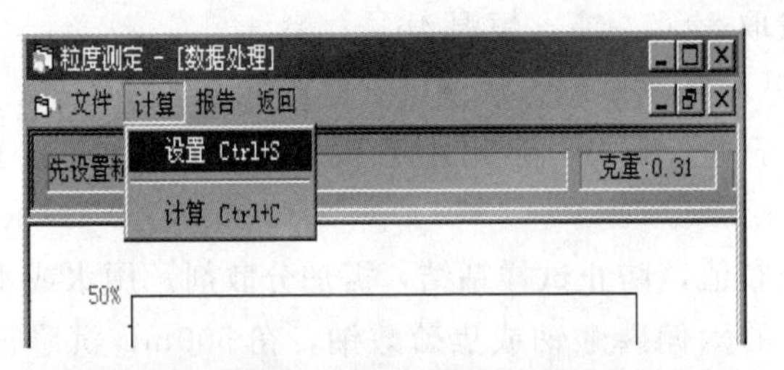

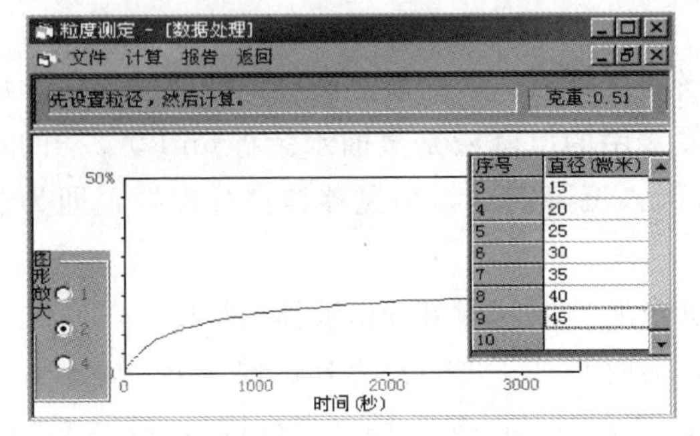

图2-5　计算图

查看计算结果，从“报告”下拉菜单进入，如图2-6所示，共有三种图一个表，可以鼠标选择其中任意一项，并点击“确认”，该项图、表即显示在显示屏上。

（12）打印计算结果：打印计算结果和图谱先点击“报告”菜单选中“打印设

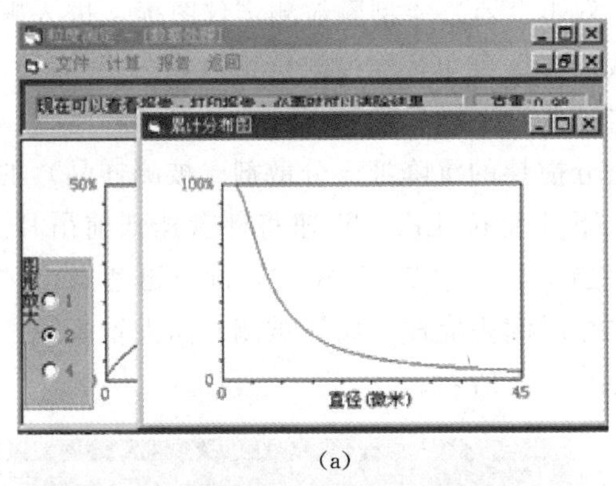

(a)

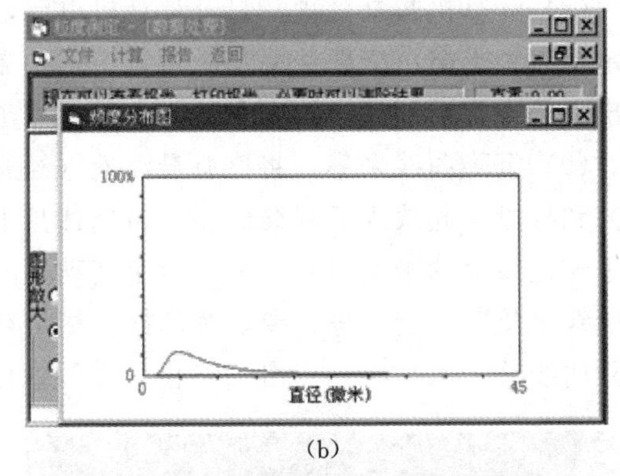

(b)

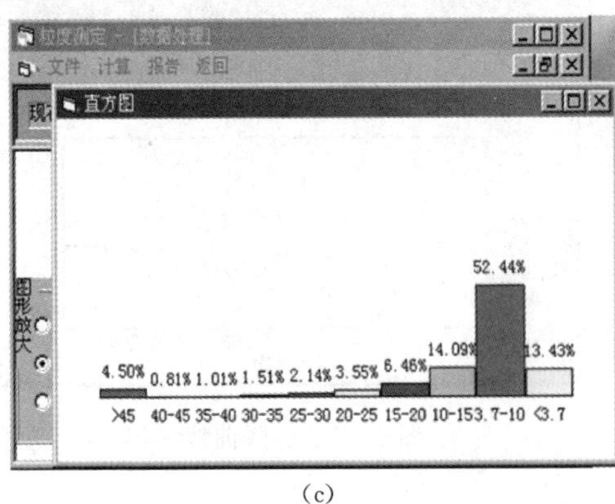

(c)

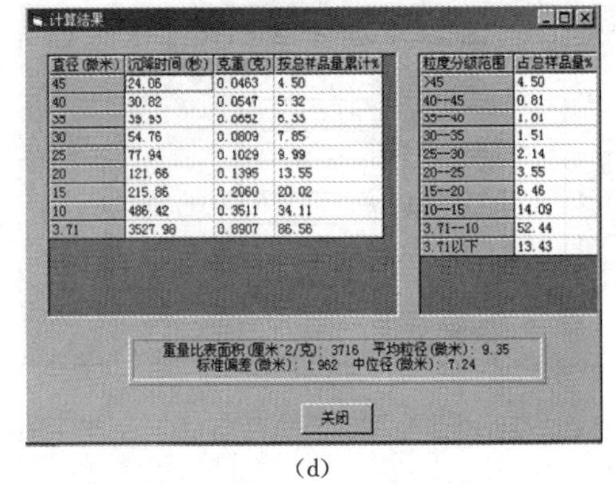

计算结果

直径(微米)	沉降时间(秒)	克重(克)	按总样品量累计%
45	24.06	0.0463	4.50
40	30.82	0.0547	5.32
35	39.93	0.0652	6.33
30	54.76	0.0809	7.85
25	77.94	0.1029	9.99
20	121.66	0.1395	13.55
15	215.86	0.2060	20.02
10	486.42	0.3511	34.11
3.71	3527.98	0.8907	86.56

粒度分级范围	占总样品量%
>45	4.50
40--45	0.81
35--40	1.01
30--35	1.51
25--30	2.14
20--25	3.55
15--20	6.46
10--15	14.09
3.71--10	52.44
3.71以下	13.43

重量比表面积(厘米^2/克)：3716　平均粒径(微米)：9.35
标准偏差(微米)：1.962　中位径(微米)：7.24

关闭

(d)

图2-6　报告图

(a) 累计分布图；(b) 频度分布图；(c) 直方图；(d) 计算结果

置”，如图 2－7 所示，弹出选择框。在打印栏内选择报表和图形，可二选一，亦可二者都选。图形栏内只能三选一，然后点击确认键，设置完成，然后点击确认键。再点击“报告”下拉菜单选中“打印”，打印机启动打印您所选择的图表。

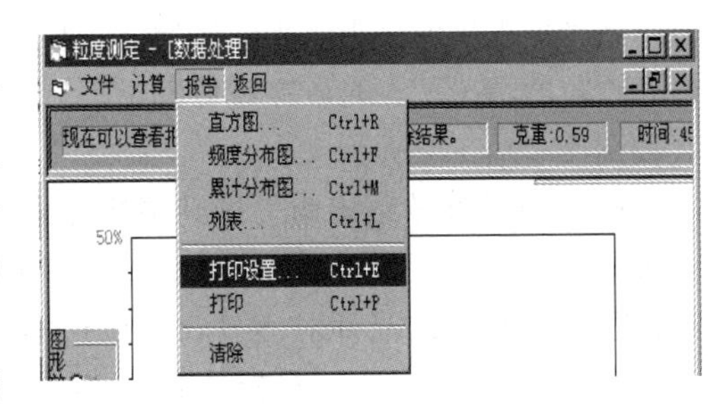

图 2－7　打印报告

（13）颗粒分析测试工作完成后，点击结束，退出操作程序。

五、数据记录

（1）按操作步骤（11）将标准粒径小于 0.05mm、0.01mm、0.005mm、0.002mm 按由小到大顺序输入颗粒直径计算值，最小粒径不超过设置框中序号 1 的采样终止时测得的颗粒直径。

（2）计算出实验结果，提交颗分实验报告。

六、注意事项

（1）沉降曲线采集时，秤盘上下往复拉几次后，要迅速将秤盘挂到前吊耳上，当天平显示数字逐渐趋小时，按“T”清零键，同时迅速点击“沉降曲线采集”。

（2）计算时输入颗粒直径最大不能超过 100μm（0.1mm）。

（3）当软件出现异常时，请终止软件操作或重启计算机。

七、思考题

（1）实验试样为什么要用 0.1mm 的筛子进行筛分，称取试样为什么要用小于 0.1mm 的样品？

（2）沉降液中为什么要加分散剂，分散剂是什么？500mL 沉降液中需加多少分散剂？

（3）输入颗粒直径计算值最大是多少？为什么？

第三节　BT－9300H 激光粒度仪分布仪法

一、实验目的

（1）通过实验，学会用 BT－9300H 激光粒度仪分布仪进行土壤粒度分析，掌握激光粒度分析仪的工作原理和操作方法。

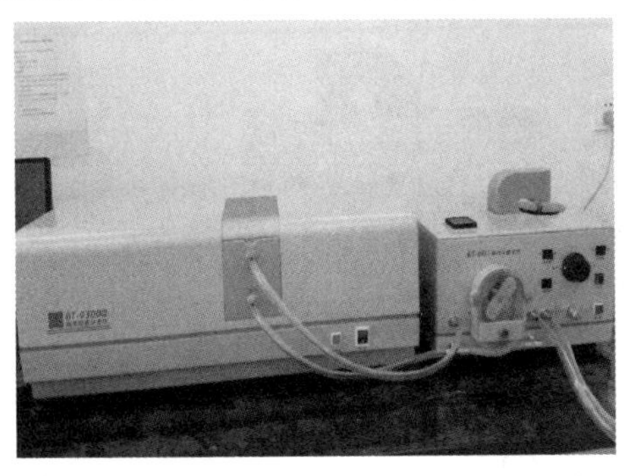

图 2－8　BT－9300H 激光粒度仪分布仪

（2）对 3 种黏土进行颗粒分析，根据实验所得粒度分析级配曲线，分析各级粒径百分含量。

二、实验原理

BT－9300H 激光粒度仪分布仪（图 2－8）是采用米氏散射原理进行粒度分布测量的。

当一束平行的单色光照射到颗粒上时，在傅氏透镜的焦平面上将形成颗粒的散射光谱，这种散射光谱不随颗粒运动而改变，通过米氏散射理论分析这些散射光谱就可以得出颗粒的粒度分布。由激光器发出的一束激光，经滤波、扩束、准值后变成一束平行光，在该平行光束没有照射到颗粒的情况下，光束穿过傅氏透镜后在焦平面上汇聚形成一个很小很亮的光点——焦点，如图 2-9（a）所示。

当样品通过分散系统均匀送到平行光束中时，颗粒将使激光发生散射现象，一部分光与光轴成一定的角度向外散射，如图 2-9（b）所示。半径大的光环对应着较小的粒径的颗粒信息，半径小的光环对应着较大粒径的颗粒信息，不同半径上光环的光能大小包含该粒径颗粒的含量信息。这样我们在焦平面上安装一系列光电接收器，将这些光环转换成电信号，并传输到计算机中，再根据米氏散射理论和反演计算，就可以得出粒度分布了。

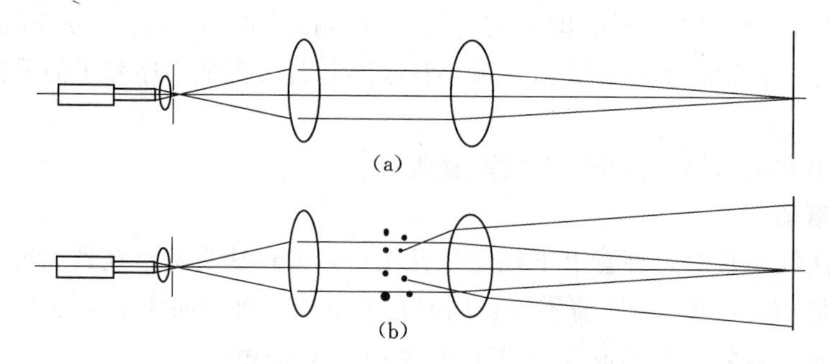

图 2-9　米氏散射原理示意图

基本指标与性能：

（1）测试范围：0.1～340 μm。

（2）重复性误差：<1%（测标样时 D_{50} 的偏差）。

（3）测定时间：1～3min/次。

（4）遮光率：8～40。

（5）测试结果：累积粒度分布（数据和曲线）；区间粒度分布（数据和直方图）；中位径 D_{50}；体积平均径等。

三、实验仪器

（1）BT-9300H 激光粒度分布仪由激光粒度仪、循环分散系统、打印机、显示器、电脑组成。仪器系统管路连接示意图如图 2-10 所示。

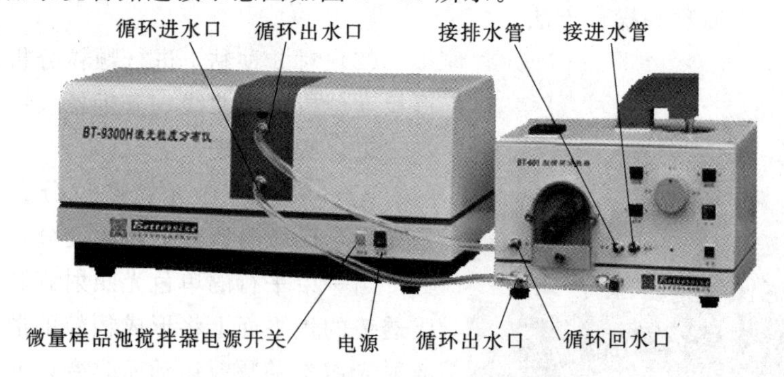

图 2-10　仪器系统管路连接示意图

（2）恒温箱。

（3）筛子：孔径 1mm。

（4）分散剂：六偏磷酸钠或焦磷酸钠、蒸馏水等。

四、实验步骤

1. 开机与启动

开机顺序：稳压电源—激光粒度仪—循环分散系统—打印机—显示器—电脑。启动软件：在 Windows 桌面上单击“百特激光粒度分布仪分析系统 Ver7.21”图标即进入该软件系统（图 2-11）。

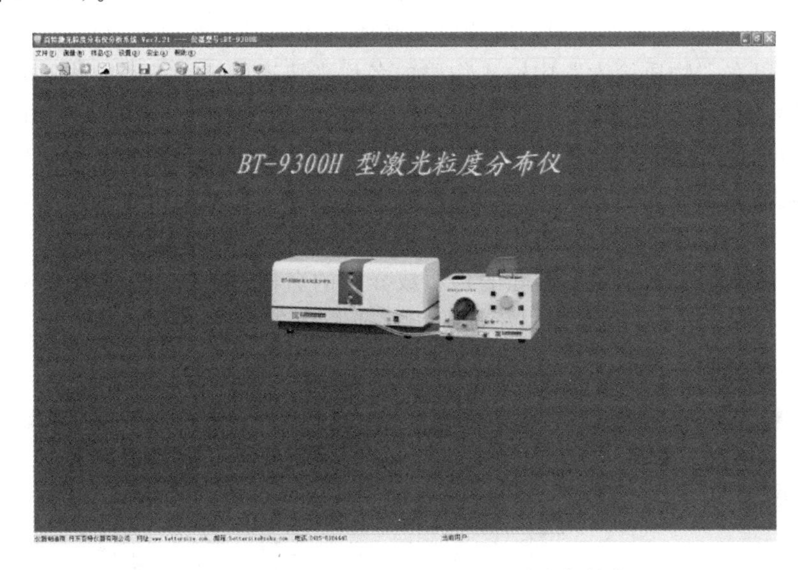

图 2-11　BT-9300H 激光粒度分布仪软件

2. 文档

单击“测试文档”即进入如图 2-12 所示的文档窗口。文档是用来记录样品名称、介质名称、测试人员、检测单位、测试日期和测试时间等测试相关的原始信息，这些信息将随测试结果一同保存到数据库中，可以在测试报告单中打印出来。

在图 2-12 中，当“扩展”被选中时，文档窗口中将增加两个文本框，可输入如“白度”“批号”等信息。要注意的是在启用“扩展”功能时，还要在“帮助-编辑报告单”中打开报告单编辑器，添加相同的内容，以便能在报告单中将“扩展”的内容打印出来。

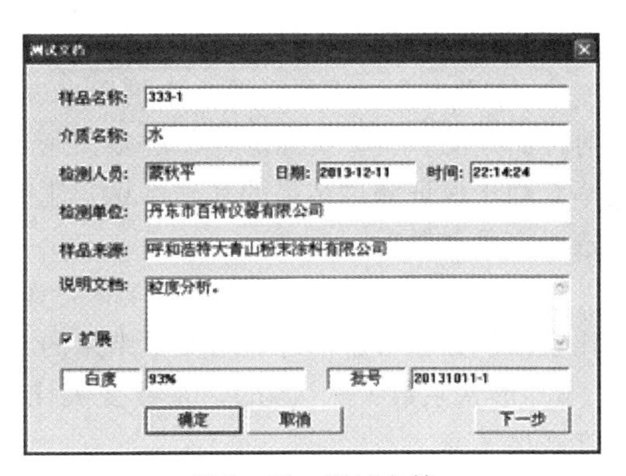

图 2-12　测试文档

3. 测试参数

在图 2-12 中点击“下一步”按钮即进入“测试参数”窗口，如图 2-13 所示，这里主要设置样品所需要的不同参数，其中包括光学参数、采样参数、分析模式等。

（1）光学参数：使用 Mie 散射理论进行

数据处理时，样品与介质的折射率是影响测试结果准确与否的重要因素。本系统列出多种常见物质和常用介质的折射率。

1）折射率：激光粒度分析中的基本理论——米氏散射理论——需要折射率参数，正确选定样品折射率对粒度测试的准确性十分重要。样品的折射率分实部和虚部，实部是反映样品折射特性的，虚部是反映样品对光的吸收特性的。一般金属粉、深色粉折射率虚部大，白色粉、浅色粉折射率虚部小。选定物质名称后，折射率就确定了。如果一时找不到样品对应的折射率，该样品又是白色粉末，就按“通用”按钮，这时会得到一个近似的折射率。如果是金属或深色的样品，就选用一种虚部较大的折射率，如铝等。

2）物质名称、介质名称：根据所测物质和所选用介质的名称选择相应的物质和介质。选择物质时可以在“物质检索”中输入物质的名称来快速确定所需要的物质名称。

3）编辑光学参数：点击“编辑”按钮进入“编辑光学参数”窗口，如图 2－14 所示。如果本系统中未包含所测试的物质或所用的介质，而又知道该物质或介质的折射率，那么就可以将物质或介质添加到系统中。如果没有条件添加新物质，也可以在所列的物质中寻找颜色相近、成分相近的已有物质来代替，如测试煤粉或水煤浆时用“碳”的光学参数。在图 2－14 中左侧列表中选中要删除的物质或介质的名称，单击对应的“删除”按钮，就可以删除了。“删除”主要是对用户添加的物质或介质进行的，不得随意对原来的物质或介质进行删除，否则将可能导致系统无法运行。

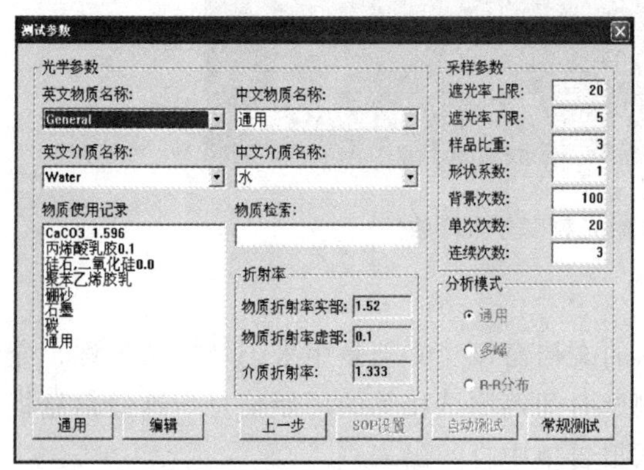

图 2－13　测试参数

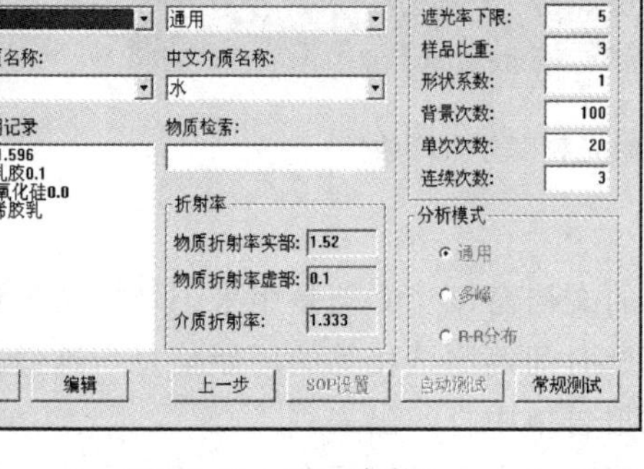

图 2－14　编辑光学参数

（2）采样参数。

1）遮光率上、下限：遮光率是用来表示样品光学浓度的一个参数，用来表示粒度测试时样品量的多少。所加的样品越多，遮光率越大，样品越少，遮光率就越小。合适的遮光率有利于保证测试结果的准确可靠，遮光率太小会造成样品的代表性不够，遮光率太高会造成多重复散射。

2）样品比重：该参数是所测样品的真比重，用作比表面积单位换算的。样品比重除对比表面积数值有影响外，对测试结果的其他数值没有影响。

3）形状系数：默认为 1。系数变大比表面积值大；系数变小比表面积值小，不影响粒度结果。

4）背景次数：测试前采集背景的次数，取值范围在 10～200 之间，背景次数设定的多少会影响最后确认背景的时间，也影响背景的准确性。数值越小确认背景越快；数值越大确认背景越慢，确认背景后信号越准确。注意：当背景信号不稳定时（信号波动大），背景次数要设置成200，以增加信号量来提高确认背景后信号的准确性。

5）单次次数：指在同一个测量过程中反复测试的次数，与测试窗口中的“单次”按钮对应，取值范围在1～200之间，默认为20。该值大于1时，所测结果为多次测试的平均值。

6）连续次数：连续测试时显示的连续结果的次数，与测试窗口中“连续”按钮对应，范围是1～20，默认3。

（3）分析模式：分析模式是用来定义最终测试结果粒度分布形态的。为了使千差万别的样品都能得到精确的粒度分布结果，百特激光粒度分析系统设置了“通用”“多峰”“R－R分布”3种分析模式。其中“通用”模式是最常用的一种分析模式，适用于大多数常见的样品，是系统默认的分析模式，如果没有特别的依据，建议选用“通用”模式。其余的分析模式根据样品和测试的特殊需要选用。

1）通用模式：通用模式是一种适用于大多数粉体的、应用广泛的、系统默认的一种分析模式。适用于80%以上的样品。

2）多峰模式：该模式对样品结果的分辨率比通用高，特别适合不同粒径样品的混合的双峰或多峰样品，也适合单峰样品。在用通用模式感到不尽如人意时，可尝试用该模式来进行分析。

3）R－R分布模式：该模式是一种单峰的平滑分布模式。仅在特殊情况下使用，通常情况下不用。

4．常规测试

在图2－15中单击“常规测试”按钮即进入“常规测试”窗口。常规测试需要操作者手动操作进水、排水、循环、超声、背景、测试、保存、打印等，对于BT－9300H仪器只能使用常规测试，不能自动测试。

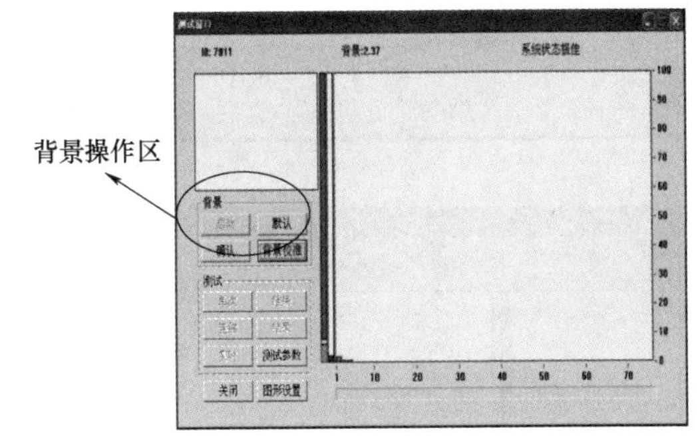

图2－15　常规测试窗口

（1）进水与排气泡：按一下BT－601循环分散系统上的“进水”按钮，用启动进水泵将循环池加满水，将“超声波定时器”调到3min（分散时间）。打开“循环泵”开关启动循环，使池中的水充满管路。刚刚加水的循环池或管路中往往会带入气泡，排除气泡的方法是打开超声波，然后反复停止/启动几次循环，间隔2～3s。排气泡后保持循环开启、搅拌开启，准备确认背景，如图2－16所示。

（2）加分散剂1～2mL。

（3）确认背景：背景是在没有加入样品时各个光电探测器上的信号值，正常状态下背景数值应在1～4之间，并且还要具有长度小于20，位置仅在坐标的左下角，形状是逐次递减，数值稳定等条件同时具备。测试背景的目的是在粒度测试前将系统清零，以消除样品池、介质等非样品因素对散射光的影响，使测试结果更加准确，图2－15即为测试背景

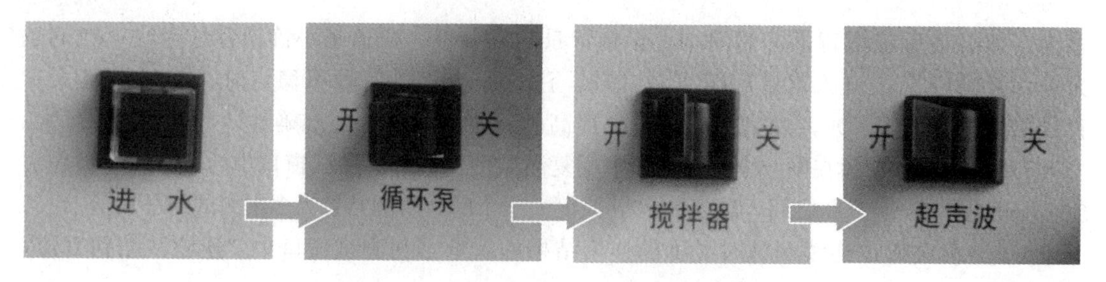

图 2-16　进水、循环泵、搅拌器、超声波

状态（背景状态良好）。如果背景数值和状态正常，在“背景操作区”中单击“确认”就完成背景测试；如果背景值和状态不正常，单击“背景校准”系统将进入背景校准窗口进行背景校准。点击“默认”按钮就是读取上一次的背景值，此功能常用于测试过程中关闭测试窗口又重新进入不能重新测试背景时；“启动”是在按确认后需要重新测试背景时使用。图 2-17 是背景数据不正常时的几种情形及原因。

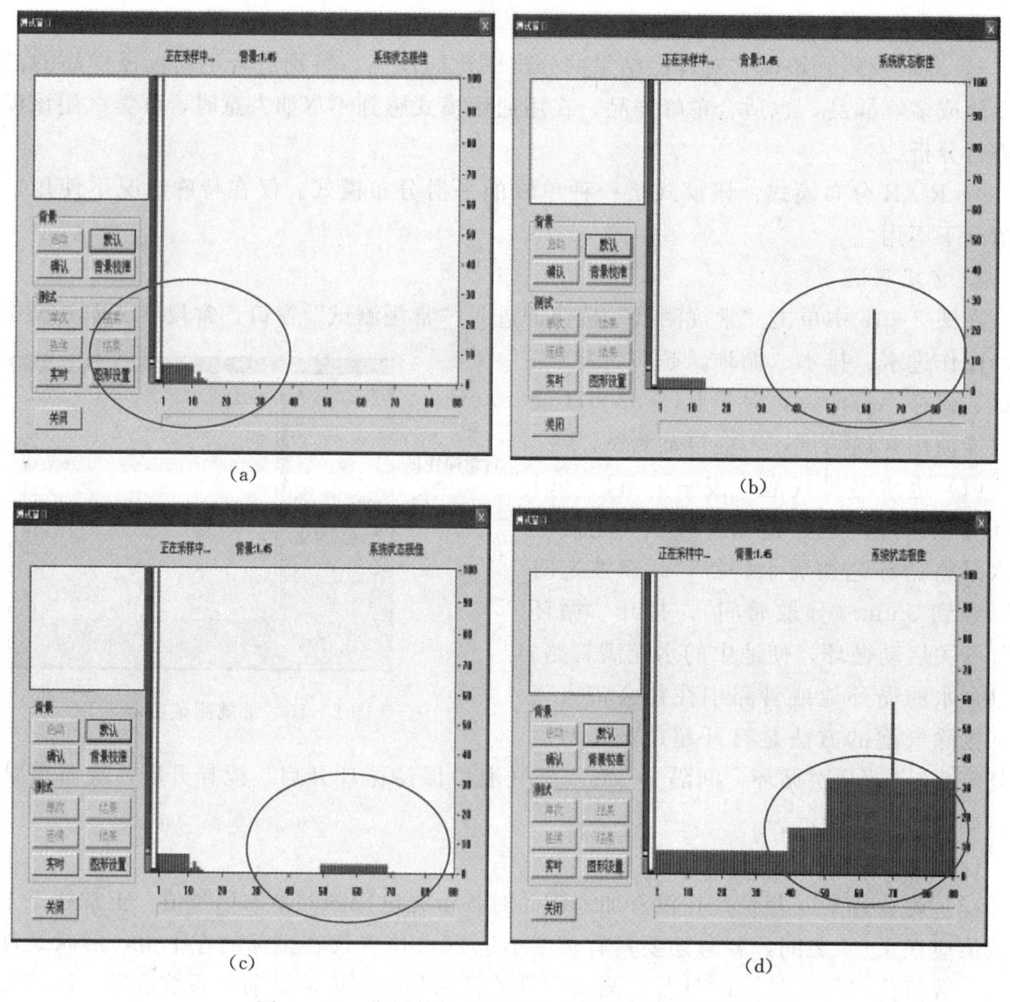

(a)　(b)　(c)　(d)

图 2-17　背景数据不正常时的几种情形及原因

(a) 光路偏移-需要校准；(b) 样品池或透镜脏；(c) 介质不纯净或透镜；(d) 仪器外壳被打开了

(4) 加样：将样品混合均匀，用小勺在样品袋中的不同部位不同深度各取少量多次加到循环池中，打开超声波开关，一般地，当测试窗口中的遮光率达到 (10±5)%时就停止加样，然后，对样品进行分散，分散时间一般为 3min。测试界面如图 2-18 所示。

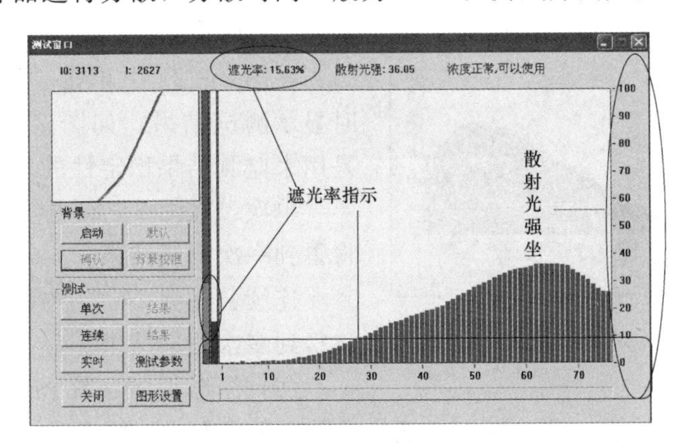

图 2-18　测试界面说明

遮光率异常时的调整方法如下：

1) 遮光率太高时：应在充分循环均匀的条件下排放掉一部分悬浮液，然后按“进水”按钮进行稀释。如此反复几次，直到遮光率合适为止，如图 2-19 所示。克服遮光率过高的有效方法就是“少量多次”加样。

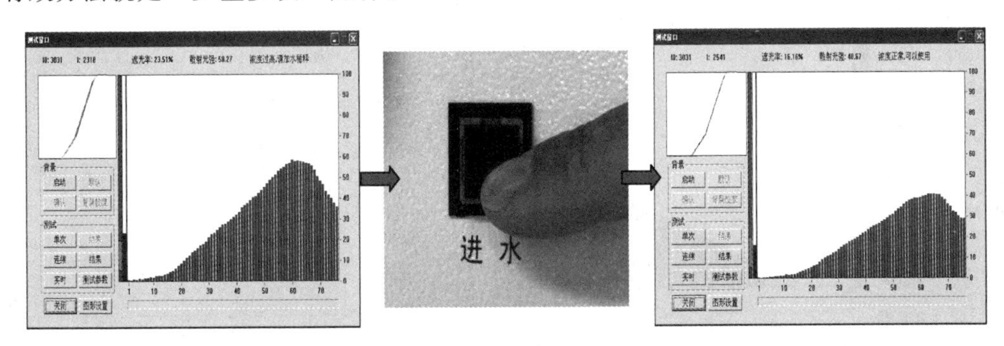

图 2-19　遮光率太高时的调整方法

2) 遮光率太低时：再向循环池中加适量的样品，如图 2-20 所示，直到遮光率合适并从最后一次加样算起超声波分散。

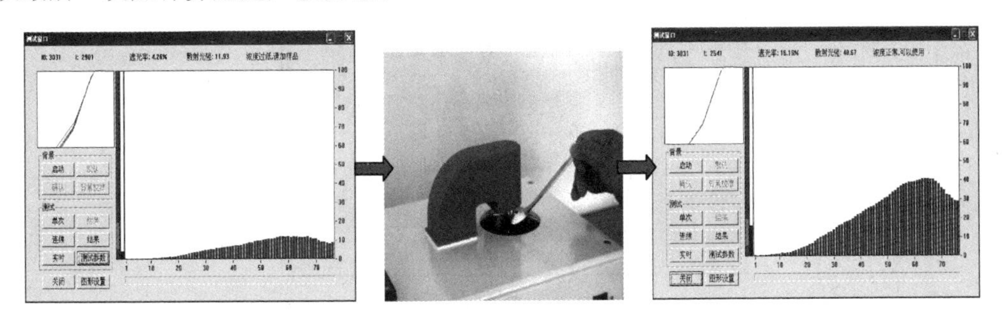

图 2-20　遮光率太低时的调整方法

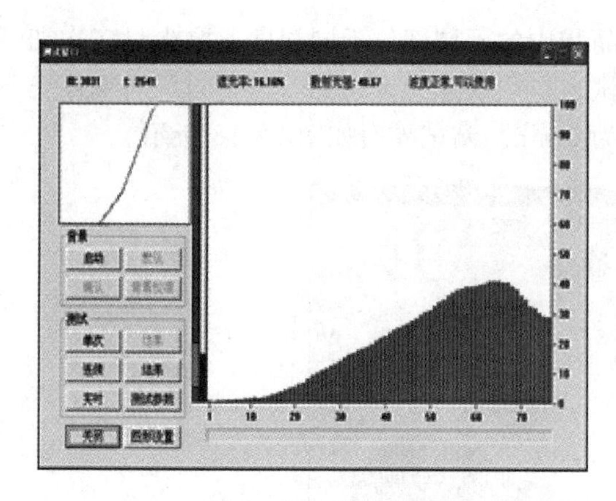

图 2-21 测试窗口

（5）测试：当样品充分分散后在图 2-21 中单击“单次”或“连续”钮，就进入粒度测试状态并自动显示测试结果，如图 2-22 和图 2-23 所示。

在图 2-21 中单击“实时”按钮，将实时显示测试结果，如图 2-24 所示。此功能是用来监测结果稳定性的。

单次：在图 2-21 中单击“单次”按钮，将得到一次测试结果。

连续：在图 2-21 中单击“连续”按钮，将得到多次测试结果。

（6）图形设置：在图 2-21 中单击“图形设置”按钮，将可以设置测试区中光能信号图形显示方式：柱形图、曲线、对比信号的比例和颜色，如图 2-25 所示。“对比信号”是指当前信号对比上一次测试的测量信号，启用后测试区同时显示两组信号。“光强比例”的作用是调整散射光强坐标大小，只是显示形式有所变化，不会影响到测试结果。

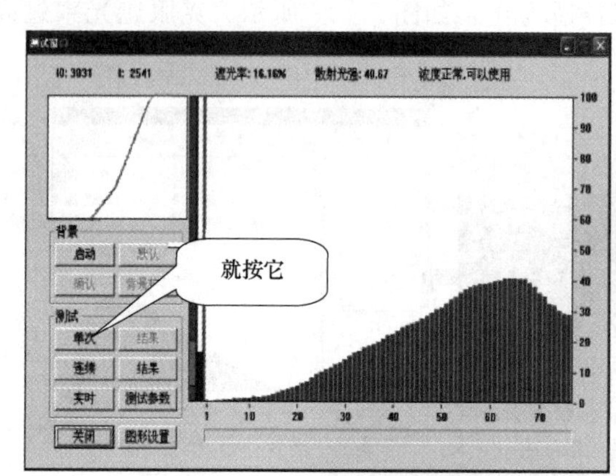

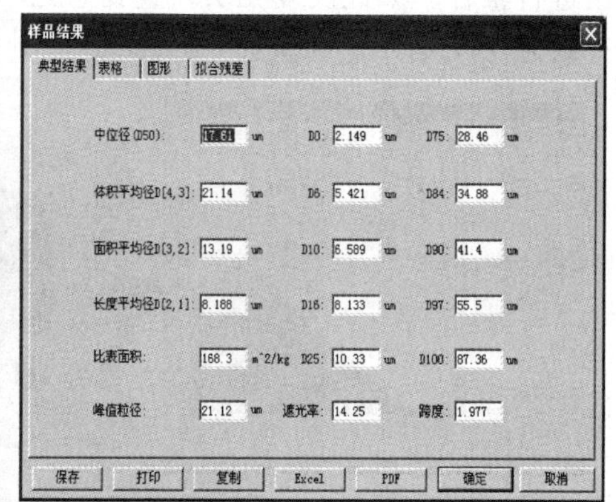

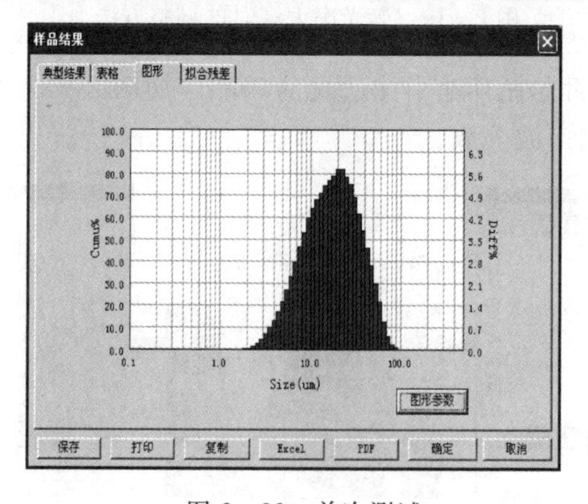

图 2-22 单次测试

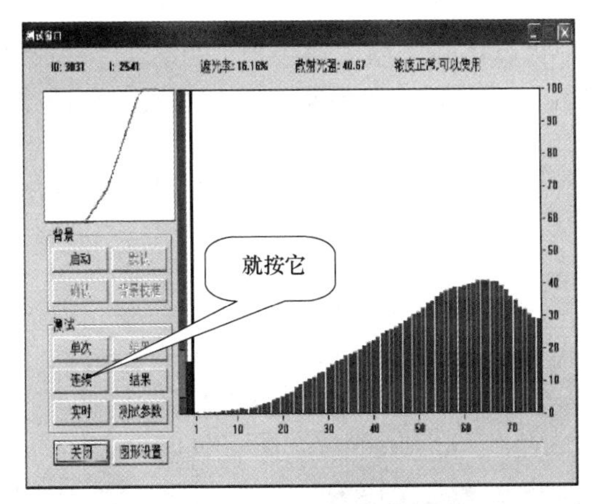

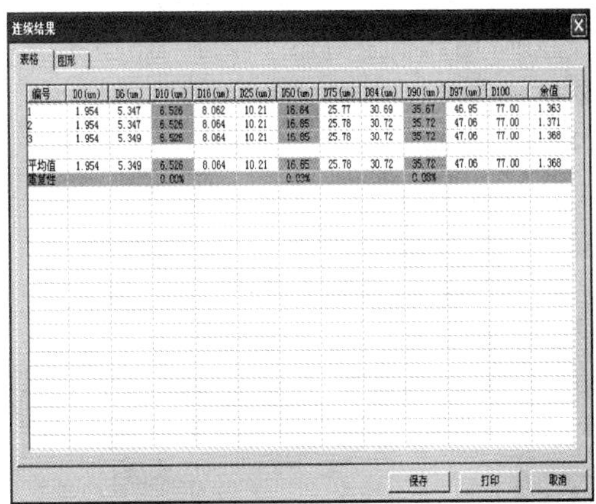

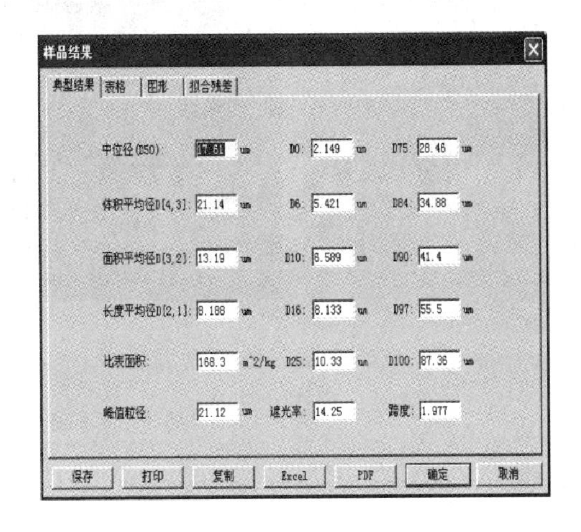

图 2-23　连续测试

(7) 结果：重新显示上一次的测试结果。

(8) 结果处理：在图 2-22 中，可以对测试结果进行保存、打印、复制、Excel 等操作。

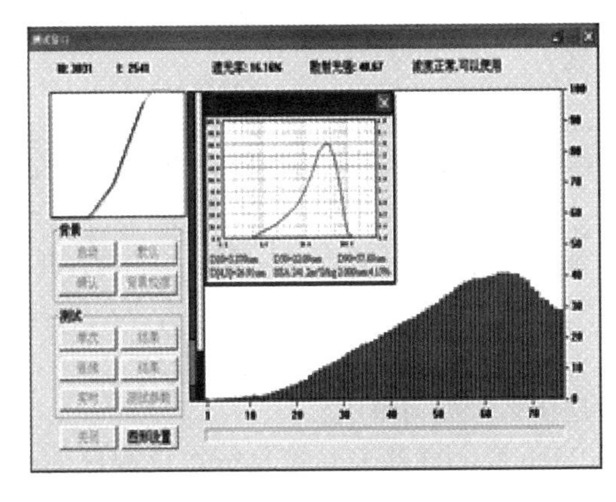

图 2-24　实时窗口

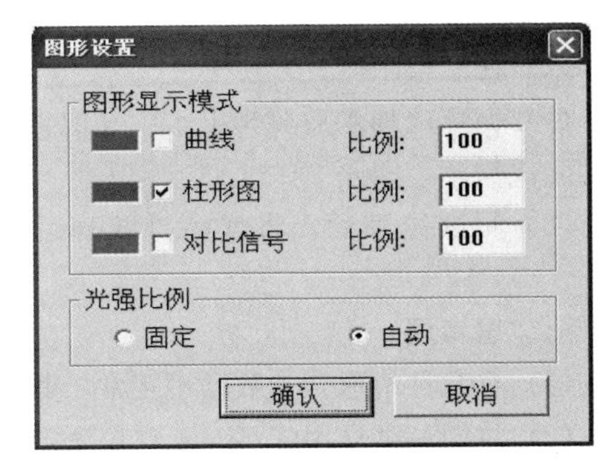

图2-25　图形设置窗口

（9）测试参数：如需要修改测试参数点击该按钮修改即可，修改后返回测试窗口。

（10）测试结束后还要保持“循环泵”开启状态，并关闭“超声波”开关，然后将旋钮调到“排水”位置，将样品排放掉后开始清洗，清洗的一般流程是重复两到三次的“进水-排水”操作。

1）将旋钮调到循环位置后按下“进水”开关，自动进水，进满水后，内部循环5～10s。

2）再将旋钮调到“排水”处，重复2～3次即可，如图2-26所示。

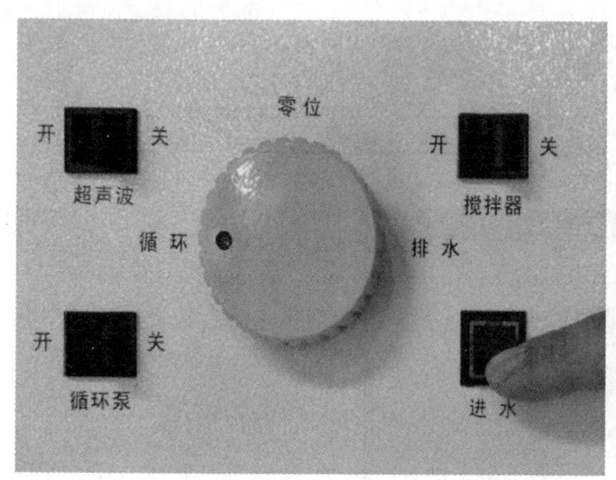

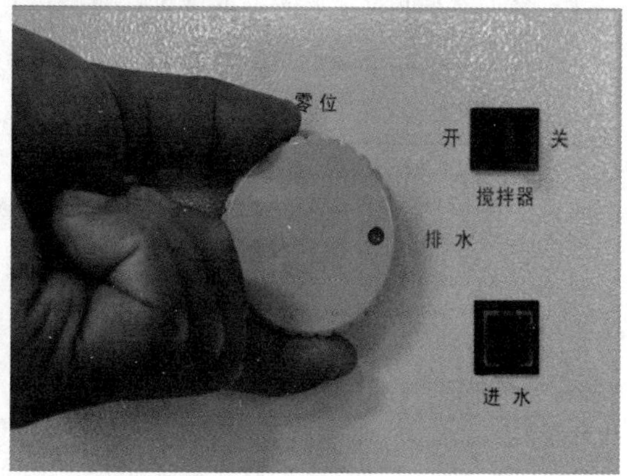

图2-26　BT-601清洗方法

五、数据记录

（1）将3种不同粒径的试样用BT-9300H激光粒度分布仪进行土壤颗粒分析，并提交颗粒分析结果报告。

（2）根据颗分曲线，计算不均匀系数C_U和曲率系数C_C。

1）不均匀系数G_U：反映土中颗粒级配均匀程度的一个系数。不均匀系数按本部分实验一第一节中的式（2-2）计算。

2）曲率系数C_C：反映粒径曲线分布的形状，是颗粒级配优劣程度的一个系数。曲率系数按本部分实验一第一节中的式（2-3）计算。

六、注意事项

（1）循环池加水后要排出水中气泡，排除气泡的方法是打开超声波，然后反复停止/启动几次循环，间隔2～3s。

（2）测试结束后，将样品排放掉后开始清洗，清洗重复2～3次的“进水-排水”操作。

七、思考题

（1）有几种情形背景数据不正常，其原因是什么，如何解决？

（2）将同一试样用TZC-4颗粒测定仪和BT-9300H激光粒度仪分布仪测试的结果进行对比是否一样，为什么？

实验二 孔 隙 度 测 定

第一节 黏土、砂土孔隙度测定

土壤的孔隙度指土壤中孔隙体积占土壤总体积的百分率（%）。

一、实验目的

（1）掌握自动孔渗联测仪的原理、结构及操作方法。

（2）基于自动孔渗联测仪测定、黏土、砂土（原状有形）的孔隙度。

二、实验原理

自动孔渗联测仪原理为玻义尔（Boyle）定律。根据玻义尔定律气体的已知体积 V_1 与所测压力 P_1 下等温膨胀到未知室体积 V_2 中，膨胀后测量最终平衡压力 P_2，这个平衡压力取决于未知体积量，未知体积可以用玻义尔定律求得。

当温度 $T_1=T_2$ 时：

$$V_1P_1=V_2P_2 \tag{2-5}$$

$$V_2=\frac{V_1P_1}{P_2} \tag{2-6}$$

$$n=\frac{V_2}{V_{土}}\times 100\% \tag{2-7}$$

式中 V_1——已知标块体积，cm^3；

V_2——未知体积，cm^3；

P_1——已知体积 V_1 所测压力，MPa；

P_2——平衡后压力，MPa；

n——孔隙度，%；

$V_{土}$——土样体积，cm^3。

三、实验仪器

自动孔渗联测仪示意图和结构流程图分别如图 2-27、图 2-28 所示。

1. 仪器主要技术参数

（1）测试岩心直径：ϕ25mm、ϕ38mm。

（2）测试岩心长度：25～80mm。

（3）工作介质：氦气和氮气。

（4）仪器配套：高压钢瓶 1 个、减压器 1 个、游标卡尺 1 把、干燥器 1 个（存放岩心用）。

（5）测量误差：0.5%～1.0%。

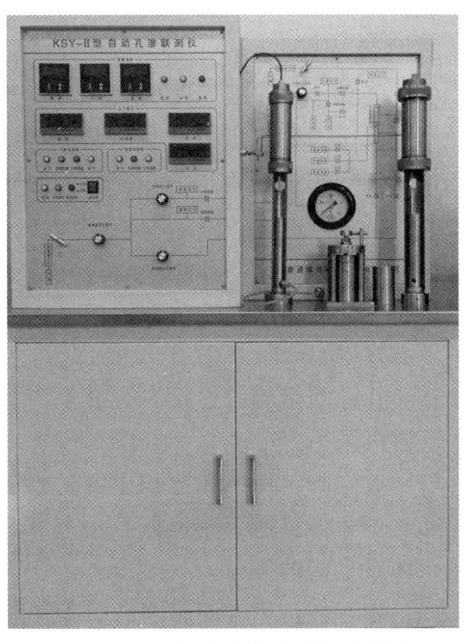

图 2-27 自动孔渗联测仪示意图

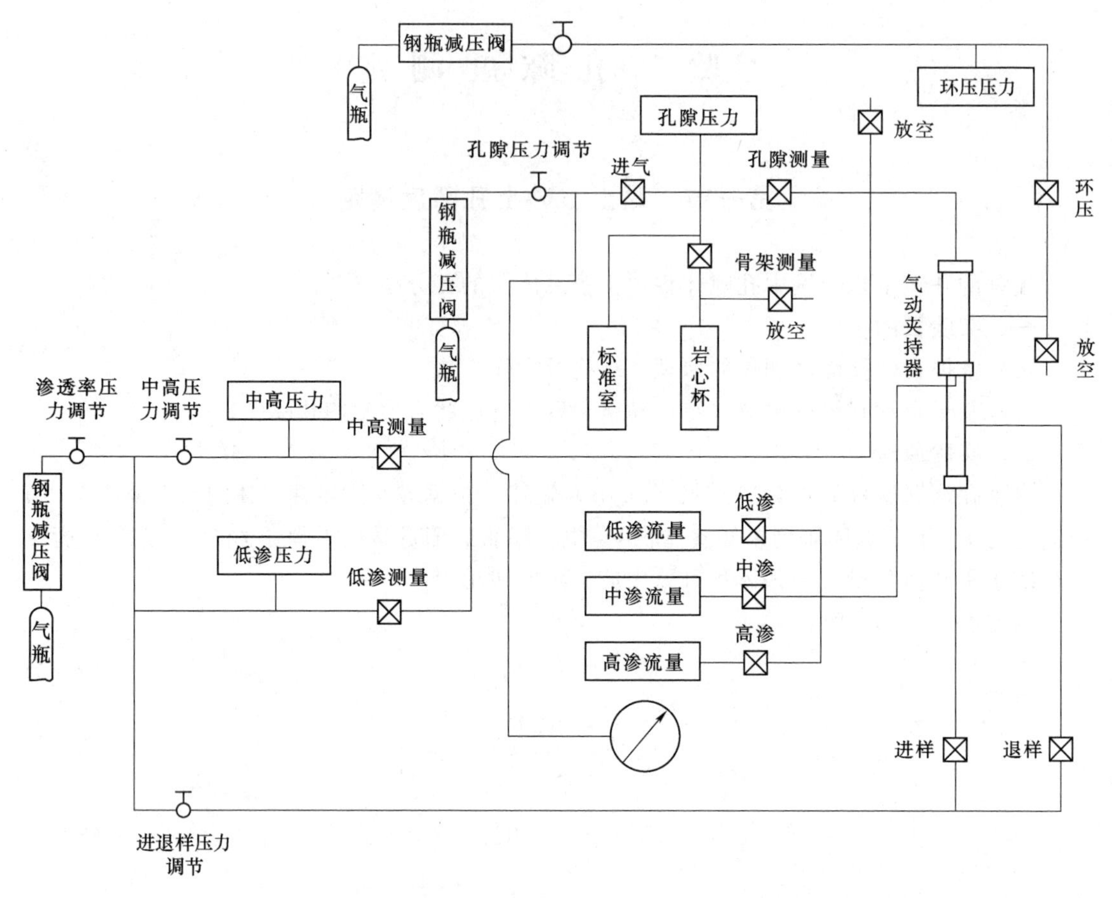

图2-28　自动孔渗联测仪结构流程图

2. 仪器结构组成

(1) 气源：带有减压阀的氮气（氦气）钢瓶，用作仪器的气源。

(2) 减压阀：将压力准确地调节至0.7MPa。

(3) 供气阀：连接0.7MPa压力的气体到标准室和压力传感器，是标准室体积的上游极限。

(4) 标准室：已知体积室。

(5) 骨架测量阀：连接在标准室内0.7MPa压力的气体与未知室体积上，是标准室体积的下游极限。

(6) 孔隙测量阀：连接在标准室内0.7MPa压力的气体与未知室体积上，是标准室体积的下游极限。

(7) 放空阀：使未知体积中的初始压力为0，同时又可将平衡后的气体放入大气。

(8) 压力传感器：测量体系中气体压力，用来指示标准室的压力准确达到0.7MPa，并指示体系平衡的压力。

(9) 岩心杯：用于测量岩心骨架体积的模型。

(10) 夹持器：用于测量岩心渗透率模型。

四、测试准备

（1）打开氮气（氦气）钢瓶，调节压力至0.7MPa。

（2）打开仪器总电源、计算机及空压机电源（用于阀门动力）。

（3）关闭放空阀，打开气源阀和进气阀，用调节器使标准室的压力达到0.7MPa以下。

（4）关闭供气阀，稳定一段时间后，如压力不下降，说明整个系统不漏气，否则就需要检漏。

（5）打开骨架测量阀，稳定一段时间后，如压力不下降，说明整个系统不漏气，否则就应检漏（可用肥皂液检漏）。

（6）如果停用时间较长，正式测量之前应对压力传感器进行校正。

五、实验步骤

1. 土样制备

用环刀取土样，取样时要尽量保持原状，环刀上、下面切平。

2. 测试前准备

（1）打开仪器总电源和计算机。

（2）打开钢瓶（氮气），调节至0.7MPa左右。

（3）关闭渗透进气阀（顺时针旋转），关闭环压进气阀。

（4）打开孔隙度测量进气阀，打开仪器面板上的进气手动阀门，控制选择调至手动状态，按下“进气”阀。

（5）通过孔隙压力调节阀和放空按钮调节孔隙压力（0.5MPa左右）。

（6）孔隙压力稳定后，关闭手动进气阀。

（7）打开骨架测量按钮，稳定一会儿。

（8）打开放空按钮，再关上。

（9）重复（6）～（9）步骤，直至孔隙压力稳定。

（10）将控制选择调至自动状态，确认孔隙度测量自动状态（绿灯亮）。

3. 常数测试

（1）选择直径38mm的岩心杯，将4号钢块放入岩心杯底部，将土样测试杯、环刀及1～4号钢块（测试土样常数）放入土样测试杯中，并拧紧上盖，放入岩心杯内4号钢块上面，关闭岩心杯（将岩心杯上方手柄顺时间调至限位的位置），如图2-29所示。

图2-29　土样测试杯及钢盘

（2）点击软件上的“常数测试”按钮，在选项上选择土样，点击“确定”按钮，如图2-30所示。

（3）打开岩心杯和土样测试杯，取出1号钢块（测试土样常数），拧紧土样测试杯上盖，关闭岩心杯，点击“确定”按钮，如图2-31所示。

（4）打开岩心杯和土样测试杯，取出3号钢块（测试土样常数），放入1号钢块（测试土样常数），拧紧土样测试杯上盖，关闭岩心杯，点击“确定”按钮，如图2-32所示。

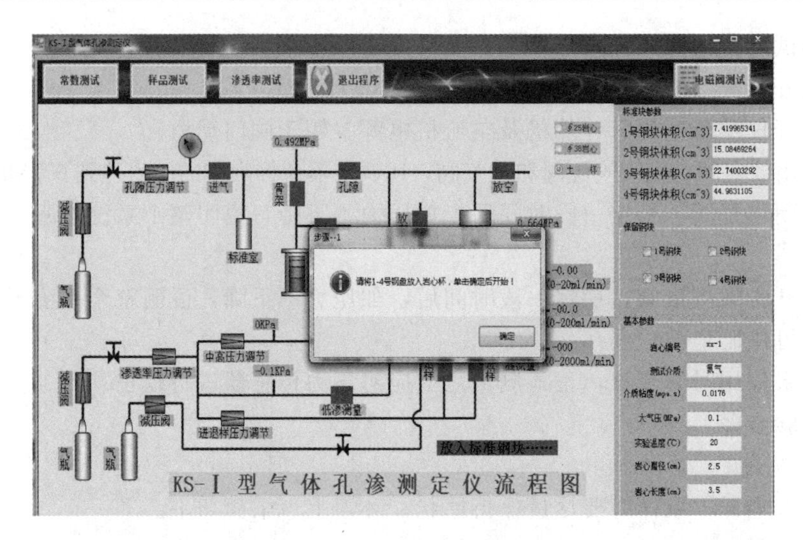

图 2－30　土样常数测试

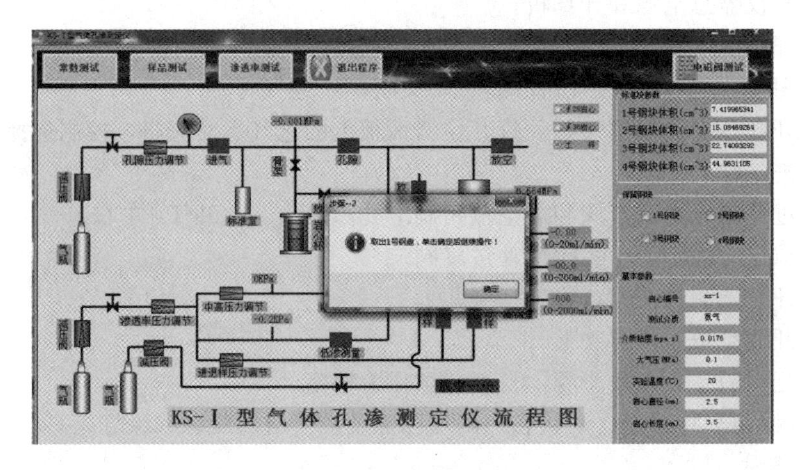

图 2－31　取出 1 号钢块

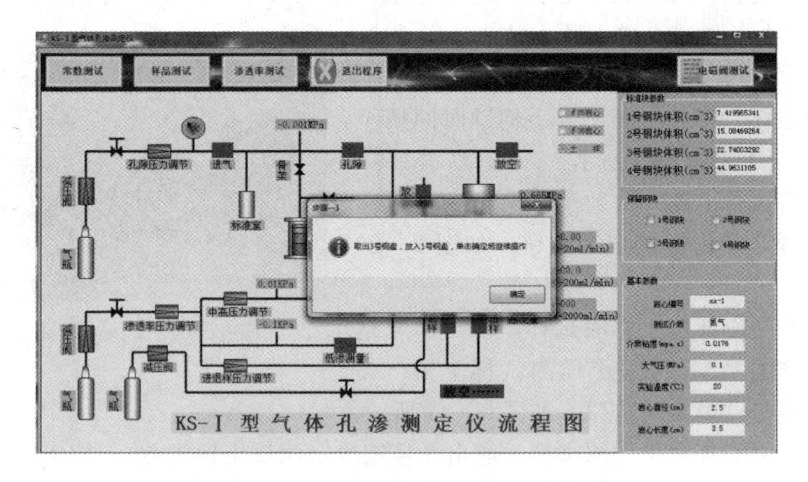

图 2－32　取出 3 号钢块，放入 1 号钢块

（5）常数测试结束，可进行样品测试，点击“确定”按钮，如图 2-33 所示。

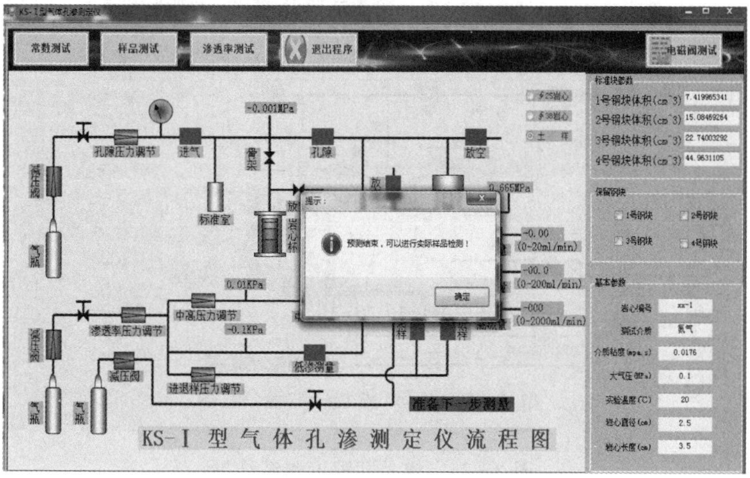

图 2-33 常数测试结束

4. 样品测试

（1）打开岩心杯和土样测试杯，将 4 号钢块放入岩心杯底部，将待测土样（用取土环刀取的）放入土样测试杯内，拧紧土样测试杯上盖，放在 4 号钢块上，关闭岩心杯。点击软件上的“样品测试”按钮，选择保留钢块 4 号钢块，输入样品的参数（编号、土样直径、长度），点击“确定”按钮，如图 2-34 所示。

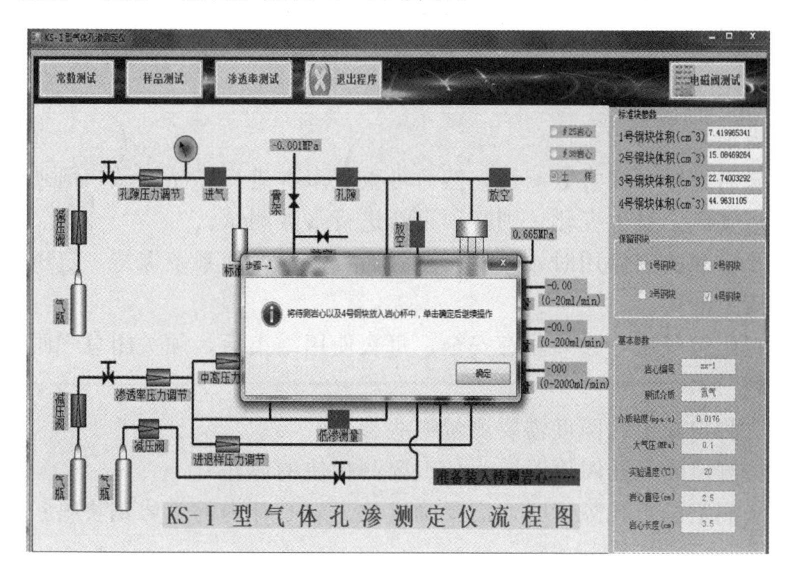

图 2-34 待测土样及 4 号钢块放入岩心杯

（2）测试结束，软件显示样品孔隙度测试结果，点击“确定”按钮，弹出保存数据对话框，选择合适的保存路径，输入保存的文件名之后，点击“保存”，测试完成，如图 2-35 所示。

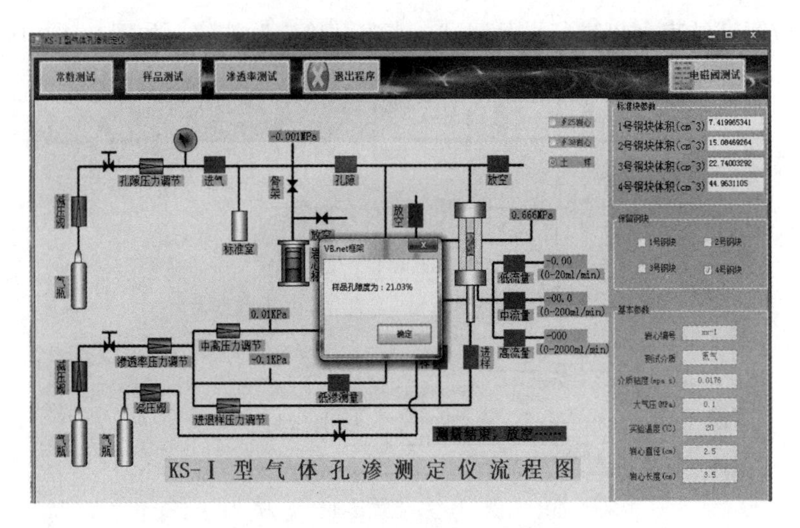

图 2-35　样品孔隙度测试结果

六、数据记录

填写测定黏土孔隙度［按式（2-7）计算］实验记录表（表 2-3）。

表 2-3　　**测定黏土孔隙度实验记录表**

试样编号	岩性	岩样长度 L/cm	岩样直径 D/cm	温度 T/℃	压力 P/MPa	孔隙度 n/%
1	砂土					
2	粉质黏土					
3	黏土					

七、注意事项

（1）一般只需进行一次常数测试，然后可重复多次进行样品测试，但须确保进气压力的一致性，若进气压力发生变化，则必须重新进行常数测试。

（2）自动孔渗联测仪停用时，关气瓶总阀、气源阀，使系统保持一定压力，如果压力有损失，说明压力漏失。

（3）使用高压氮气瓶，必须注意安全，每次使用结束后，须关闭总气阀。

八、思考题

（1）气体法测定黏土孔隙度需要测量哪些参数？

（2）气体法测定黏土孔隙度时，为什么要测标块的体积？

（3）气体法测定黏土孔隙度时，需要确定放入岩心杯内的 4 号钢块吗？

第二节　岩石孔隙度测定

一、实验目的

（1）掌握自动孔渗联测仪的原理、结构及操作方法。

（2）测定岩石孔隙度。

二、实验原理

自动孔渗联测仪原理是基于波义耳定律，即用已知体积的标准体，在设定的初始压力下，使气体向处于常压下的岩心室作等温膨胀，气体扩散到岩心孔隙之中，利用压力的变化和已知体积，依据气态方程，即可求出被测岩样的有效孔隙体积和颗粒体积，则可算出岩样孔隙度，计算公式见式（2-7）。

三、实验仪器

（1）自动孔渗联测仪，如图 2-27、图 2-28 所示。

（2）仪器主要技术参数。

1）压力：测量压力 10MPa、1MPa、0.1MPa；环压 0～16MPa；骨架测量压力 0～1.4MPa。

2）岩样尺寸：ϕ25mm×(25～50)mm、ϕ38mm×(25～60)mm。

3）气源：空气 0～0.8MPa；氮气 0～10MPa。

4）流量计：0～20SCCM，0～200SCCM，0～2SLM。

四、实验步骤

1. 样品准备

（1）样品加工：将待测样品用钻床钻成直径为 25mm，长为 25～50mm，两端面磨平并与样品轴线垂直。

（2）样品处理：含油样品先洗油，将样品放在烘箱中用 105℃烘干（一般为 4h），然后放入干燥器中冷至室温，待测。

2. 测试前准备

（1）打开仪器总电源和计算机。

（2）打开钢瓶（氮气），调节至 0.7MPa 左右。

（3）关闭（顺时针旋转）渗透进气阀、环压进气阀。

（4）打开（逆时针旋转）孔隙度测量进气阀，打开仪器面板上的进气手动阀门，控制选择调至手动状态，按下“进气”阀。

（5）通过孔隙压力调节阀和放空按钮调节孔隙压力（0.5MPa 左右）。

（6）孔隙压力稳定后，关闭手动进气阀。

（7）打开骨架测量按钮，稳定一会儿。

（8）打开放空按钮，再关上。

（9）重复（6）～（9）步骤，直至孔隙压力稳定。

（10）将控制选择调至自动状态，确认孔隙度测量自动状态（绿灯亮）。

3. 常数测试

（1）打开气体孔渗测定仪软件，点击常数测试，选择岩心直径，按软件提示进行操作，如图 2-36 所示。

（2）打开岩心杯，将 1～4 号钢盘放入岩心杯，关闭岩心杯（将岩心杯上方手柄顺时间调至限位的位置），点击“确定”按钮，如图 2-37 所示。

（3）打开岩心杯，取出 1 号钢盘，关闭岩心杯，点击“确定”按钮，如图 2-38 所示。

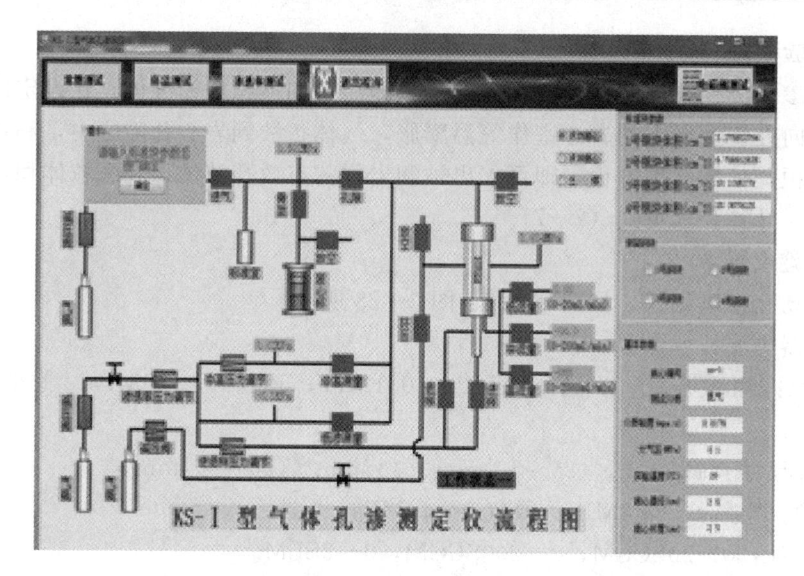

图 2-36　常数测试

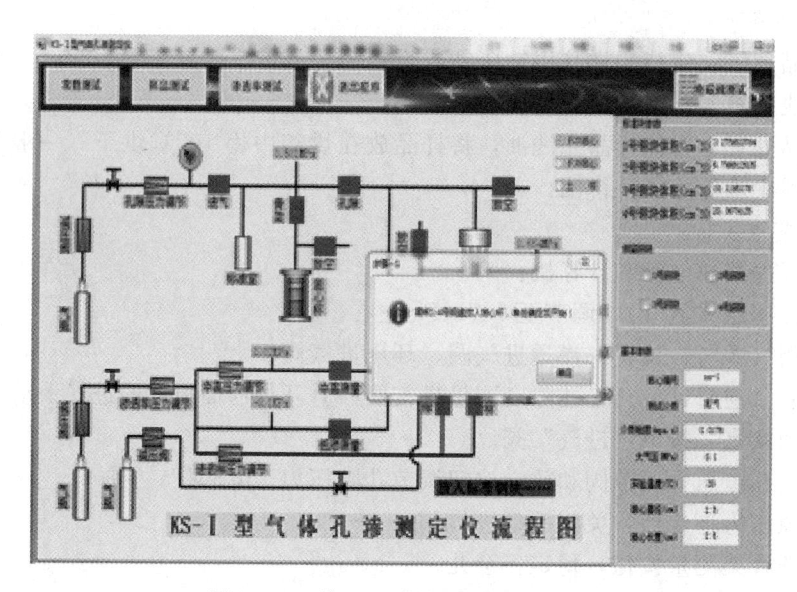

图 2-37　将 1～4 号钢盘放入岩心杯

（4）打开岩心杯，取出 3 号钢盘，放入 1 号钢盘，关闭岩心杯，点击“确定”按钮，如图 2-39 所示。

（5）常数测试结束，可进行样品测试，点击“确定”按钮，如图 2-40 所示。

4. 样品测量

（1）打开岩心杯，将待测岩心与合适的钢盘放入岩心杯中，使得其总高度在不高于岩心杯的情况下尽可能大。点击软件上的“样品测试”按钮，输入样品的参数，选择和岩心一起放入岩心杯的钢块号码，点击“确定”按钮，如图 2-41 所示。

（2）根据软件提示，确认放入岩心杯的岩心及钢块无误，关闭岩心杯，点击“确定”

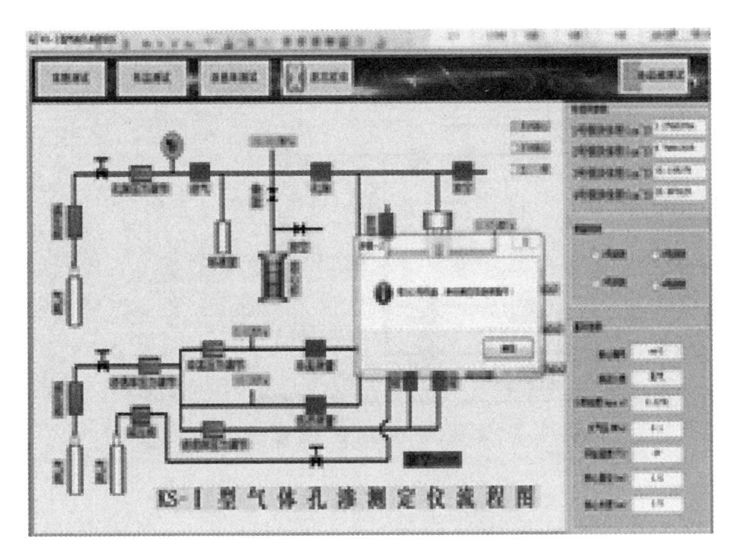

图 2-38 取出 1 号钢盘

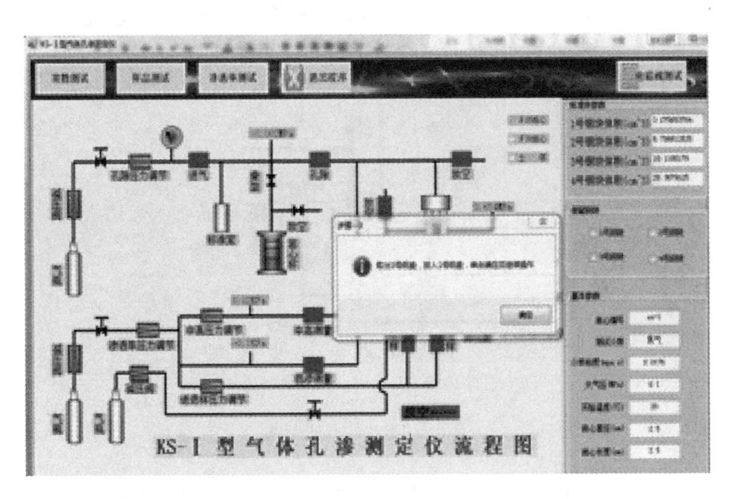

图 2-39 取出 3 号钢盘，放入 1 号钢盘

按钮，如图 2-42 所示。

（3）测试结束，软件显示样品孔隙度测试结果，点击“确定”按钮，可进行保存，如图 2-43 所示。

五、数据记录

填写测定岩样岩心孔隙度［按式（2-7）计算］实验记录表（表 2-4）。

表 2-4 测定岩心孔隙度实验记录表

试样编号	岩性	岩样长度 L/cm	岩样直径 D/cm	温度 T/℃	压力 P/MPa	孔隙度 n/%
1	砂岩					
2	花岗岩					

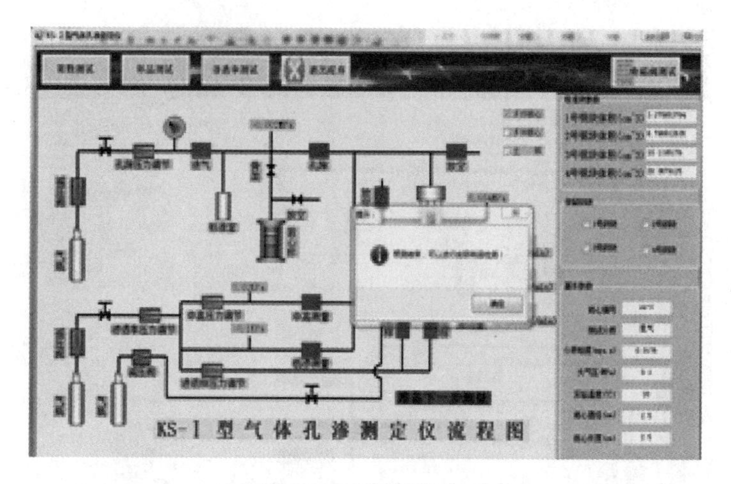

图 2-40　测试结束

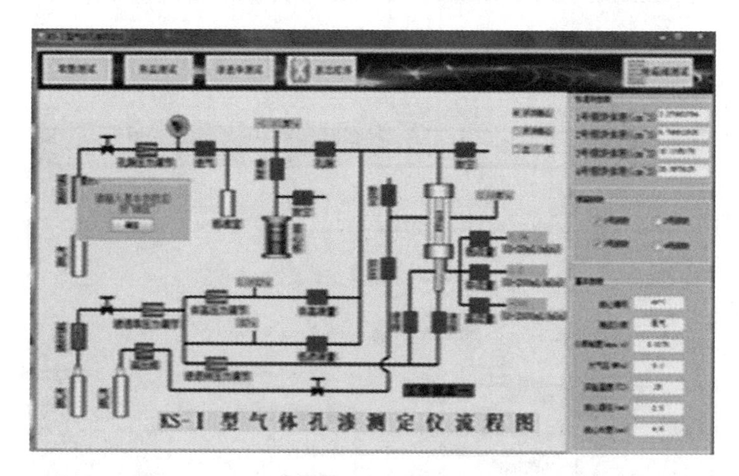

图 2-41　样品测试

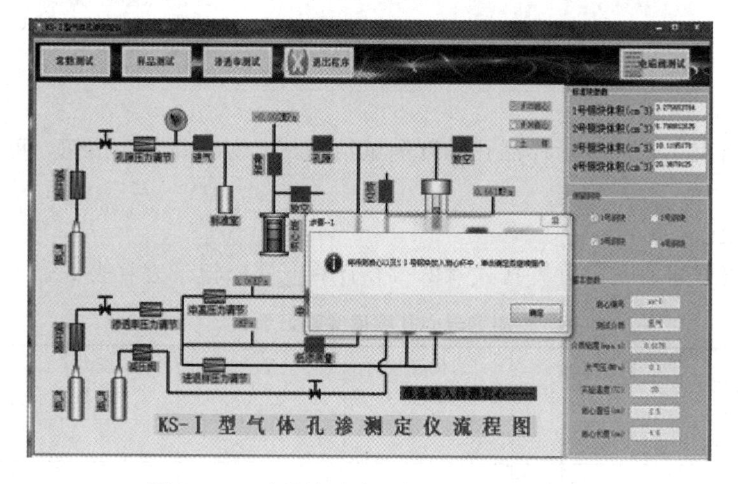

图 2-42　确认放入岩心杯的岩心和钢盘号

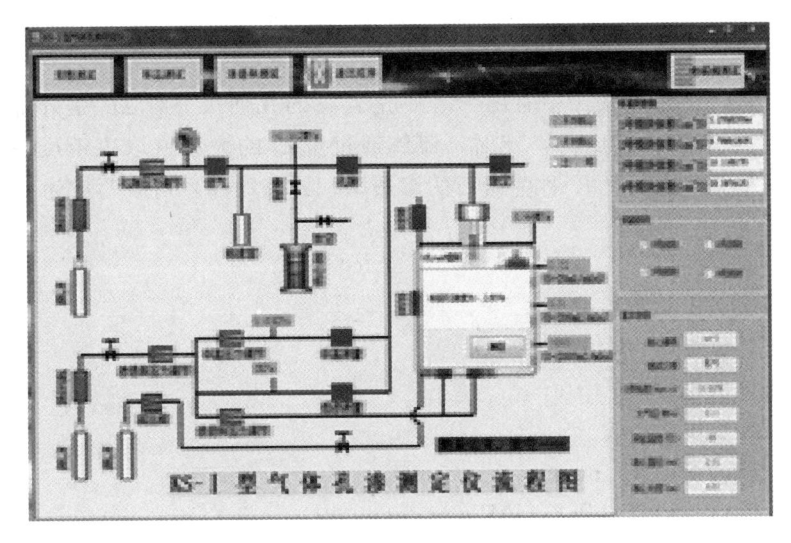

图 2-43　样品孔隙度测试结果

六、注意事项

(1) 自动孔渗联测仪停用一段时间后，再启用时要测试管线、阀门是否漏气。

(2) 压力传感器调零。

七、思考题

(1) 气体法测定岩石孔隙度需要测量岩心的哪些参数？

(2) 气体法测定岩石孔隙度时为什么要标定？

第三节　岩石渗透率测定

一、实验目的

(1) 掌握自动孔渗联测仪的原理、结构及操作方法。

(2) 测定岩石渗透率。

二、实验原理

自动孔渗联测仪测定岩石渗透率原理是达西定律，设有一横截面积为 A，长度为 L 的岩石，将其置于岩心夹持器中，如图 2-44 所示，使粘度为 μ 的流体在压差 ΔP 下通过岩心，测得流量 Q。实验证明单位时间通过岩心的体积流量 Q 与压差 ΔP 岩心横截面积 A 成正比，与岩心的长度 L 和流体的粘度成反比。

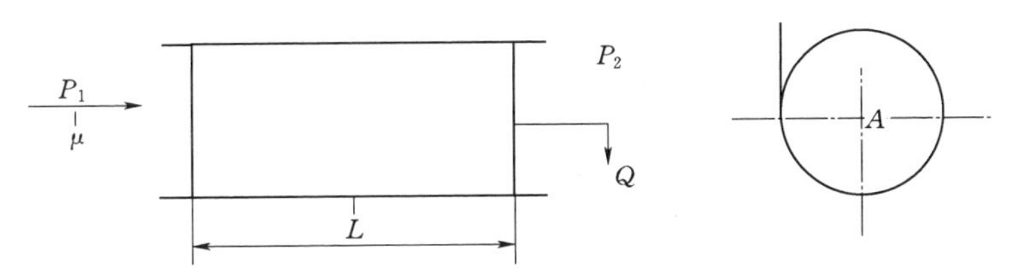

图 2-44　自动孔渗联测仪测定岩石渗透率原理示意图

$$Q \propto \frac{A}{\mu}\frac{\Delta P}{L} \text{或} Q = k\frac{A}{\mu}\frac{\Delta P}{L} \tag{2-8}$$

这就是“达西方程”，从式中看出 A、L 是岩石的几何尺寸，ΔP 是外部条件，当外部条件、几何尺寸、流体性质都一定时，流体通过量 Q 的大小就取决于反映岩石可渗性比例常数 K 的大小，我们把 K 称为岩石的渗透率；式（2-8）可改写成为

$$k = \frac{Q\mu L}{A\Delta P} \tag{2-9}$$

式中　k——岩石的渗透率，D；

Q——气体流量，mL/s；

μ——气体的粘度，Pa·s；

L——试样长度，cm；

A——试样面积，cm^2；

ΔP——进气口与出气口压差，MPa。

三、实验仪器

自动孔渗联测仪，如图 2-27、图 2-28 所示。

四、实验步骤

1. 样品准备

（1）样品加工：将待测样品用钻床钻成直径为 25mm，长为 37.5～50mm，两端面磨平并与样品轴线垂直。

（2）样品处理：含油样品先洗油，将样品放在烘箱中用 105℃烘干（一般为 4h），然后放入干燥器中冷至室温待测。

2. 仪器操作

（1）打开电源和计算机。

（2）打开钢瓶（氮气），调节至 0.7MPa 左右。

（3）关闭（顺时针旋转）孔隙度测量进气阀，打开（逆时针旋转）渗透进气阀、环压进气阀。

（4）从干燥器取出适合夹持器直径的岩样，用游标卡尺量出岩样的长度和直径，计算其横截面积 A，几何尺寸必须在进行测定之前量出。

（5）确认渗透率测定自动状态（黄灯亮）。

（6）打开测量软件，选择渗透率测试和岩心直径，填写各项参数，按提示进行操作，如图 2-45 所示。

（7）将岩心放在直径相对应的油缸柱塞顶端的岩心夹持器堵头上，打开孔隙度测量和渗透率测量的自动按钮，点击“确定”按钮，将岩心顶入夹持器，如图 2-46 所示。

（8）即将加压、确认进样正常，点“确定”按钮，如图 2-47 所示。

（9）旋转渗透率压力调节阀调节低渗压力至 300kPa 左右，旋转中高压力调节阀调节中高渗压力在 20～30kPa 左右，点击“确定”按钮，如图 2-48 所示。

（10）样品渗透率测试结果，计算机根据压力、流量、岩心尺寸、大气压、气体粘度等计算岩心渗透率。点击“确定”按钮，可进行保存，如图 2-49 所示。

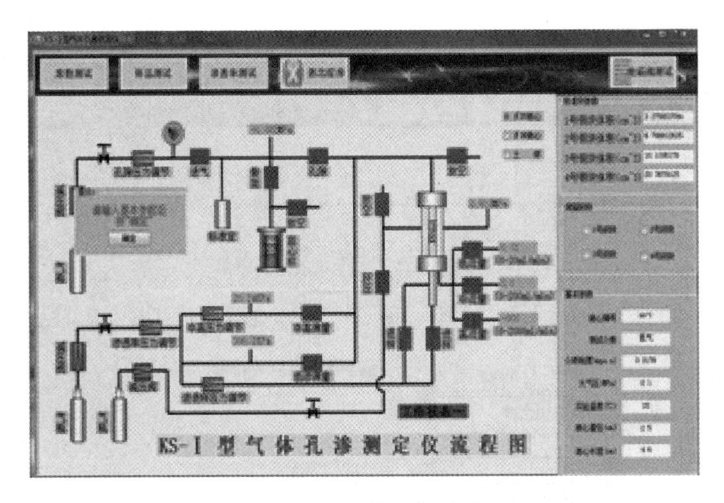

图 2-45　渗透率测试

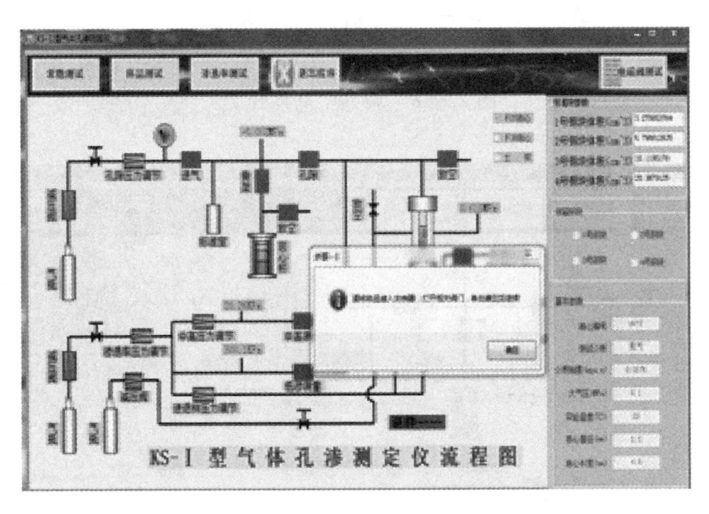

图 2-46　样品装入夹持器

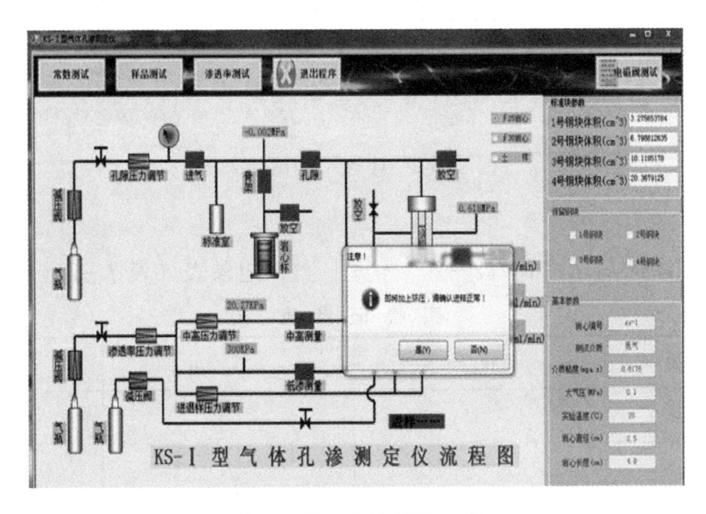

图 2-47　确认进样正常

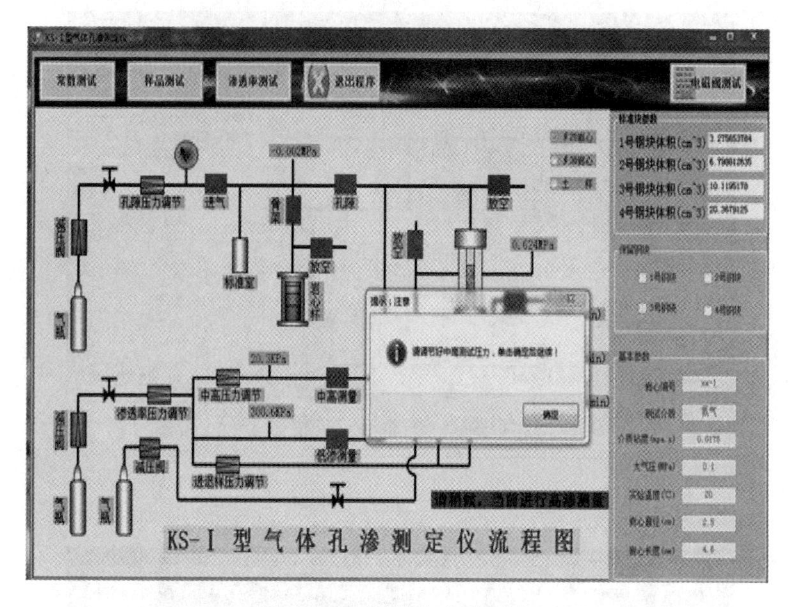

图 2-48　调节中高渗压力

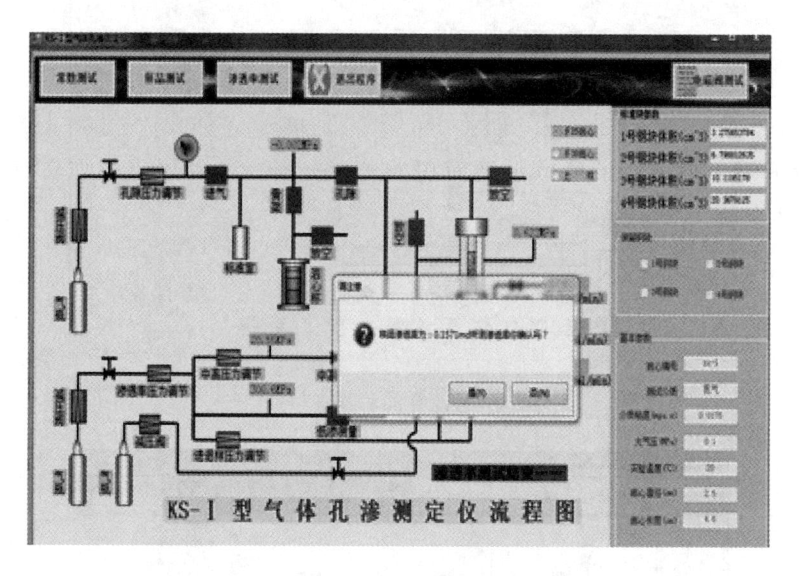

图 2-49　渗透率测试结果

五、数据记录

填写测试岩石渗透率［按式（2-9）计算］实验记录表（表 2-5）。

表 2-5　　　　实 验 记 录 表

编号	岩性	直径/cm	长度/cm	渗透率/md
1	砂岩			
2	花岗岩			

六、注意事项

（1）岩样两端面必须垂直于岩样的轴线，并且两端面应互相平行，精度0.02mm，岩样端面不规则时，直接影响实验数据，可能使胶套褶皱或破裂。

（2）岩心夹持器中未放样品时，绝对不能加环压，否则会损坏胶套。

（3）岩样直径比岩心夹持器直径小1～1.5mm时，放入夹持器中不会损坏胶套，如果更小，就应采取适当的方法加以处理，使之不会损坏胶套。

（4）本仪器是专用电脑，请勿上网、拷进其他软件，防止病毒干扰。

七、思考题

（1）气体法测定岩石渗透率需要测量岩心的哪些参数？

（2）气体法测定岩石渗透率为什么要烘干岩心？

实验三　容水度、给水度、持水度测定

岩石空隙的大小和多少，决定了水分的储容和运移，岩石的空隙大小和数量不同，容纳、保持、释出及透水的能力也不同。饱水岩石在重力作用下充分释水，其释放出水的体积通常小于其所容纳的水的体积。这是因为岩石中还保存有一部分受毛细力和结合力作用而难以释放出来的水。不同的岩石具有不同的滞留水分的能力。为了衡量不同岩石的这种反抗重力而滞留水分的特性，水文学中提出了持水度概念。持水度是指地下水位下降一个单位，单位水平面积的岩石柱体中，克服重力而保持于岩石空隙中的水量。

一、实验目的

（1）加深对持水度概念、特性的理解，及其与含水率的根本区别。

（2）掌握实验室测定持水度的方法。掌握岩石含水量的测定方法及其含水量与深度的变化规律，根据其变化规律，找出各种形式水的分布规律。

（3）掌握岩石容水度、给水度、持水度三者之间的关系。

（4）测定粗、中、细砂3种岩性的容水度、持水度和给水度。

（5）测定垂向剖面上的含水率及绘制剖面水分特征曲线，实验采用土柱仪进行持水度的测定。

二、实验原理

（1）容水度是指岩土完全饱水时所能容纳的水的体积与岩土体积的比值。

$$W_v=\frac{V_{饱水}}{V_{岩土}}\times 100\% \tag{2-10}$$

式中　W_v——容水度，%；

$V_{饱水}$——饱水的体积，cm^3；

$V_{岩土}$——岩土体积，cm^3。

（2）给水度是指地下水位下降单位体积时释出水的体积和疏干体积的比值。

$$u=\frac{V_{释出}}{V_{疏干}}\times 100\% \tag{2-11}$$

式中　u——给水度，%；

$V_{释出}$——释出水体积，cm^3；

$V_{疏干}$——疏干体积，cm^3。

（3）持水度是地下水位下降时，滞留于非饱和带中而不释出的水的体积与单位疏干体积的比值。

$$S_r=\frac{V_{滞留}}{V_{疏干}}\times 100\% \tag{2-12}$$

式中　S_r——持水度，%；

$V_{滞留}$——滞留水体积，cm^3；

$V_{疏干}$——疏干体积，cm^3。

岩石的持水性是指饱水岩石在重力作用下释水时，由于岩石颗粒表面与水分子间的分子吸引力及孔隙毛细力的作用，使一部分水分仍能保持在孔隙中的这种性能。岩石持水性大小的定量指标以持水度来表示。

从含义上来说，持水度与含水率相似，表达形式也完全一样，但它们的定义、概念是有区别的。持水度是饱水岩石经天然或人工排水疏干自由重力水时，在这一特定条件下的含水率。其值大小仅取决于岩性、结构。因此相同粒度、结构的岩石，持水度应接近于常数。而含水率的大小除与岩性、结构有关外，还与岩石所处的自然环境、距地表水体及地下水面远近有关，因此含水率在垂向剖面上，由上至下，由天然含水率（最小值）渐变到饱和含水率（最大值），其值相差非常悬殊。

三、实验仪器

（1）土柱仪如图2-50所示，用于测定土壤的容水度、持水度、给水度等。主要由计算机、供水系统、渗流系统、水分传感器以及数据采集处理系统组成。

图2-50　多功能土柱仪

1）供水系统：采用马氏瓶供水，并装有磁致伸缩液位传感器。

2）渗流系统：采用具有较好的透明性、力学性的有机玻璃圆柱制成，直径为150mm，高1200mm，两侧在不同高度等距设有直径为30mm的一系列测孔（用于安装水分传感器）。上下各有一个测孔，用于安装供水阀和排水阀。底部高100mm处安装有过滤板（上面均匀分布直径为2mm的小孔），过滤板将土壤隔开，并能保持试样均匀供水和排水。

3）水分传感器：将水分传感器等距（100mm）均匀安装在土柱仪的测孔内，用于测定试样中的水分百分含量。

4）数据采集处理系统：水分传感器采集的数据通过数据转换器处理，由计算机软件进行计算。

（2）标尺、烧杯、量筒等。

四、实验步骤

1. 容水度测定

（1）装样：扰动样要按原状样的天然容重分层捣实，尽量接近天然状态。装样前要在过滤筛板上放二层铜丝网，然后装样，每装3～5cm厚时，用捣棒轻击数次，使其结构尽量符合实际状态。

（2）将供水管插入马氏瓶顶部注满水。

（3）打开计算机电源，确定软件更新，双击通用数据采集系统。如图2-51所示。

（4）键盘查找与数字输入：点击任务栏中键盘小图标，选择微软拼音输入法2007，点击任务栏中鼠标键盘，点击软键盘（K），选择1 PC键盘。如图2-52、图2-53所示。

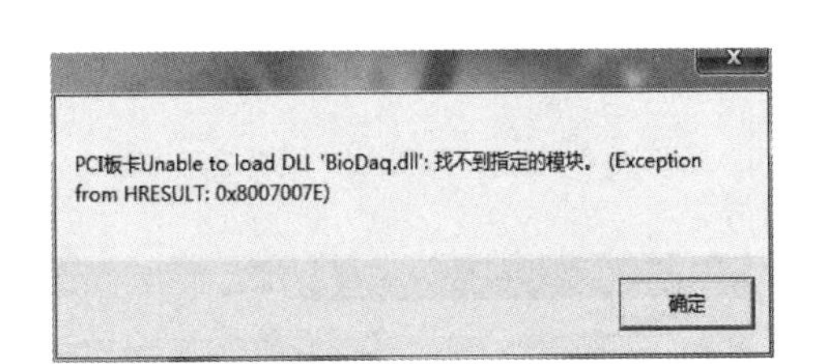

图2-51　确定软件更新

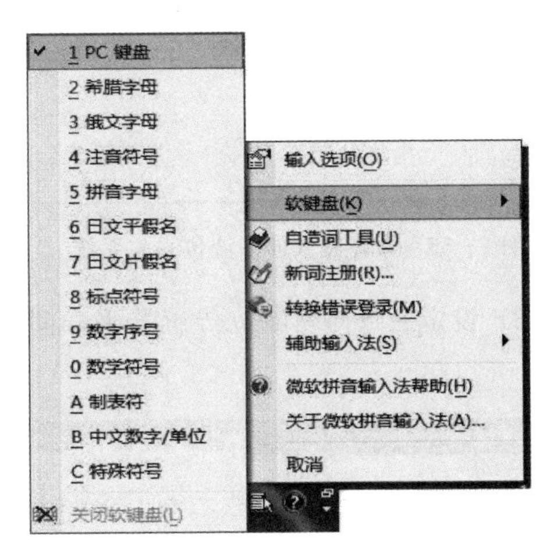

图2-52　键盘查找

（5）点击添加新设备，选择采集器型号，点击磁致伸缩液位传感器；选择采集器地址1；使用串口，选COM 2；点击“确定”。如图2-54所示。

图2-53　PC键盘

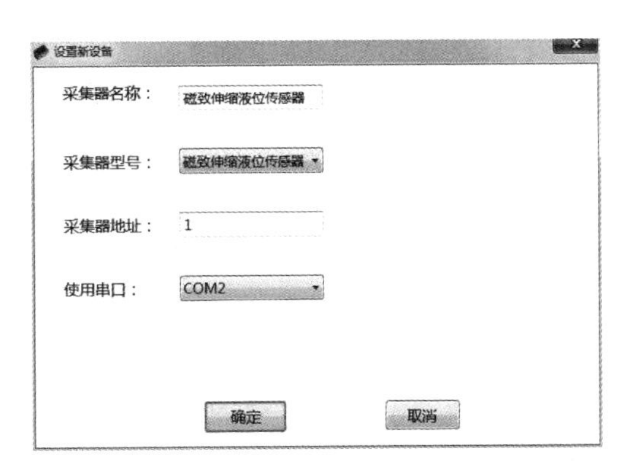

图2-54　设置磁致伸缩液位传感器

(6) 采集实验数据：点击磁致伸缩液位传感器，选择采样间隔（注意采集器地址不能改），如图 2-55 所示。

(7) 采集马氏瓶水位，首先要进行磁致伸缩液位传感器校正，若计算机面板显示的当前液面与马氏瓶的液面一致，不需校正。若计算机面板显示的当前液面与马氏瓶的液面不一致，调整偏移量 b 进行校正。点击系数设定，进行偏移量校正，偏移量大就减，偏移量小就加，校正时要统一单位。如图 2-56 所示。

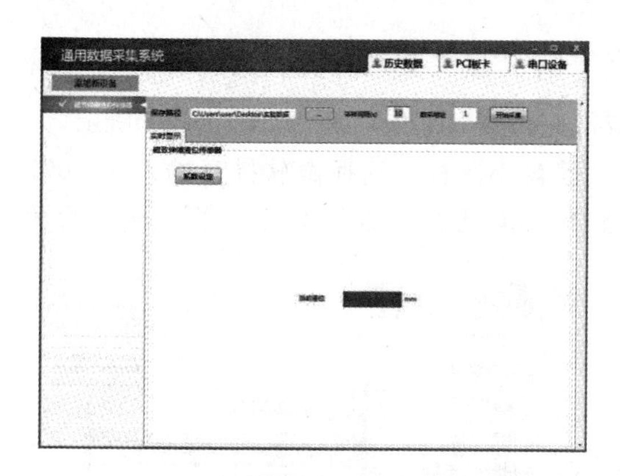

图 2-55　选择磁致伸缩液位采集系统

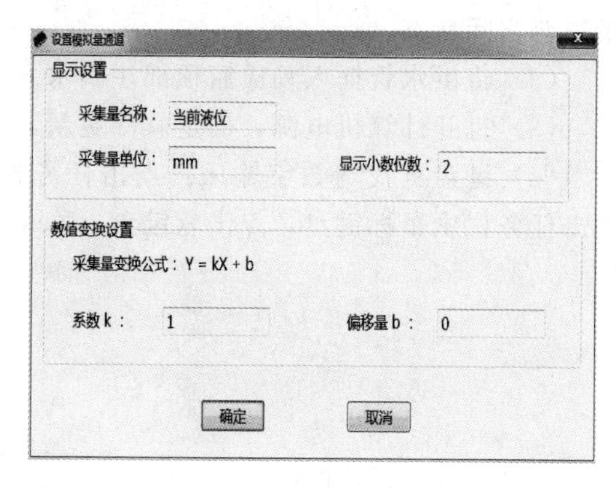

图 2-56　磁致伸缩液位传感器液位偏移量校正

(8) 设定磁致伸缩液位传感器采样间隔，点击“开始采集”，如图 2-57、图 2-58 所示。

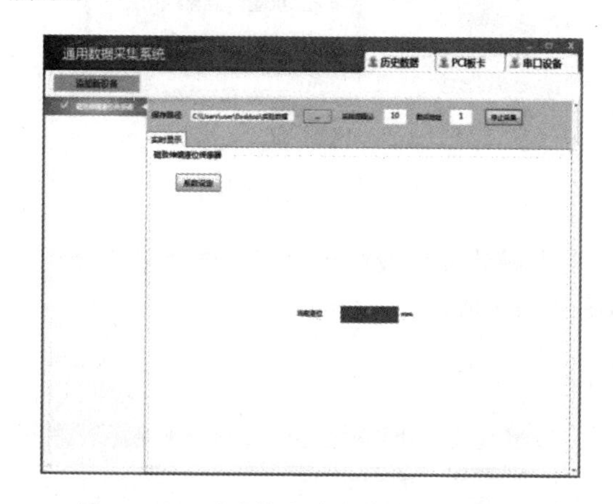

图 2-57　磁致伸缩液位传感器液位采集

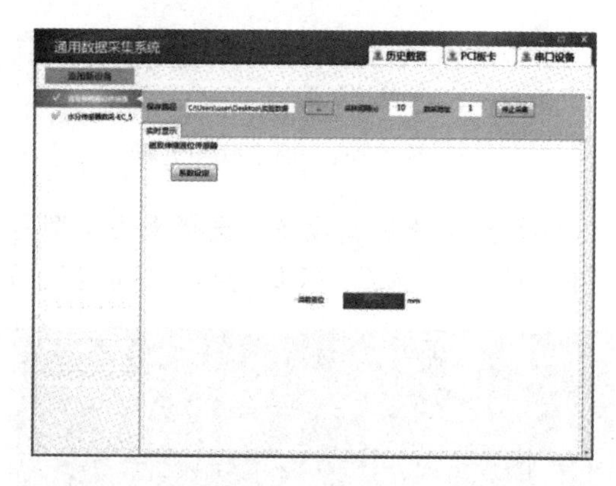

图 2-58　磁致伸缩液位传感器采集数据

(9) 打开马氏瓶开关和土柱仪底部的开关，使水自下而上向土柱仪试样供水，当试样顶部出现水膜，关闭马氏瓶底部供水开关和土柱仪底部供水开关，记录所用水量 W_1。

(10) 测量马氏瓶和试样体积，用标尺测量马氏瓶、土柱仪直径 D 和试样高度 H。

2. 给水度测定

(1) 在完成上述实验基础上排水：关闭供水开关，打开土柱仪底部供水开关，同时用烧杯接取排除水量，直至不排水为止。

(2) 将烧杯内水的体积，用量筒测量水的体积 W_2。

3. 持水度测定

（1）给水度测定基础上，即土柱仪中试样的水排出至稳定后不滴水。

（2）点击添加新设备，选择采集器型号：点击水分传感器——EC－5；选择采集器地址 10；使用串口，选 COM 1；点击“确定”。如图 2－59 所示。

（3）采集土柱仪测孔水分，点击选择水分传感器——EC－5，填入采样间隔，点击开始采集，采集结束，点击停止采集。如图 2－60 所示。

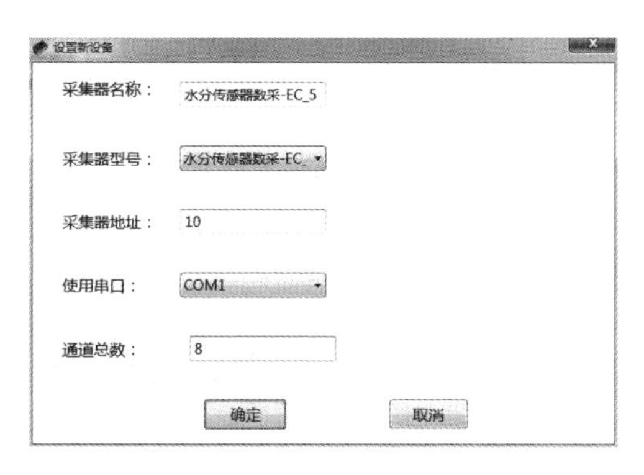

图 2－59　设置水分传感器——EC－5

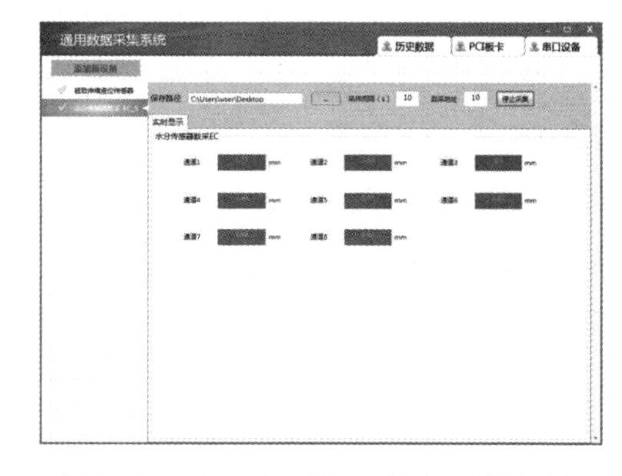

图 2－60　水分传感器——EC－5 数据采集

（4）点击历史数据，选择历史文件（任务栏中），如图 2－61 所示。

（5）选择要打开的文件，点击“打开”，如图 2－62 所示。

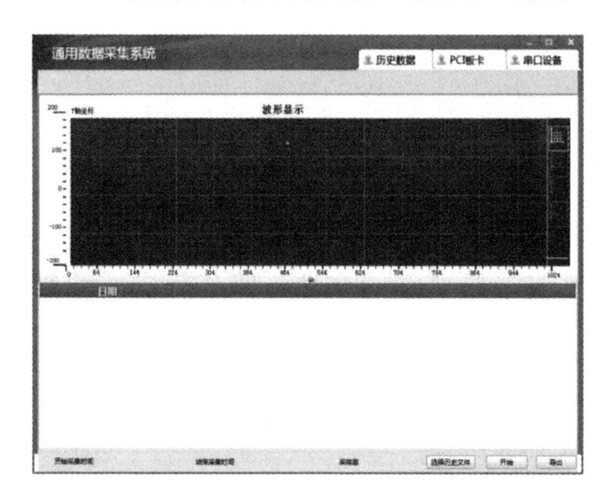

图 2－61　查看历史文件

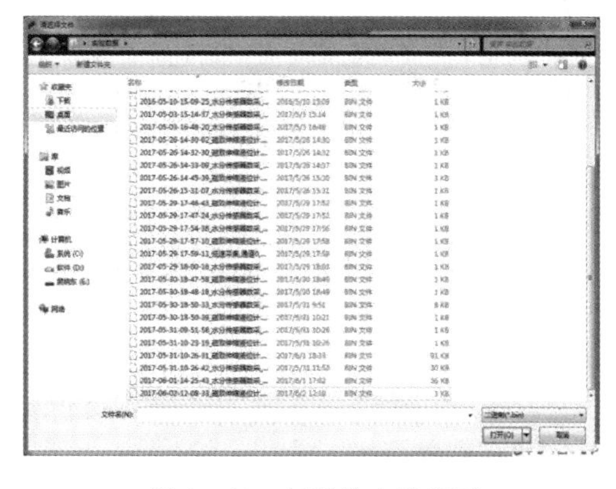

图 2－62　打开的文件界面

（6）设置在磁致伸缩液位传感器状态时，打开文件后可看到波形显示和当前液位值。如图 2－63 所示。

（7）设置在水分传感器——EC－5 状态时，打开文件后可看到波形显示和通道 1～8 含水量数值。如图 2－64 所示。

（8）点击“导出”后再点击“确定”，如图 2－65 所示。

（9）选择数据导出保存路径，确定导出文件，然后“保存”，在“导出成功”对话框中点击“确定”。如图 2－66 所示。

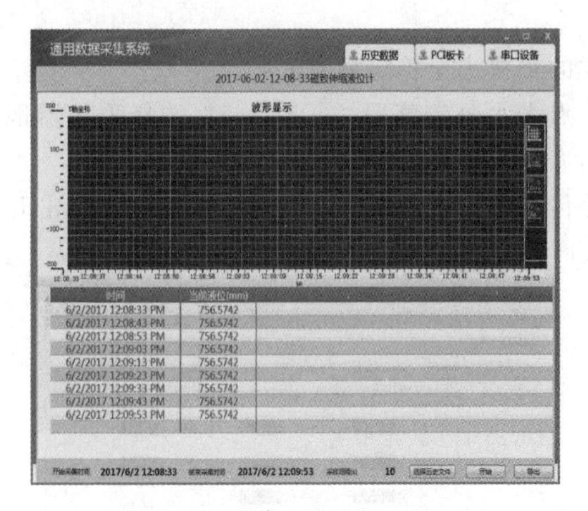

图 2-63　磁致伸缩液位传感器采集历史数据

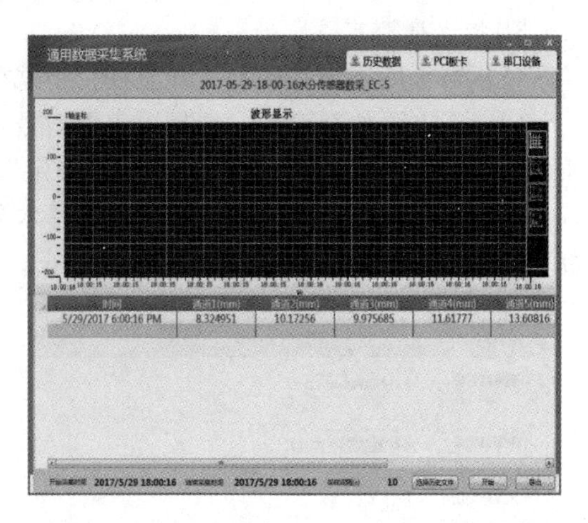

图 2-64　水分传感器——EC-5 采集数据

图 2-65　选择导出界面

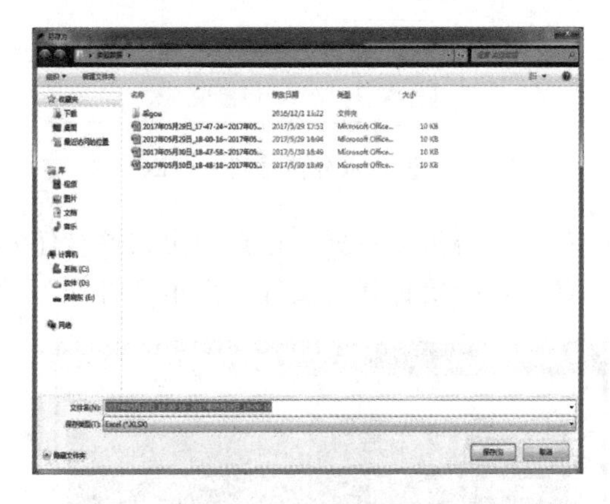

图 2-66　保存路径

(10) 查找文件：打开桌面实验数据文件夹，双击要打开的文件，即显示出实验数据的 Excel 表。如图 2-67、图 2-68 所示。

五、实验数据

(1) 按式 (2-10)、式 (2-11) 和式 (2-12) 计算容水度、给水度和持水度，填写实验记录表（表 2-6）。

表 2-6　　容水度、给水度和持水度实验记录表

参数 岩性	水体积/mL	岩土体积/cm^3	容水度	给水度	持水度
粗砂					
中砂					
细砂					

(2) 填写含水量记录表（表 2-7）。

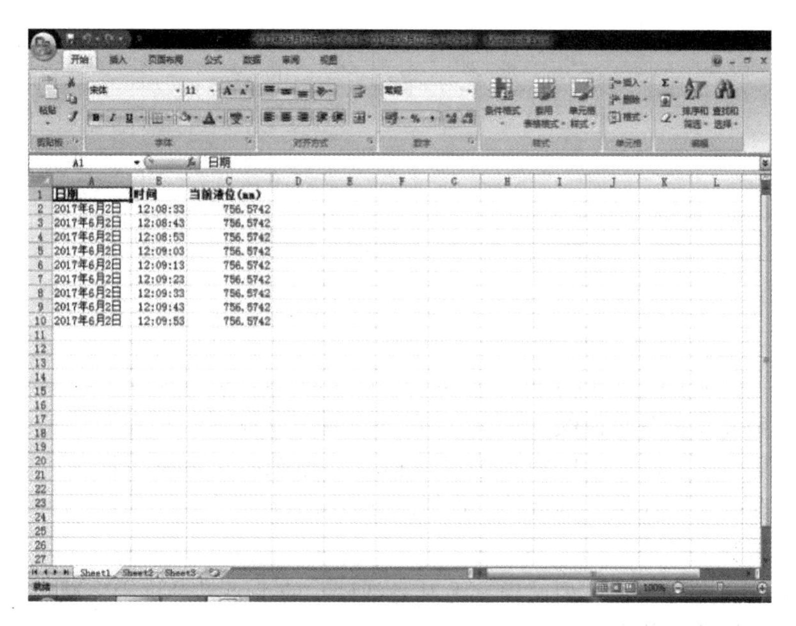

日期	时间	当前液位(mm)
2017年6月2日	12:08:33	756.5742
2017年6月2日	12:08:43	756.5742
2017年6月2日	12:08:53	756.5742
2017年6月2日	12:09:03	756.5742
2017年6月2日	12:09:13	756.5742
2017年6月2日	12:09:23	756.5742
2017年6月2日	12:09:33	756.5742
2017年6月2日	12:09:43	756.5742
2017年6月2日	12:09:53	756.5742

图 2-67　磁致伸缩液位传感器采集数据表

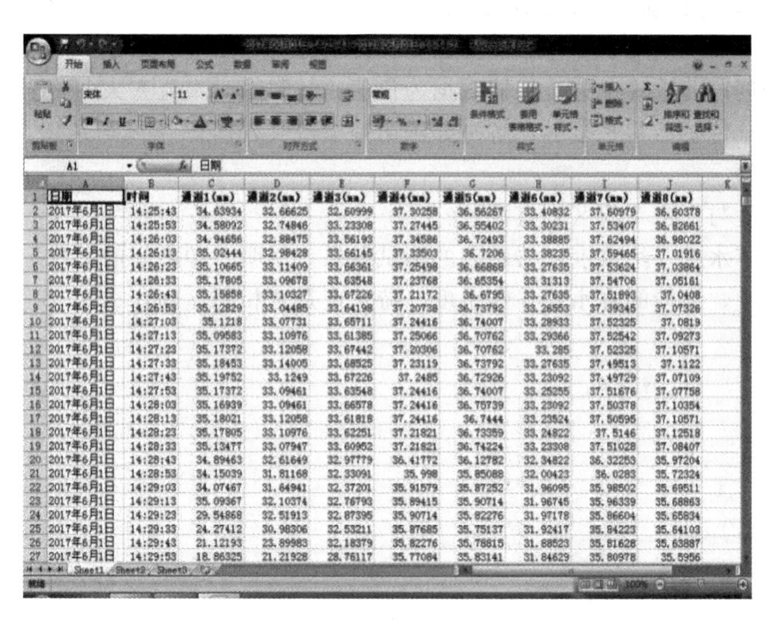

日期	时间	通道1(mm)	通道2(mm)	通道3(mm)	通道4(mm)	通道5(mm)	通道6(mm)	通道7(mm)	通道8(mm)
2017年6月1日	14:25:43	34.63934	32.66625	32.60999	37.30258	36.56267	33.40832	37.60979	36.60378
2017年6月1日	14:25:53	34.58092	32.74846	33.23308	37.27445	36.55402	33.30231	37.53407	36.82661
2017年6月1日	14:26:03	34.94656	32.88475	33.56193	37.34586	36.72493	33.38885	37.62494	36.98022
2017年6月1日	14:26:13	35.02444	32.98428	33.66145	37.33503	36.7206	33.38235	37.59465	37.01916
2017年6月1日	14:26:23	35.10665	33.11409	33.66361	37.25498	36.66868	33.27635	37.53624	37.03864
2017年6月1日	14:26:33	35.17805	33.09678	33.63548	37.23768	36.65354	33.31313	37.54706	37.05161
2017年6月1日	14:26:43	35.15858	33.10327	33.67226	37.21172	36.6795	33.27635	37.51893	37.0408
2017年6月1日	14:26:53	35.12829	33.04485	33.64198	37.20738	36.73792	33.26553	37.39345	37.07326
2017年6月1日	14:27:03	35.1218	33.07731	33.65711	37.24416	36.74007	33.28933	37.52325	37.0819
2017年6月1日	14:27:13	35.09583	33.10976	33.61385	37.25066	36.70762	33.29366	37.52542	37.09273
2017年6月1日	14:27:23	35.17372	33.12058	33.67442	37.20306	36.70762	33.285	37.52325	37.10571
2017年6月1日	14:27:33	35.18453	33.14005	33.68525	37.23119	36.73792	33.27635	37.49513	37.1122
2017年6月1日	14:27:43	35.19752	33.1249	33.67226	37.2485	36.72926	33.23092	37.49729	37.07109
2017年6月1日	14:27:53	35.17372	33.09461	33.63548	37.24416	36.74007	33.25255	37.51676	37.07758
2017年6月1日	14:28:03	35.16939	33.09461	33.66578	37.24416	36.75739	33.23092	37.50378	37.10354
2017年6月1日	14:28:13	35.18021	33.12058	33.61818	37.24416	36.7444	33.23524	37.50595	37.10571
2017年6月1日	14:28:23	35.17805	33.10976	33.62251	37.21821	36.73359	33.24822	37.5146	37.12518
2017年6月1日	14:28:33	35.13477	33.07947	33.60952	37.21821	36.74224	33.23308	37.51028	37.08407
2017年6月1日	14:28:43	34.89463	32.61649	32.97779	36.41772	36.12782	32.34822	36.32253	35.97204
2017年6月1日	14:28:53	34.15039	31.81168	32.33091	35.998	35.85088	32.00423	36.0283	35.72324
2017年6月1日	14:29:03	34.07467	31.64941	32.37201	35.91579	35.87252	31.96095	35.98502	35.69511
2017年6月1日	14:29:13	35.09367	32.10374	32.76793	35.89415	35.90714	31.96745	35.96339	35.68863
2017年6月1日	14:29:23	29.54868	32.51913	32.87395	35.90714	35.82276	31.97178	35.86604	35.65834
2017年6月1日	14:29:33	24.27412	30.98306	32.53211	35.87685	35.75137	31.92417	35.84223	35.64103
2017年6月1日	14:29:43	21.12193	23.89983	32.18379	35.82276	35.78815	31.88523	35.81628	35.63887
2017年6月1日	14:29:53	18.86325	21.21928	28.76117	35.77084	35.83141	31.84629	35.80978	35.5956

图 2-68　水分传感器——EC-5 采集数据

表 2-7　　　**含 水 量 记 录 表**

孔号	距离 h/cm	粗　砂	中　砂	细　砂
		含水量 θ/%	含水量 θ/%	含水量 θ/%
1				
2				

续表

孔号	距离 h/cm	粗　砂	中　砂	细　砂
		含水量 θ/%	含水量 θ/%	含水量 θ/%
3				
4				
5				
6				
7				
8				

（3）绘制剖面水分分布曲线 $h-\theta$，首先分别测得取样各孔至释水后最终静止水位的距离（cm），设水位为原点，以距离为纵坐标，以含水量 θ 为横坐标，绘制 $h-\theta$ 曲线。曲线上 θ 值变化不大的孔段范围内，θ 的平均值即为持水度。

六、注意事项

（1）给水度测定时，土柱内试样（尤其是细砂）的水要尽量排出，减少误差。

（2）磁致伸缩液位传感器校正时，注意统一长度单位（mm），设定采样间隔，点击“开始采集”后，才能显示出校正后数据。

（3）持水度测定采集水分传感器数据要在排水稳定（基本不出水）后，否则会影响测试数据的准确度；若采集水分传感器数据为负值，是饱水时水流太大，将岩石冲散，导致岩石没有与水分传感器紧密接触，解决办法用捣棒击实岩样。

七、思考题

（1）持水度与含水率的区别有哪些？

（2）根据容水度、给水度、持水度的测试结果，说明3种之间的关系。

（3）粗、中、细砂的容水度、给水度、持水度是否相同，为什么？

第三部分　包气带地下水运移实验

实验一　毛细水的上升高度

毛细水是包气带中水分的一种存在形式，毛细水的研究是包气带水的分布与运动研究的一个重要组成部分。毛细水上升高度是由于毛细力的作用，毛细水从地下水面沿着土层或岩层空隙上升的最大高度。

测定毛细水上升高度的方法分为正水头作用和负水头作用。正水头作用的实验方法也称直观法测定毛细上升高度（适用于砂土类，例如粗砂、中砂、细砂）。负水头作用的实验方法——使土孔隙中毛细力支持下降水柱的方法，主要有卡明斯基毛细仪法、毛细水负压测定仪法（适用于原状土、细砂、粉砂及黏土）。

第一节　毛细上升高度测定（直接观测法）

一、实验目的

（1）观察粗、中、细砂的毛细水上升过程。

（2）测定粗、中、细砂毛细水上升的高度和速度，进一步理解毛细现象产生的机制。

二、实验内容

观察粗、中、细砂毛细水上升高度和速度，根据实验数据绘制毛细水上升高度 h 与时间 t 的关系曲线。

三、实验原理

正水头作用法即在竖管中直接观测地下水在不同粒径土中的毛细上升高度，这种方法主要适用于砂土。

四、实验仪器

（1）长玻璃管，直径 $d=3\text{cm}$，长 $L=30\text{cm}$，上刻有精度到 0.1cm 的标尺，标尺的零点在管的下端，管的底部装有金属网，装有砂样的管固定在支架内，支架底部放在水槽内。

（2）马氏瓶、捣棒、漏斗、秒表等。

五、实验步骤

（1）将待测粗、中、细砂分别装入 3 个长玻璃管中，底部包有铜丝网，装样时分层捣实，每装 2～3cm 砂时，用捣棒轻轻捣实。

（2）将装有砂样的长玻璃管固定在支架上，管的底部插入水槽中。

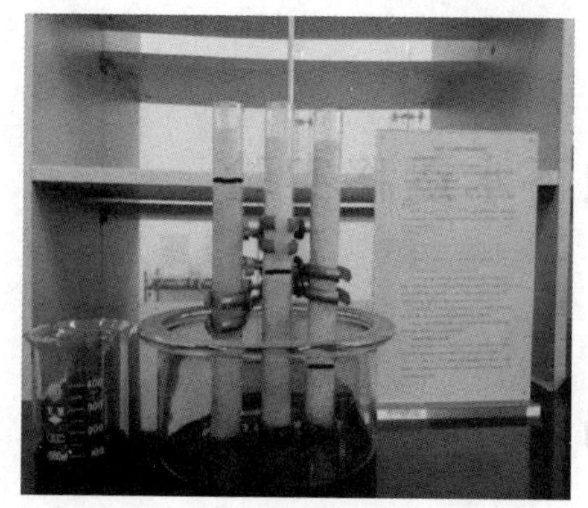

图 3-1　正水头法观测砂土水的毛细上升高度设置

（3）将水注入水槽中，使水面高出管下端 0.5～1cm，实验时，用马氏瓶供水，保持水槽中水位不变。

（4）注入水后，立刻用秒表计时，累计间隔 1min、2min、3min、4min、5min、10min、20min、30min、60min，观察玻璃管中土样颜色的深浅，记录各时刻毛细水上升高度值（高度从槽中水面算起），直到上升稳定为止。

六、数据记录

（1）填写毛细上升实验（直接观测法）记录表（表 3-1）。

表 3-1　　毛细上升实验（直接观测法）记录表

累计时间/min 毛细上升高度/cm	1	2	3	4	5	10	20	30	60	…
粗砂										
中砂										
细砂										

（2）根据表 3-1 资料，绘制毛细上升高度与时间的关系曲线（用 h 作纵坐标，t 为槽坐标）。说明毛细水的运动特性。

七、注意事项

（1）实验过程要保持水槽中水位不变。

（2）实验刚开始的几分钟内试样毛细上升高度变化较快，要特别注意观察，观测时间间距要小，准确记录实验数据。

八、思考题

（1）测定砂样毛细上升高度时，为什么要始终保持槽内水面不变？

（2）测试的试样（粗砂、中砂、细砂）毛管水上升高度是否相同，为什么？

第二节　毛细上升高度测定（卡明斯基毛细仪法）

一、实验目的

（1）掌握用卡明斯基毛细仪测定毛细力的原理、方法及影响因素。

（2）测定粗、中、细砂最大毛细上升高度。

二、实验原理

卡明斯基毛细仪是根据土中毛细现象发生时，弯液面产生负压力，使水中的静水压力小于大气压力——其压差值等于毛细水柱高度，即毛细力支持下降水柱高度。利用连通管测定等压面的原理测得。

三、实验仪器

卡明斯基毛细仪（图 3-2），主要由 4 部分组成。

（1）试样筒：直径为 4～6cm 的玻璃管，高约为 20cm，其底部有两细管 A、B。其中 A 管用于充水、排水，B 管用于排气。试样筒底部铺一金属网或透水板，防止试样流失。

（2）供水瓶：（放在试样筒上）。

（3）U 形压力计：以直径为 0.5～1.0cm 的玻璃管连成 U 字形的压力计，压力计下部有一个三通管，分别与压力计、供水瓶、排水管 C 连接。

（4）标尺：标尺镶在 U 形压力计玻璃管的右侧，标尺零点在上端与装样筒底部试样在同一水平面上。

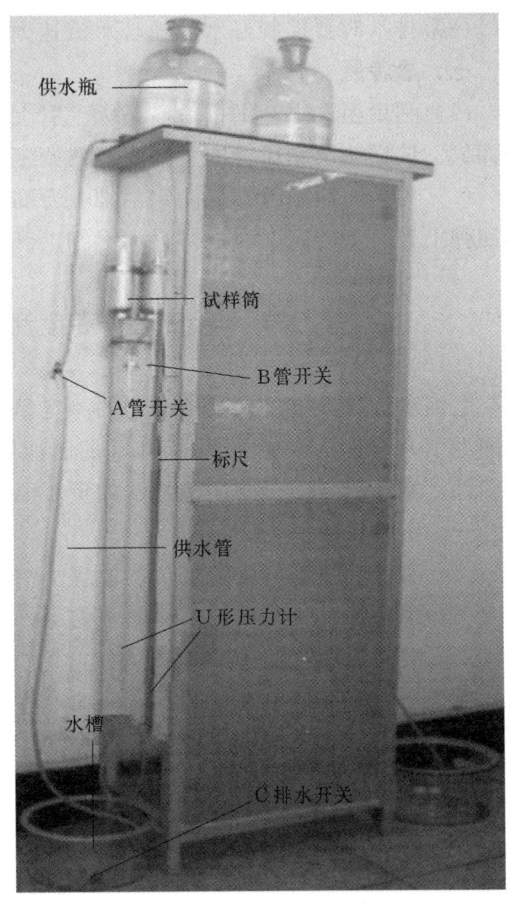

图 3-2　卡明斯基毛细仪

四、实验步骤

（1）将试样装入试样瓶中，约 8cm。装样时分层并捣实。如采用原状土样，可切成与试样筒直径相同，高约 8cm 的土柱装入试样筒中，四周孔隙用蜡密封，使其不漏气。

（2）打开 A、B 管夹，关上 C 管夹，逐渐使土样被水饱和至表面出现水膜为止。土样饱和需缓慢进行，同时要排尽试样中的空气，直至使管 B 中流出的水无气泡时，关闭 B 管夹，试样上部出现水膜时关闭 A 管夹。

（3）慢慢松开 C 管夹，使水流控制在每秒 1～2 滴。使右侧压管水面缓缓下降，当管内水面下降停止，突然上升时，记录下此时测压管中水面对应标尺的读数。即为毛细水上升高度 H_K。

（4）重复上述步骤，测定 H_K 值，取其算术平均值。若两次试验结果相差太大，应重复实验。

五、数据记录

填写测定粗、中、细砂毛细上升高度（卡明斯基毛细仪）实验记录表（表 3-2）。

表 3-2　　毛细上升高度（卡明斯基毛细仪）实验记录表

测试次数 岩性	毛细上升高度 H_1/cm	毛细上升高度 H_2/cm	平均值 H_K/cm
粗砂			
中砂			
细砂			

六、注意事项

（1）饱和试样时要缓慢进行，控制水流速以防较大水流将试样结构冲坏。

（2）排水时要控制好水流速，水流速太快，观察不到实验现象。

七、思考题

（1）利用粗、中、细、粉砂最大毛管上升高度的实验结果，简述影响毛管水上升高度的因素。试样瓶及侧压管的直径大小对测定结果有否影响？

（2）用卡明斯基毛细仪测定毛细上升高度时，为什么取当管内水面下降停止，然后突然回弹上升时刻的高度为试样最大毛细上升高度 H_K？

第三节 毛细上升高度测定（毛细水负压测定仪法）

毛细水负压测定仪是我校研制的测定黏土毛细力的新型教学仪器。可测定不同性质土壤的毛细力，负压传感器通过 PLC 控制能够实时记录负压值的大小，负压值测量快速、准确性，实现了自动化测量毛细水的负压值。

一、实验目的

（1）掌握毛细水负压测定仪的原理、结构及操作方法。

（2）用毛细水负压测定仪测黏土的毛细水负压值。

二、实验原理

根据土中毛细现象发生时，弯液面产生负压力，使水中的静水压力小于大气压力，其压差值等于支持的毛细水柱高度，即毛细力支持下降水柱高度。

三、实验仪器

毛细水负压测定仪（图 3－3），是我校研制授权发明专利的新型教学仪器。其装置主要包括：供水罐、试样筒、储水罐、真空泵、负压传感器、驱动电机和 PLC 控制器。毛细水负压测定仪结构示意见图 3－4。

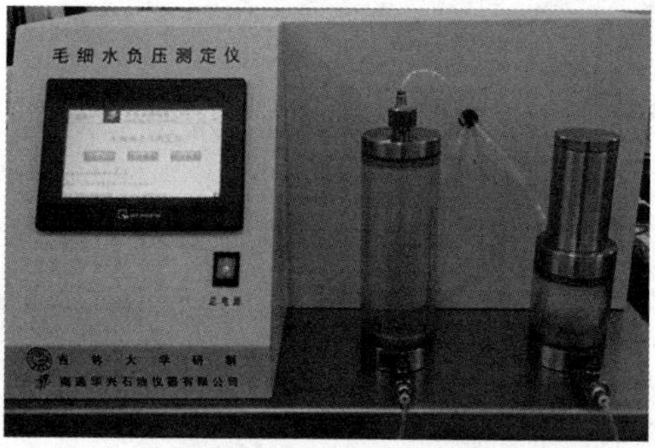

图 3－3 毛细水负压测定仪

（1）供水罐：用于实验供水。

（2）试样筒：用于装试样，试样规格：$D=50$mm，$H=20\sim80$mm。

（3）储水罐：用于饱和试样。

（4）真空泵：用于水和试样抽真空，真空度：0～0.089MPa。

（5）负压传感器：测量范围：0～－0.1MPa，精度 0.1%。

（6）驱动电机：用于驱动真空泵。

（7）PLC 控制器：控制真空泵抽气流量。

四、实验步骤

（1）装样：将土样装入试样筒中，将上盖盖严。

（2）加水：打开供水罐上盖，加入 2/3 高度的水。

（3）插上优盘，打开仪器总电源。

（4）压力调零：点击参数设置，输入密码 123（或 1234），先将试样筒从储水罐上取下来，再进行压力值调零，用压力修正来调整（负值减，正值加），修正初始压力值（图

3－5)。压力值调零后将试样筒装在储水罐上。

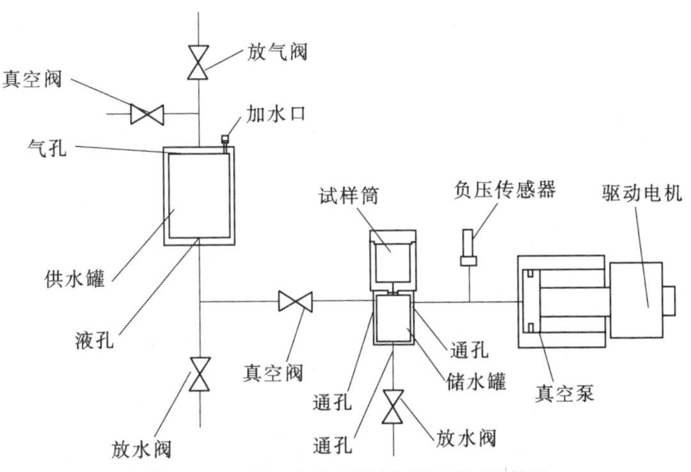

图 3－4　毛细水负压测定仪结构示意图

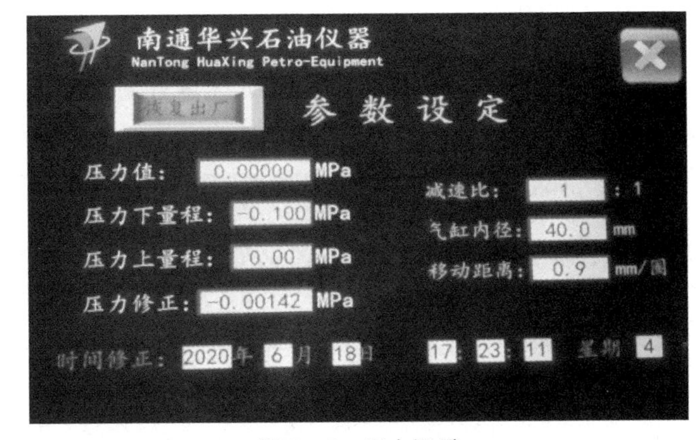

图 3－5　压力调零

(5) 真空饱和样品：点击 X（返回），点击自动界面，首先设置真空时间、饱和时间、记录间隔和真空速度，然后点击饱和运行（图 3－6），到饱和自动停止后，打开样品筒上盖。

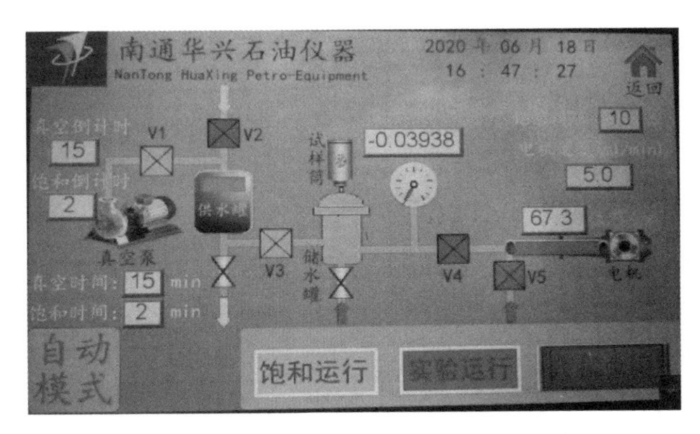

图 3－6　真空饱和样品

（6）测试负压值：按下饱和运行键，点击确定实验运行，按提示打开储水罐放水阀，取下试样筒，放出储水罐1/3高度以上的水，关闭放水阀，防止污水进入抽气泵里（图3-7），再将试样筒放上。

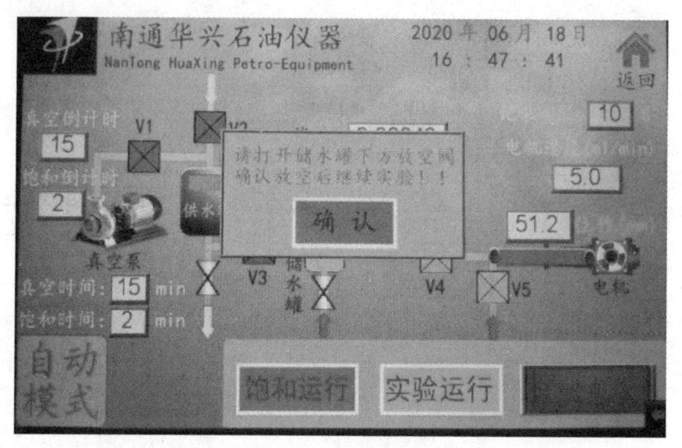

图3-7 实验运行

（7）点击曲线，先观察负压变化曲线，到曲线停止下降开始上升为止，然后在数字报表中查出最大负压值（图3-8）。

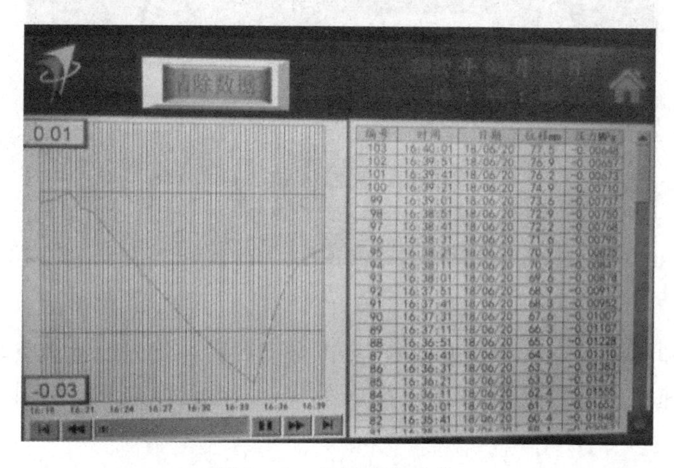

图3-8 负压变化曲线

（8）实验结束，关闭数字报表，点击实验停止。

（9）关闭仪器总电源，将样品筒拔出，再打开供水罐和储水罐放水阀，将水放出并清洗干净。

五、数据记录

在实验结果数据显示中查出最大负压值，并换算为毛细上升高度值，填写实验记录表（表3-3）。

六、注意事项

（1）测试试样负压值时，先将储水罐放水阀打开，取下试样筒，放出储水罐1/3高度以上的水，防止污水进入抽气泵里。

表 3-3　　毛细水最大负压值实验记录表

测试负压值 / 岩性	负压值 P/MPa	毛细上升高度 H/cm
亚砂土		
亚黏土		
黏土		

注　1标准大气压=10.337m水柱。

(2) 试样饱和时，供水速度宜慢，否则易在试样底部冲成小坑。

(3) 实验结束后，关闭仪器总电源，将样品筒拔出，再打开供水罐和储水罐放水阀，将水放出并清洗干净。

七、思考题

(1) 毛细力负压测定仪的主要功能有哪些?

(2) 测定的亚砂土、亚黏土、黏土的毛细力是否相同，影响试样毛细力大小的因素有哪些?

(3) 比较黏土与砂土的毛细上升高度值有什么区别，说明其原因。

第四节　毛细水传递静水压力实验

水在包气带空隙中存在形式有：气态水、结合水、毛细水、重力水。由于它们和岩石关系不同，所以在形态上和运动方式也各不相同。

气态水和空气一起存在于岩石孔隙和裂隙中，其活动性强，可以随空气一起在岩石的空隙中运动。

结合水是通过分子引力在岩石颗粒表面紧密吸附的水分子层，距颗粒表面近的水分子，受静电引力强烈吸引；随着距离加大，吸引力降低。结合水不受重力影响，不传递静水压力，不能自由转移。结合水只有在岩石表面分子引力作用下由结合水膜厚的部位向结合水薄膜的部位移动。

重力水是受重力的影响大于固体表面吸引力，在重力作用下运移水。

一、实验目的

通过实验证明结合水不受重力支配，不传递静水压力，而毛细水受毛细力及重力支配并传递静水压力。

(1) 短管饱和后加水下渗实验。

(2) 长管毛细上升高度稳定后加水下渗实验。

(3) 长、短管分别在毛细上升高度稳定后，取出水面不滴水后相接实验。

二、实验原理

毛细水是同时受毛细力和重力双重影响而上升保持在非饱水带毛细空隙中的半自由水。

三、实验仪器

（1）长玻璃管（带有刻度，精度 0.1cm）1 个，长 30m，底部装有铜丝网。

（2）短玻璃管（带有刻度，精度 0.1cm）1 个，长 10m，底部装有铜丝网。

（3）玻璃水槽和支架。

四、实验步骤

（1）取 1 支 10cm 短管，将待测试样（粒径为 0.5～1.0mm 的砂土）分层均匀密实装至 8cm 高度。该试样最大毛管上升高度应小于长管长度，而大于短管长度。放入盛有红颜色水的量杯中。放入水槽中使试样为毛细水所饱和，之后取出管，擦净管外壁的水，放到支架上，下端放一空量筒。然后在试样面上加水 10mL，记录管下流出水量、颜色以及管上端自由水面消失的时间与管下端无水流出的时间关系。

（2）取 1 支长 30cm 的玻璃管，长管的高度大于试样的毛细上升高度，装满与短管相同的砂样，放入水槽中，待其毛细上升高度稳定后提出，使重力水滴出，并在试样面上加水 20mL，同样观察管下流出水量和管上水面消失与管下开始出流水时间的关系。

（3）取长、短管各 1 支，均匀密实装填同样试样与管口齐平。短管放入内盛颜色水的量杯，使之饱和。长管放入盛无色水的水槽，使之毛管水上升至稳定为止。

（4）取出长、短管、擦净外壁，然后，将长管下端紧压在短管上端，使其紧密相接，下端放上量筒，滴水停止后，记下流出水量及颜色。

五、数据记录

（1）填写短管实验记录表（表 3-4）。

表 3-4　　短管实验记录表

短管状态＼时间/min	1	2	3	4	5	10	20	30	40	…
加水 10mL										
短管滴出的水颜色										
短管上端水流量/mL										
短管下端水流量/mL										

（2）填写长管实验记录表（表 3-5）。

表 3-5　　长管实验记录表

长管状态＼时间/min	1	2	3	4	5	10	20	30	40	…
加水 20mL										
长管上端水流量/mL										
长管下端水流量/mL										

(3) 填写长、短管实验记录表(表3-6)。

表3-6　　长、短管实验记录表

流量/mL \ 长、短管状态	短管与长管相接前	长管与短管相接前	短管与长管相接后
颜色			
流量			

六、注意事项

(1) 长管与短管装的试样要为同一试样，并且装样密度与均匀程度尽量一致。

(2) 长短管相接前，短管要完全饱和，长管要达到最大毛细上升高度。

七、思考题

(1) 用现象来说明毛管水是怎样传递静水压力的。

(2) 长、短管未相接前，为什么不滴水，相接后为什么又滴水？滴出的水量相当于原先哪一个管里的水？

实验二　入渗补给模拟实验

一、实验目的

(1) 了解和讨论稳定供水条件下非饱和土壤水分运动的规律、形式。

(2) 认识渗吸速度参数在农田灌溉及水土保持中的重要性。

二、实验原理

非饱和土壤吸水的最简单形式就是水均匀分布在土面上，形成一不流动水层，在土水势梯度作用下渗入土壤，这种土壤水分的入渗过程可看成是垂直一维单点的水分入渗问题。依照这个原理，制作一个垂直的土柱，模拟恒定积水水头条件下的土壤水分入渗试验装置。试验过程中随着入渗的进行，相应的读取渗入到土壤表面以下的累积水量和湿润锋向下推进的距离，即可经分析得到土壤的渗吸速度变化规律和湿润锋推进规律。

干燥土壤在稳定且充分供水条件下，下渗过程分为渗润、渗漏、渗透阶段3个阶段，渗润阶段，下渗水分主要受分子力、毛管力的作用，水分主要以吸湿水和薄膜水形式存在，此时分子力的作用远大于毛管力，当土壤水分达到最大分子持水量时，下渗水分仅受毛管力作用，渗润阶段终止，开始进入渗漏阶段；渗漏阶段，下渗水分主要受毛管力、重力作用，随着毛管悬着带向下扩展，水分不断下渗，当土壤水分达到饱和态时，下渗水分所受的分子力和毛管力消失，仅受重力作用，此时渗漏阶段结束，进入下一个渗透阶段；渗透阶段，下渗水分主要受重力作用，重力远小于分子力和毛管力，且稳定、不会消失，因此，该阶段，土壤水分下渗强度小且稳定。

渗润和渗漏阶段，统称为渗漏阶段，该阶段的土壤处于非饱和状态，渗透阶段的土壤处于饱和状态，且渗漏阶段的下渗速度和下渗强度均大于渗透阶段。

三、实验仪器

实验仪器有“马里奥特”供水装置、圆形装样桶、秒表、捣棒、定性滤纸等。主要实验装置如图3-9所示。

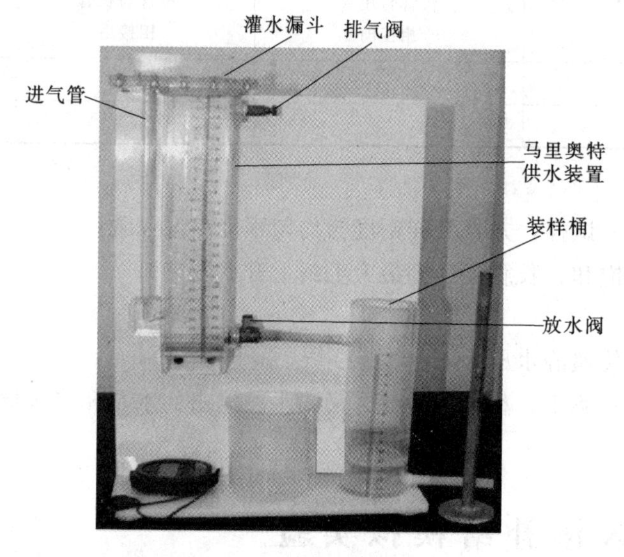

图3-9　实验装置图

(1) 圆形土柱仪直径5cm，装土高度11.5cm。

(2) 供水装置截面面积$15cm^2$，高25cm。

四、实验步骤

1. 装样

将扰动土按土样的天然容重要求装进高19cm、直径5cm的装样桶中，分层夯实，装土高度为11.5cm，装样前在装样桶底部隔栅上铺一张定性滤纸。当装好土后，用软管将水箱出水口（放水阀外接的软管）和装样桶的进水口相连。土样的天然容重按照砂黏土的天然容重$2g/cm^3$进行分层装样。

2. 供水

打开供水箱的放水阀和排气阀，使水箱中的余水全部流出，关闭放水阀。用一个比较大的量杯盛满水并向灌水漏斗中注水，这时，水将通过灌水漏斗进气管进入到供水箱中。加水过程中，不可使灌水漏斗中出现断流现象，直到供水箱中水面到达排气阀出口高度时为止，关闭排气阀。缓慢打开放水阀，当灌水进气管开始有气泡进入供水箱时，关闭放水阀。如果水位稳定，说明水箱可以正常工作。记录水箱的初始水位。试验开始时先打开放水阀，然后给土层上加入已准备好的维持水层（2cm）的水量，即可随时间变化正常读数。

3. 试验

把筒的上部4cm不填土的部分迅速注满一层2cm的水层，同时打开放水阀（注入时为了防止土面被冲击而破坏，在土面上盖一层定性滤纸）。此后，水头可由改进的“马立奥特”供水装置维持住，并向其连续供水，供水量可从供水装置上读出，从开始供水开始计时，一开始按照10s一测，1min后按照20s一测，3min以后按1min一测（具体试验时由实际下渗速率选择适合的时间间隔进行记录），直到发生渗透，且土柱下端出水并达到稳定为止，则可测得土壤水分入渗速度的变化规律。

在测定入渗水量的同时，记录浸润峰面在某时刻所到达的土面以下的位置，直到湿润峰面到达土壤标本底部为止，则可测得土壤浸润速度的变化规律。

五、数据记录

1. 实验数据记录

供水箱初始水位记为$h_0=25cm$，水箱横截面积$A=15cm^2$，土柱高为$H_0=11.5cm$，土柱直径$D=5cm$，实验过程中水箱水位数据分别记为h_1、h_2、…、h_x，土柱湿润锋下

移位置记为 H_1、H_2、…、H_x。实验数据记录表见表 3-7。

表 3-7 实验数据记录表

序号	时间/min	水箱水位/cm	湿润锋位置/cm	累积入渗速率/(cm/min)	湿润锋运移速率/(cm/min)
1	1				
2	5				
3	10				
4	15				
5	20				
6	25				
7	30				
8	35				
9	40				
10	45				
11	50				
12	55				
13	60				
14	65				
15	70				
16	80				
17	90				
18	100				
19	110				
20	120				

2. 数据处理

根据实验数据，绘制土壤下渗过程中渗吸速度与时间的对应关系曲线，以及土壤湿润锋位置与时间的对应关系曲线，总结实验条件下，土壤渗吸速度变化规律以及湿润锋推进规律，指出下渗过程典型阶段的特征。

六、注意事项

(1) 供水箱加水过程中，不可使灌水漏斗中出现断流现象。

(2) 制作土柱时，不可忘记装土前在土筒底部隔栅上铺一张定性滤纸。

(3) 供水箱及土柱准备好后开始实验，要在土柱上表面迅速注满一层 2cm 的水层，同时打开放水阀，注入时为了防止土面被冲击而破坏，在土面上盖一层定性滤纸。

七、思考题

(1) 土壤下渗过程一般分为几个阶段，每个阶段的下渗水分主要受力分别是什么？

(2) 实际流域的土壤下渗能力在空间分布上是否均一，为什么？

实验三　土壤水分再分配实验

一、实验目的

在干旱半干旱地区，土壤水分的再分配对生态环境、农业发展有着重要的影响，是自然界中水循环的重要过程之一，属于土壤墒情的自我调节过程，为土壤水在土水势梯度作用下的非饱和运动。

土壤水分的再分配过程，影响到土壤中水分的蓄存量以及不同时间、不同深度的土壤所保持的水量，对于后期供水下渗过程，以及供水终止后的土壤蒸发过程，都有着显著影响。通过本实验的操作、观察、分析，可对土壤水分再分配现象有更为直观的认识，同时可进一步理解土壤水分再分配演化规律。

二、实验原理

土壤水分在土水分势能作用下，停止供水后土壤水分继续向下运动。

（1）过程：饱和层中的水分逐渐排出，干燥层中水分逐渐增加。

（2）表现：湿润锋以下干燥土层不断吸收水分，湿润锋不断下移，湿润带厚度不断增加。

三、实验仪器

（1）马氏瓶：高 $H_1=89$cm，直径 $D_1=8.5$cm。

（2）土柱仪：高 $H_2=147.5$cm，直径 $D_2=23.5$cm，为便于观测湿润锋，土柱仪利用有机玻璃制作。

（3）其他：土壤水分速测仪、秒表、烧杯、捣棒、定性滤纸等。

土壤水分再分配实验装置结构与实物示意见图 3－10。

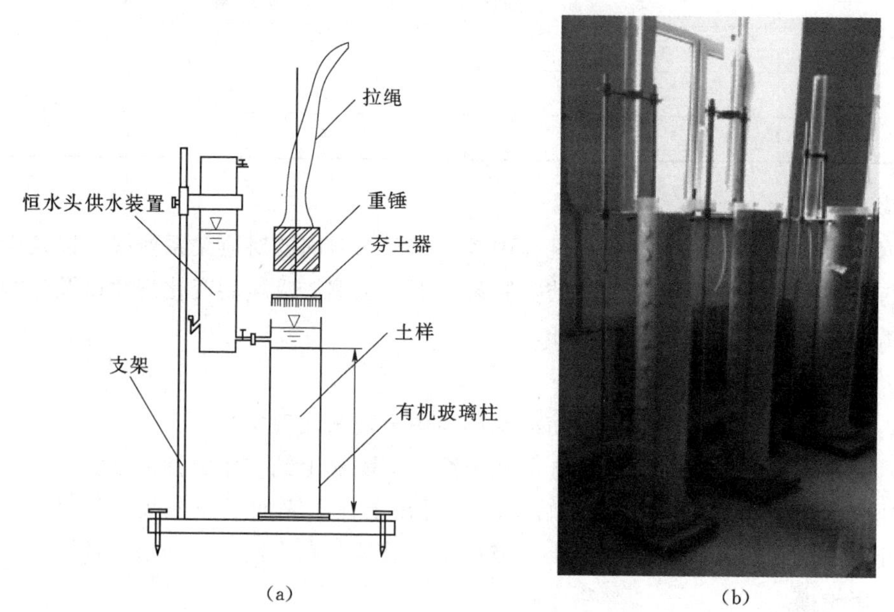

（a）　　（b）

图 3－10　土壤水分再分配装置图

（a）土壤水分再分配实验装置结构图；（b）土壤水分再分配实验装置实物图

四、实验步骤

1. 实验前准备

（1）装样：在向土柱中加入土样过程中，为了保证土柱初始含水率均匀和容重均一，土壤容重按照天然土样，照砂黏土的天然容重 2g/cm^3 进行分层装样。扰动土样要经过风干、破碎和过筛（筛孔尺寸 0.0530mm，标准目数 270 目）。装样过程要逐层进行，每层装入土后都要先整平，然后用击石器击实，再进行下一层土的填装，保证层与层之间的良好接触，不能出现明显的分层现象。土样填装完毕后，在土样的上部放置一石棉网或者定性滤纸，以防止装水时，水冲刷土样表面，用橡胶软管将马氏瓶的出水口与土桶进水口相连。在柱体由上至下 10cm、20cm、30cm、40cm、50cm、60cm、70cm、80cm、90cm、100cm 位置处设定含水率测定仪器的接口，进行实验过程中含水率的测定。

（2）将各土壤水分速测仪（图 3-11）插入土柱侧面各胶塞处，记录初始含水量数值。

（3）供水：为了使土柱进水端的水位保持不变，进水端采用马氏瓶供水装置。加水前打开马氏瓶的进气孔和进水口，由顶端向马氏瓶内装水，直至马氏瓶内装满水，此时关闭进水口和进气孔，并且检查它是否漏水，确保马氏瓶不漏水。在调整马氏瓶位置时要使马氏瓶的进气孔与土柱中设计好的水面相平齐，以保证定水头供水。

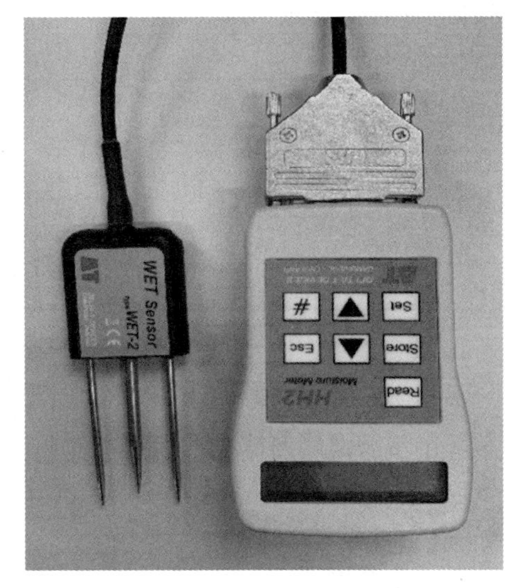

图 3-11 土壤水分速测仪

2. 开始试验

将土柱中填土高度与马氏瓶进气孔高度间区域迅速用水填满，同时放开马氏瓶的放水阀和进气孔，此后则由马氏瓶供水装置控制其连续、稳定供水。同时启动秒表记录试验开始的时间，观测、记录试验数据。

（1）下渗过程。

1）保持 5～10mm 水面深度，下渗深度控制在 1/3～1/2 土柱高度，并测定该过程中不同监测点的土壤含水量，做好记录。

2）记录时间间隔根据实验情况而定，能够描述某点下渗过程即可（本次实验设定为 0～30min 内每 5min 记录一次；30min～1h 内每 10min 记录一次；1h 之后为每 30min 记录一次）。该过程是后续实验的准备，如果监测点下渗规律不理想，各点含水量变化过程可不进行规律分析，只绘制供水停止时刻的下渗过程中含水量特征。

（2）水分再分配过程。

1）观察并记录不同时间浸润峰的下移过程。

2）观察并记录不同点位不同时间的含水量数值。

3）绘制不同时间、不同土样深度的土壤水分再分配过程曲线。

五、数据记录

1. 实验数据记录

实验数据记录表见表 3－8。

表 3－8　　　　实验数据记录表

湿润锋位置/cm \ 时间/min	0	5	10	15	20	25	30	40	50	60	70	80	90	100	110	120
10cm/含水率%																
20cm/含水率%																
30cm/含水率%																
40cm/含水率%																
50cm/含水率%																
60cm/含水率%																
70cm/含水率%																
80cm/含水率%																
90cm/含水率%																
100cm/含水率%																

2. 数据处理

根据实验数据，绘制土壤水再分配过程曲线。即选定一个监测点，绘制不同监测时间内其含水率的变化曲线，同时绘制不同监测点在同一时间内的含水率对比分布，进行对比分析，在停止供水后，同一监测点的含水率变化规律，以及不同监测点的含水率变化情况。

六、注意事项

(1) 供水装置加水时，在调整马氏瓶位置时要使马氏瓶的进气孔与土柱中设计好的水面相平齐，以保证零水头供水。

(2) 土样装填时，保证层与层之间的良好接触，不能出现明显的分层现象。土样填装完毕后，在土样的上部放置一石棉网或者定性滤纸，以防止装水时，水冲刷土样表面。

(3) 开始试验时，将土柱中填土高度与马氏瓶进气孔高度间区域迅速用水填满。

七、思考题

(1) 细颗粒含量多的土壤与粗颗粒含量多的土壤相比，哪种土质的土壤水分再分配速度较快，为什么？

(2) 土壤水分再分配过程与下渗过程的区别与联系有哪些？

第四部分　饱水带渗流理论基础实验

实验一　达　西　定　律

达西（Darcy）定律是地下水运动的基本规律，是水在孔隙介质中运动的线性渗透定律。达西定律表述了通过过水断面的流量与水力梯度、过水断面面积和介质的渗透性质之间的关系。

岩石渗透系数是定量描述岩石透水性能的物理指标，岩石空隙越大、连通性越好，则渗透系数越大，单位时间内通过过水断面的水量越多。渗透系数在数值上等于水力坡度为1时的渗流速度。所以渗透系数具有速度的单位。渗透系数是诸多有关水文计算问题（水井涌水量、矿坑涌水量及水库、渠道渗流量等）中不可缺少的重要的水文地质参数。

一、实验目的

（1）掌握实验室测定孔隙介质渗透系数的方法，加深理解渗透流速、水力梯度、渗透系数之间的关系。

（2）验证达西定律，从而提高对直线渗透定律的理解。

二、实验原理

达西定律：

$$Q=KAI \text{ 或 } V=KI \tag{4-1}$$

式中　Q——渗透流量，cm^3/s；

K——渗透系数，cm/s；

A——过水断面面积，m^2，

I——水力梯度；

V——渗透速度，cm/s。

即地下水在含水层中呈层流状态运动时，单位时间通过过水断面的流量 Q（或流速 V）与水力梯度 I 的一次方成正比、过水断面面积 A 和介质的渗透系数 K 成正比。

三、实验仪器

（1）BS－DXSY－Z14 全自动达西仪（图4－1）由计算机、供水系统、渗流系统、排水系统、压力传感器及相应的控制软件组成（图4－2）。

图4－1　全自动达西仪

1）供水系统：供水槽内装有水泵，用水泵将水抽至高处供水箱，水箱设置溢流槽，

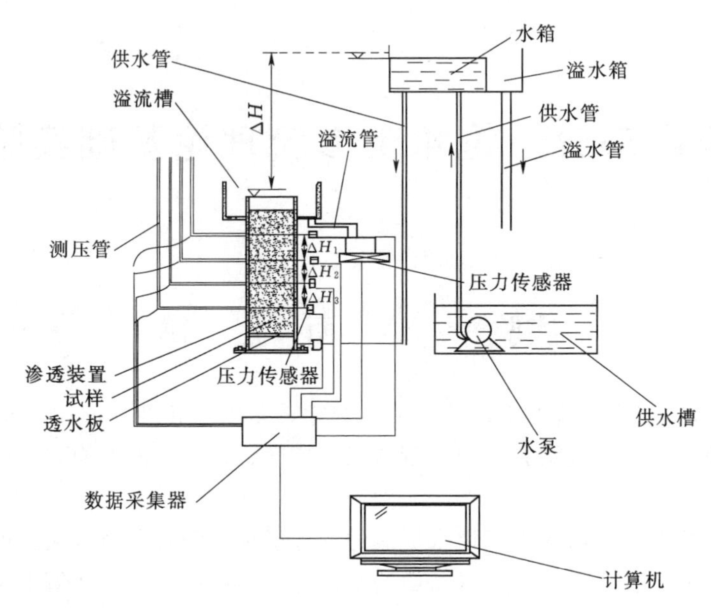

图 4-2　全自动达西仪结构示意图

保证水位稳定，供水管装有螺丝止水夹，控制抽水量；渗流体从底部供水，水位高于水箱将流入溢水箱后进入供水槽内，这样系统内的水位保持稳定，可测得稳定时水头差。

2）渗透系统：采用具有较好的透明性、力学性的有机玻璃圆柱制成，直径为120mm，高 650mm，下部设有进水孔，底部高 50mm 处装有过滤板（上面均匀分布直径为 2mm 的小孔），上端有出水孔，供测量渗流量用。在不同高度等距开设两组（每组 3 个）测压孔。分别与测压管、压力传感器连接。用于测量测压水位、水压数值。

3）测压系统：渗透系统上的一组测压孔内安装压力传感器（图 4-3），与数据采集器、计算机相连，将水压数据传输至计算机，测得不同高度的水头值。

4）排水系统：渗透系统上的溢流槽内流出的水量，流入烧杯中，烧杯下的压力传感器与数据采集器（图 4-4）及计算机连接，可测得流量。

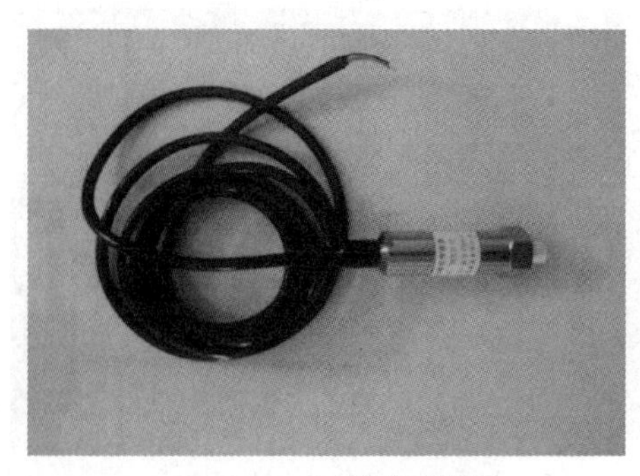

图 4-3　压力传感器

图 4-4　数据采集器

（2）卡尺、洗耳球等。

四、实验步骤

（1）装样：岩样有两种，即原状样和扰动样。原状样就是在野外取来土柱直接装到渗透装置（有机玻璃圆筒）内；扰动样则要按天然容重分层捣实，尽量接近天然状态。装样前，在过滤筛板上放二层铜丝网，然后装样，每装3～5cm厚时，用捣棒轻击数次，使其结构尽量符合实际状态。

（2）饱和试样：达西定律是饱水带重力水运动的基本定律，先将供水槽加满水，然后打开侧压板下面的开关（水箱与渗透装置连接的），并打开水泵电源开关，使测压板上的水箱充满水（水箱高度不超过圆柱顶部），并有水流溢出，保证水位稳定。使水自下而上注入试样（便于排气），待试样表面出现水膜时（即饱和了），立即关闭水泵电源开关，观察试样筒及三个侧压管水位是否在同一水平面上（因此时试样筒与测压管是U形连通器），如果测压管水位不在同一水平面上，则说明有气泡存在或测压管被堵塞，这时需要排气，用吸耳气球从偏高或偏低水位的管中吸出气泡，达到水平，各测压管水位差以小于1mm为准。

（3）实验测定：打开水泵电源开关（实验过程中保持常水头供水），调节供水水箱高度（不能低于排水水位），与排水水位形成一定的水头差，进行渗透试验。稳定后记录计算机上采集信息，每个水头差采集2个以上周期，取其平均值。然后再调节2次供水水箱高度（即改变水力坡度），如同前述采集2次调节供水水位稳定后的各值。调节时应逐级上升或依次下降，不要跳跃式的上升或下降，以免渗透装置内的渗透压变化剧烈，冲坏试样原有结构，影响测试结果。

（4）打开电源：工控机、数据采集器；双击达西定律实验仪软件；出现达西定律实验界面（图4-5），选择数据采集。

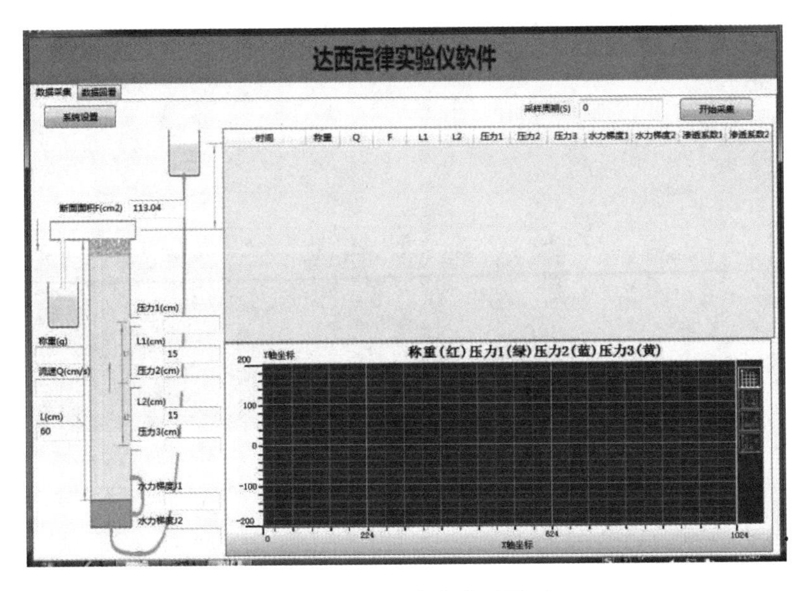

图4-5 达西定律实验界面

（5）设定采样时间：选采样周期；点击开始采集（图 4－6、图 4－7）。

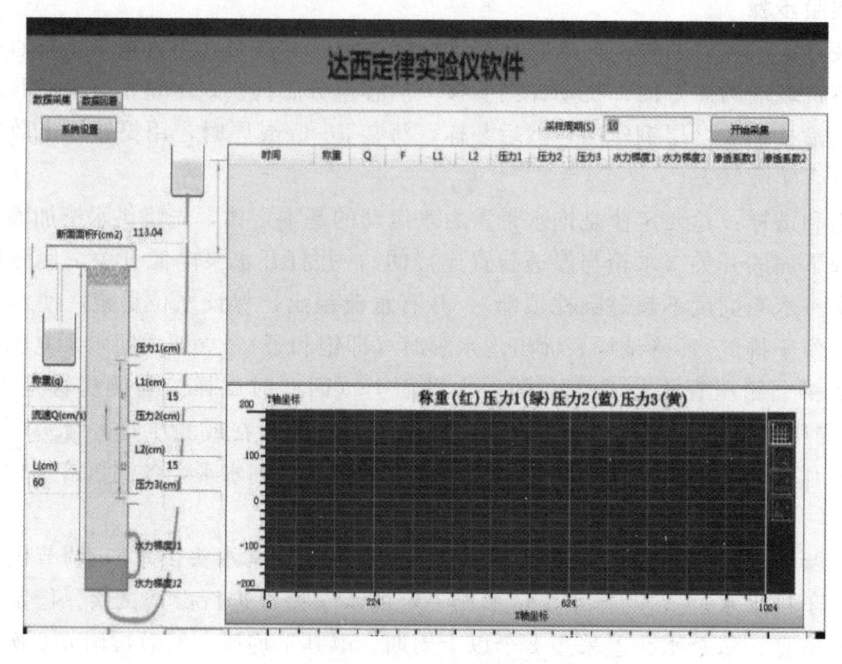

图 4－6　设定采样时间

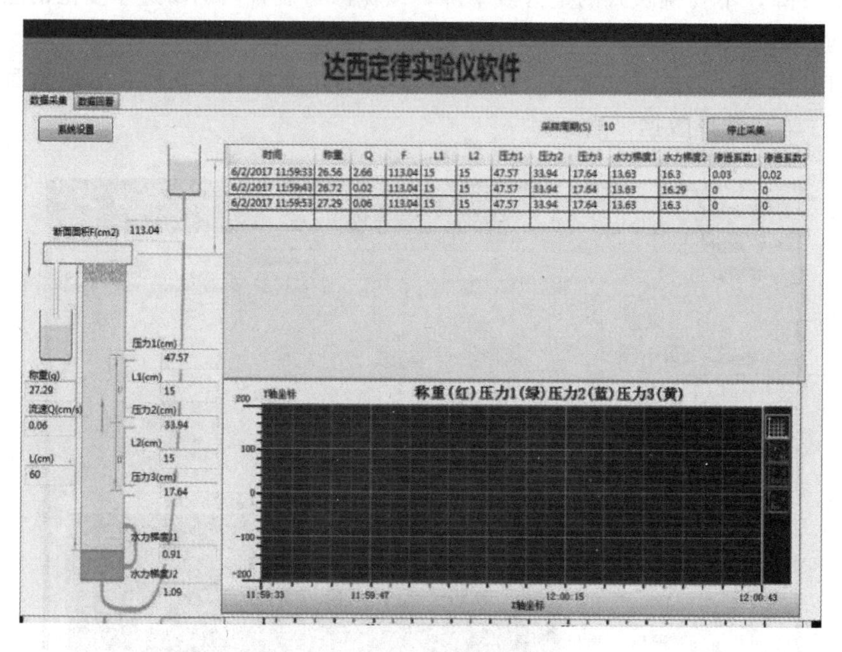

图 4－7　开始采样

（6）稳定后记录：点击停止采样（图 4－8）。

（7）实验数据查看：选择数据回看；点击选择历史文件（图 4－9）。

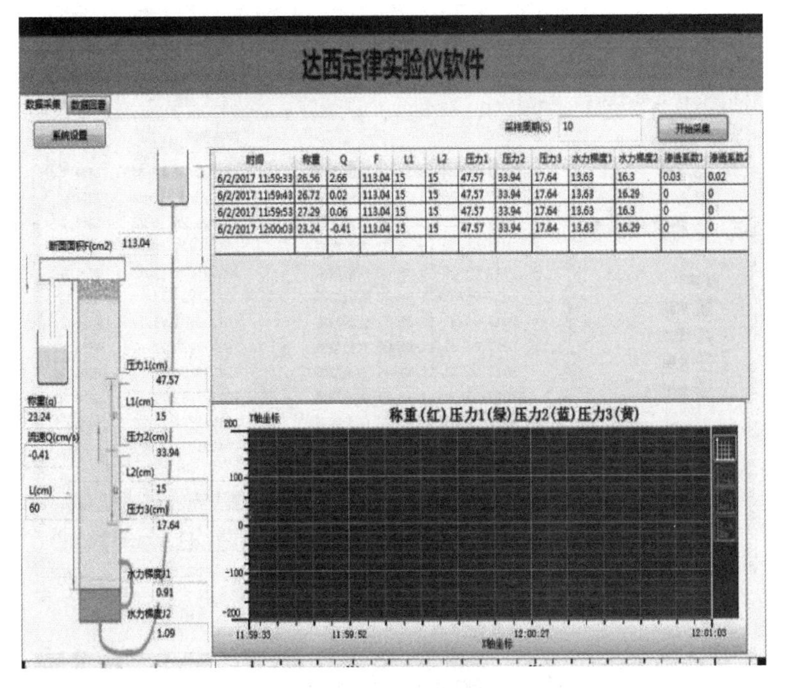

图 4-8　停止采样

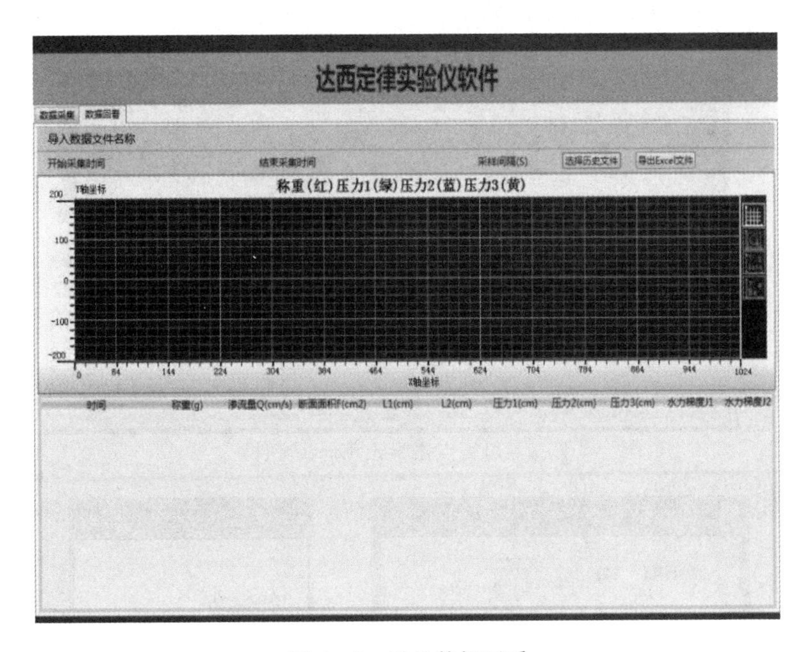

图 4-9　选择数据回看

（8）查看历史记录数据，打开查找文件（图 4-10～图 4-13）。

（9）查看导出 Excel 格式数据，打开桌面实验数据文件夹，找出需要打开的 Excel 格式文件（图 4-14）。

图 4-10　打开查找文件

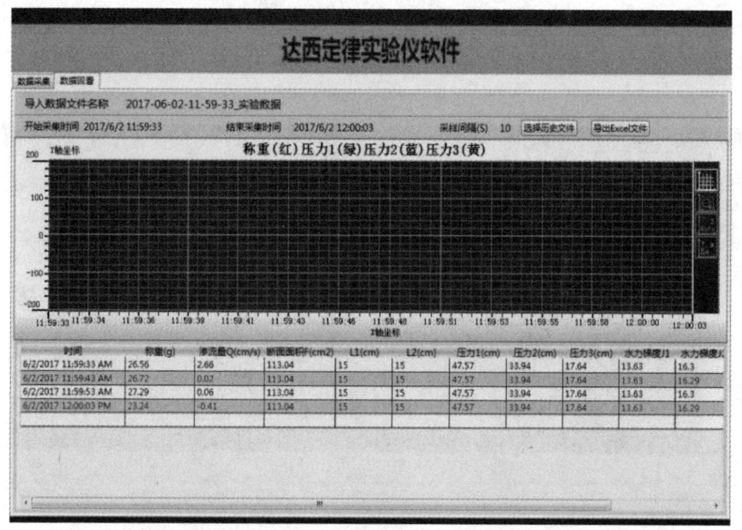

图 4-11　点击导出 Excel 文件

图 4-12　点击确定

图 4-13　导出成功

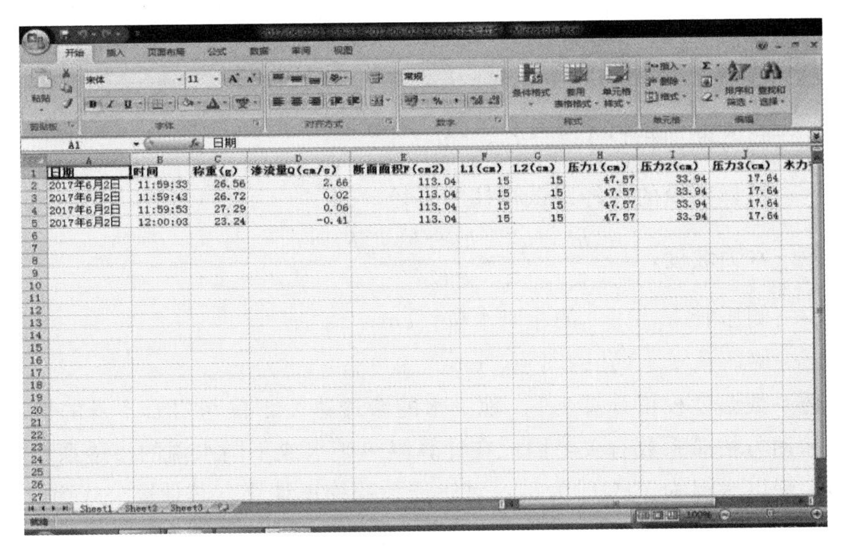

	A	B	C	D	E	F	G	H	I	J	
1	日期	时间	称重(g)	渗流量Q(cm/s)	断面面积F(cm2)	L1(cm)	L2(cm)	压力1(cm)	压力2(cm)	压力3(cm)	水力
2	2017年6月2日	11:59:33	26.56	2.66	113.04	15	15	47.57	33.94	17.64	
3	2017年6月2日	11:59:43	26.72	0.02	113.04	15	15	47.57	33.94	17.64	
4	2017年6月2日	11:59:53	27.29	0.06	113.04	15	15	47.57	33.94	17.64	
5	2017年6月2日	12:00:03	23.24	-0.41	113.04	15	15	47.57	33.94	17.64	

图 4-14　实验数据

五、数据记录

（1）测量试样筒内径 d 及测压孔间距 L_1、L_2 并将调节 3 次不同供水水位时，所测得数据一一填入记录表 4-1。

表 4-1　　**实验数据记录表**

岩性	试验次数	时间 T/s	流量 Q /(cm³/s)	渗透速度 V /(cm/s)	面积 A /cm²	测压孔间距 L_1 /cm	测压孔间距 L_2 /cm	压力 1 P_1 /cm	压力 2 P_2 /cm	压力 3 P_3 /cm	水力坡度 1 I_1	水力坡度 2 I_2	平均水力坡度 I	渗透系数 K_t /(cm/s)	平均渗透系数 K_{ct} /(cm/s)
粗砂	1														
	2														
	3														
中砂	1														
	2														
	3														
细砂	1														
	2														
	3														

（2）计算渗透系数 K。根据达西公式：

$$Q=KAI \tag{4-2}$$

$$V=\frac{Q}{A}=KI \tag{4-3}$$

$$K=\frac{V}{I} \tag{4-4}$$

式中　K——试样的渗透系数，cm/s；

V——渗透速度，cm/s；

Q——渗透流量，cm^3/s；

A——过水断面积，$A=\frac{\pi}{4}d^2$，cm^2；

d——试样圆筒的内径即试样柱的直径，cm；

I——水力坡度，$I=\frac{h_1-h_2}{L_1}=\frac{h_2-h_3}{L_2}=\frac{h_1-h_3}{L_1+L_2}$；

h_1、h_2、h_3——侧压管1、2、3的相对水位，cm；

L_1、L_2——侧压孔1、2孔的间距，cm。

（3）渗透系数温度校正计算 K_T。地下水的渗透速度不仅与岩石本身的性质有关，而且还与水温和动力粘滞系数有关，因此在计算温热矿水或不同水温的渗透系数时，应考虑水温的影响，现以水温为10℃时为例，对渗透系数校正计算，其计算公式为

$$K_{10}=K_T\frac{\sigma_{10}}{\sigma_T} \tag{4-5}$$

将 $\sigma_{10}=\frac{\mu_0}{\mu_{10}}$、$\sigma_T=\frac{\mu_0}{\mu_T}$，代入式（4－5）得

$$K_{10}=K_T\frac{\mu_T}{\mu_{10}} \tag{4-6}$$

式中　K_{10}、K_T——水温在10℃、T℃的渗透系数；

τ_{10}、τ_T——水温在10℃、T℃的温度校正系数；

μ_0、μ_{10}、μ_T——水温在0℃、10℃、T℃时水的动力粘滞系数，根据普阿杰里表（表4－2），直接查得。

表4－2　　**普阿杰里表**

T/℃	μ	T/℃	μ	T/℃	μ	T/℃	μ
0	0.0178	8	0.0139	16	0.0111	24	0.0093
1	0.0172	9	0.0135	17	0.0108	25	0.0091
2	0.0167	10	0.0131	18	0.0105	26	0.0089
3	0.0162	11	0.0127	19	0.0103	27	0.0087
4	0.0157	12	0.0124	20	0.0101	28	0.0085
5	0.0152	13	0.0120	21	0.0099	29	0.0083
6	0.0147	14	0.0117	22	0.0097	30	0.0081
7	0.0143	15	0.0114	23	0.0095		

或设：$\mu_{T'}=\frac{\mu_T}{\mu_{10}}$，代入式（4－6）得

$$K_{10}=\mu_{T'}K_T \tag{4-7}$$

查表4－3可得不同水温 T（℃）时的校正系数 $\mu_{T'}$ 值。

表 4-3 不同水温 T（℃）时的校正系数 $\mu_{T'}$ 值

T/℃	$\mu_{T'}$	T/℃	$\mu_{T'}$	T/℃	$\mu_{T'}$	T/℃	$\mu_{T'}$
0	1.3588	8	1.0611	16	0.8473	24	0.7099
1	1.3130	9	1.0305	17	0.8244	25	0.6947
2	1.2748	10	1.0000	18	0.8015	26	0.6784
3	1.2366	11	0.9691	19	0.7863	27	0.6641
4	1.1985	12	0.9466	20	0.7710	28	0.6489
5	1.1603	13	0.9160	21	0.7557	29	0.6336
6	1.1221	14	0.8931	22	0.7405	30	0.6183
7	1.0916	15	0.8702	23	0.7252		

（4）根据调节3次供水水位所得3个 I、V 值，绘制 $V-I$ 关系线（以 V 为纵坐标，I 为横坐标）验证达西定律。所得 K 值是否相等，为什么？

六、注意事项

（1）注意饱和介质，模拟天然饱和状态含水层，方可进行实验。

（2）当水位稳定后，再开始采集实验数据。

七、思考题

（1）达西实验为何一定要保持常水头供水，实验过程中是怎样实现常水头供水的？

（2）延长 $V-I$ 线的下端，是否通过原点，为什么？

（3）比较3种不同试样的 K 值，分析影响渗透系数 K 值的因素？

实验二 渗 流 模 拟 实 验

一、实验目的

（1）观察水在土壤或岩样中的渗透现象，研究渗流运动状态。

（2）测定渗流流量，绘制实际浸润曲线。

（3）测各测压管的水头值，作出等水头线，绘制流网。

二、实验原理

渗流槽是以相似模型理论为基础，采用相似模型再现渗流动态和过程的实验方法。该实验可以用来模拟研究地下水的运动规律和污染质在地下水中的水动力弥散规律。可将实验结果与理论计算的渗流流量及绘制的浸润曲线加以比较、分析。如果模型是天然岩样制作的，可通过实验结果确定岩样的渗透系数。该方法还可以用于确定各种井、排水渠、坝基等的稳定流量，预测灌渠两岸或库岸的潜水非稳定回水以及灌溉地区的潜水动态等。

为了保证研究的模型能够反映天然渗流的真实过程，需要具备下列4个条件。

1. 几何相似

模型中的渗流区与自然界渗流区在长、宽、高等线性尺寸方面按一定比例，把自然界渗流区大幅度缩小。如果研究的渗流区有人工建筑物如抽水井、灌渠、坝基，则与渗流接触的建筑物边界也应按同样比例尺缩小，不与渗流接触的边界可以任意。

2. 运动相似

模型中的渗流区与自然界渗流区渗流质点的迹线保持几何相似，而且渗流质点流过相应线段所需的时间保持固定的比例，即模型和自然界渗流质点的速度应成固定比例。

3. 动力相似

模型和自然界中相应的质点所受的作用力应保持固定的比例，因为多数天然渗流都是层流，其惯性力可以忽略不计，所以要使模型渗流也保持层流状态即可。

4. 边界条件一致

模型中的边界应该与自然界渗流区中的边界完全一致，即透水边界与透水边界对应，隔水边界与隔水边界对应。

三、实验仪器

实验槽由有机玻璃制作而成，槽长 80cm、高 40cm、宽 20cm，由槽首、槽身和槽尾 3 部分组成。槽首及槽尾用以模拟天然渗流区的边界条件，槽首及槽尾装有溢流盒供水，通过升降系统可以调节渗流槽供水和排水水位控制上下游水位。供水溢流盒与排水溢流盒都与供水箱连接。调节水位箱接有排水管，通过量筒和秒表测量渗流流量。各测点之间的距离为 7cm。

测压管需固定在相应的支架上，固定测压管的支架置于渗流槽的前面。实验装置结构如图 4－15 所示，实物如图 4－16 所示。

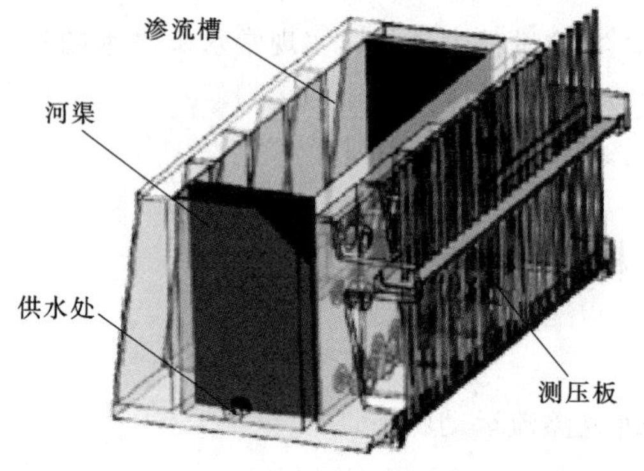

图 4－15　实验装置结构图

四、实验步骤

（1）固定供排水箱的位置后，打开供水箱的阀门，关闭排水箱的排水阀门，从槽首向模型中注水，当介质饱和后（形成水膜），打开排水箱出水阀门。

（2）当渗流稳定后，上下游水位可达到固定的水位 h_1 和 h_2，用秒表和量筒测量调节水位箱排水的流量。

（3）观测上下游水位和各测压管中的水头，并把流量和水位填入记录表中。

（4）调整下游水位，重新做一次实验。

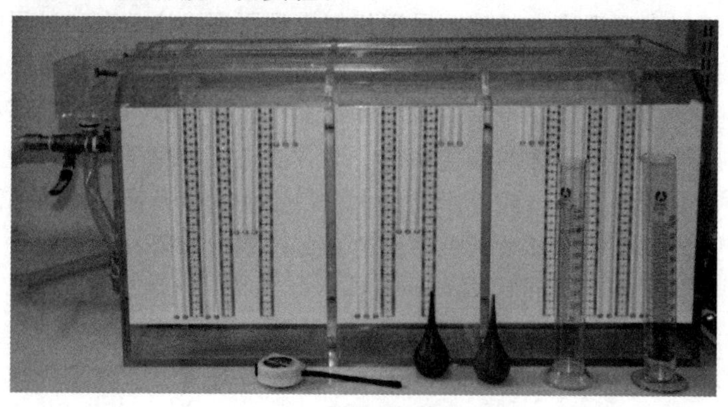

图 4－16　渗流槽仪器实物图

（5）实验完后将仪器恢复原状。

五、数据记录

1. 实验原始数据

将实验数据填入表 4－4、表 4－5 中。

表 4－4　　　　实验数据记录表

次数＼数值	h_1 /cm	h_2 /cm	L /cm	B /cm	V /m^3	T /s	Q /($m^3 \cdot s^{-1}$)
1							
2							
3							

表 4－5　　　　实验数据记录表　　　　单位：cm

次数＼测压管	1	2	3	4	5	6	7	8	9
1									
2									
3									
次数＼测压管	10	11	12	13	14	15	16	17	18
1									
2									
3									
次数＼测压管	19	20	21	22	23	24	25	26	27
1									
2									
3									

2. 数据处理

（1）计算渗透系数。按下式计算：

$$K=\frac{2QL}{B(h_1^2-h_2^2)} \tag{4-8}$$

$$\overline{K}=\frac{K_1+K_2}{2} \tag{4-9}$$

式中　K——渗透系数，cm/s；

Q——流量，cm^3/s；

L——渗流区长，cm；

B——渗流区宽，cm；

h_1、h_2——上下游水位，cm；

K_1、K_2——两次实验所计算的渗透系数，cm/s；

$\overline{K}$——渗透系数平均值，cm/s。

（2）绘制浸润曲线。首先将模型渗流区的剖面按一定比例尺缩小绘制在方格纸上，然后把各测点的水位分别点到剖面图上，连接各点成圆滑曲线，即是浸润曲线。

（3）绘制流网。平行浸润曲线或隔水底板画出多条圆滑曲线，流线之间距离要均等。垂直流线画多条等水头线，所组成的正交网格就是流网，各个网格要成曲边正方形。

六、注意事项

（1）实验中注意排水箱出水阀门为三通阀门，关闭排水阀门，打开硅胶管的流量控制水夹，进行实验。

（2）待渗流稳定后，即上下游水位稳定后，再进行流量的测量。

（3）模拟设定均质各向同性介质，同一网带中水头差值相等，网格为曲边正方形，网格完整。

七、思考题

流网的性质是什么？如何根据所测出的等势线绘制流网？简述流网的水文意义。

实验三　水电比拟实验

一、实验目的

（1）了解用电模拟实验来研究渗流问题的原理和方法。

（2）用电模拟实验仪测量坝基渗流的等电位线（等势线），绘制流网图。

（3）根据流网求解渗流要素，计算流量及水位。

二、实验原理

由于地下水在多孔介质中作层流运动，这与电流现象符合相同的数学物理方程（表4-6），通过测量电流现象中相关物理量可以解答渗流问题，这种方法称为水电比拟实验法，也叫电模拟实验法。

表4-6　　**渗流场与电流场的比拟**

渗流场	电流场
水头 H	电位 V
水头函数的 Laplace 方程 $\frac{\partial^2 H}{\partial x^2}+\frac{\partial^2 H}{\partial y^2}+\frac{\partial^2 H}{\partial z^2}=0$	电位函数的 Laplace 方程 $\frac{\partial^2 V}{\partial x^2}+\frac{\partial^2 V}{\partial y^2}+\frac{\partial^2 V}{\partial z^2}=0$
等水头线（等势线）$H=$常数	等电位线 $V=$常数
渗流流速 u	电流密度 i
达西渗流定律：$u_x=-K\frac{\partial H}{\partial x}$ $u_y=-K\frac{\partial H}{\partial y}$ $u_z=-K\frac{\partial H}{\partial z}$	电流密度的欧姆定律：$i_x=-\sigma\frac{\partial V}{\partial x}$ $i_y=-\sigma\frac{\partial V}{\partial y}$ $i_z=-\sigma\frac{\partial V}{\partial z}$

续表

渗流场	电流场
渗透系数 K	导电系数 σ
连续性方程（质量守恒） $\frac{\partial u_x}{\partial x}+\frac{\partial u_y}{\partial y}+\frac{\partial u_z}{\partial z}=0$	克希荷夫定律（电荷守恒） $\frac{\partial i_x}{\partial x}+\frac{\partial i_y}{\partial y}+\frac{\partial i_z}{\partial z}=0$
在不透水边界上 $\partial H/\partial n=0$ （n 为不透水边界的法线）	在绝缘边界上 $\partial V/\partial n=0$ （n 为绝缘边界的法线）

用电模型研究渗流问题，需要满足相似条件，即电模型与渗流的轮廓几何相似，边界条件相似，即导电边界及透水边界对应，绝缘边界与隔水边界对应。同时潜水自由面压力为零，位置高度即表示其水位，在电模型上的电位与水位保持直线关系。渗流介质和导电介质相似。

满足以上相似条件的前提下，利用惠更斯电桥原理，测定电模型中各等电势点，得到等电位线就是模拟渗流场的等水头线，再利用含水层介质均质时，流线与等势线正交原则，绘出流线，得到流网，从而计算渗流场水力要素。实际渗流模型及实验渗流示意图如图 4-17 所示，其中，C_1、C_2 为透水边界，C_1、C_2 为透水边界。

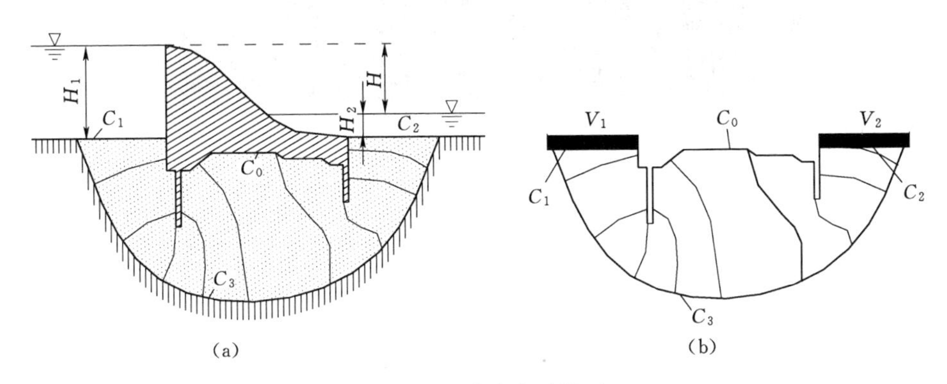

图 4-17　渗流实验模型

（a）实际渗流示意图；（b）实验模型示意图

三、实验仪器

1. 实验模型

实验仪器模拟渗流区域的导电体采用自来水，为了保证渗流区域各处的导电率相同，液体厚度必须各处相同，液体厚度通常以 1～2cm 左右为宜。模型的绝缘边界采用玻璃绝缘材料制作，模型等势线的汇流板常用 0.2～1.0mm 的黄铜制作。设备如图 4-18～图 4-20所示。

2. 等势线测量仪

等势线测量仪包含电模拟实验盘、等势线、测量仪和 3 支测试探针。

四、实验步骤

（1）在电模拟盘中放入一定浓度的导电溶液（自来水即可），将电模拟盘调整水平。

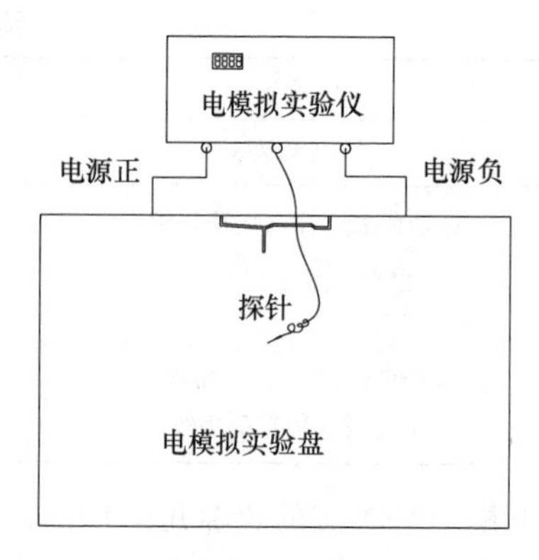

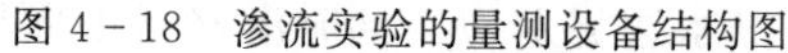

图 4-18　渗流实验的量测设备结构图

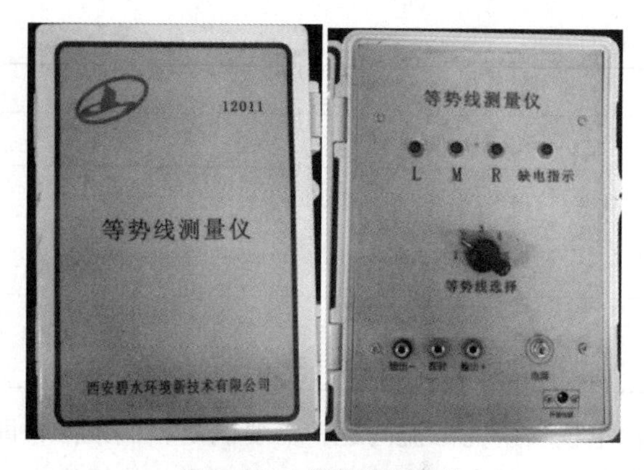

图 4-19　等势线测量仪

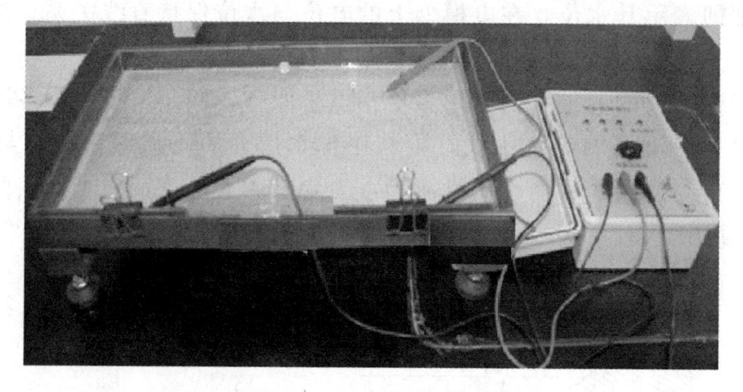

图 4-20　仪器装置图

（2）连接仪器线路，经检验接线正确方可接上电源，将电模拟的测试探针一端放入上游，另一端放入下游。用夹子分别将正负极探针和铜板固定在上游和下游，切记正负极表笔不可短接。

等势线测量仪的使用方法如下：

1）打开电源设备通电进入自检状态，从左至右依次自动点亮面板指示灯，然后蜂鸣器长鸣一声，进入工作状态。

2）将 3 根探针分别插入输出一、探针、输出＋，分别固定正负极探针。

3）确定好探针的插入位置后即可进行等势线的测量，在找到等势点后等势点指示灯亮（即 M 所对应的指示灯），同时蜂鸣器鸣叫。

4）在坐标纸上绘制出相应的等势点。

5）重复步骤 3）、4），将测出的等势点用光滑曲线连接，得到多条等势线。

6）根据等势线绘制流网。

（3）用探针在电模拟盘中测试同一电势的各个点，并点绘在坐标纸上，将这些点用光滑曲线连接起来，即为一条等势线。调节实验仪旋钮（调节供电电压），可测绘出其他等势线。

五、数据记录

1. 实验原始数据

将实验数据填入表 4-7。

表 4-7　　实验数据记录表

等势线＼测点	坐标/cm	1	2	3	4	5	6	7	8	9	10	11
0.1H	x											
	y											
0.2H	x											
	y											
0.3H	x											
	y											
0.4H	x											
	y											
0.5H	x											
	y											
0.6H	x											
	y											
0.7H	x											
	y											

实验日期：

2. 数据处理

（1）绘制流网。画流网时注意流线与等流线必须正交，并保持流网网格成正方形或曲边正方形。绘制流网后，根据给出的实际模型，将实际水位标在各等势线上，并标出渗流区长。

（2）流量的计算。

$$q = \Phi K H \tag{4-10}$$

式中　q——单宽流量，m^2/d；

K——渗透系数，m/d；

H——坝基上、下游水头差，m；

Φ——形状系数。

Φ 根据流网按下式确定：

$$\Phi = \frac{m}{n} \tag{4-11}$$

式中　m——流网中沿等水头线方向的格数；

n——流网中沿流线方向的格数。

（3）水力坡度及渗透速度的计算。

$$J = \frac{\Delta h}{\Delta s} \tag{4-12}$$

式中　Δh——相邻两等水头线间的水头差，m；

Δs——相邻两等势线间的流线距离，m；

J——水力坡度。

$$V=K\frac{\Delta h}{\Delta s} \tag{4-13}$$

式中　V——渗透速度，m/s；

K——渗透系数，m/s。

六、注意事项

(1) 使用仪表时应注意其量程及其测试挡。

(2) 测试探针要求保持铅垂，以免接触电阻造成误差。

(3) 实验模型。

上游实际水位131m；下游实际水位101m；渗透系数 K 为10m/d；渗流区长415m。可根据实际实验要求自行改变。

七、思考题

(1) 电模拟测量渗流的原理是什么？

(2) 流网的性质是什么？如何根据所测出的等势线绘制流网？简述流网的水文意义。

(3) 是否可用电模拟仪器直接测量流线，操作方法是什么？

实验四　渗　压　实　验

土壤水力传导度是反映土壤水分在压力水头差作用下流动的性能。在数量上等于在单位水头差作用下，单位土壤断面面积上通过的水流通量，常用单位：cm/s、cm/min、m/d。在饱和土壤中，水力传导系数达到最大值，为常量（称为渗透系数）。在非饱和土壤中，孔隙充气时，水力传导系数随着土壤含水率的降低而降低。

一、实验目的

(1) 掌握多功能土壤渗透仪的工作原理、结构、操作方法。

(2) 测定粘性土的渗透系数。

(3) 通过实验进一步理解渗流基本理论——达西定律。

二、实验原理

达西定律，设有一横截面积为 A、长度为 L 的岩石，将其置于岩心夹持器中，如图4-21所示，使粘度为 μ 的流体在压差 ΔP 下通过岩心，测得流量 Q。实验证明单位时间通过岩心的体积流量 Q 与压差 ΔP、岩心横截面积 A 成正比，与岩心的长度 L 和流体的粘度成反比。

$$Q\propto\frac{A}{\mu}\frac{\Delta P}{L}\text{或}Q=k\frac{A}{\mu}\frac{\Delta P}{L} \tag{4-14}$$

这就是“达西方程”，从式中看出 A、L 是岩石的几何尺寸，ΔP 是外部条件，当外部条件、几何尺寸、流体性质都一定时，流体通过量 Q 的大小就取决于反映岩石可渗性比例常数 k 的大小，我们把 k 称为岩石的渗透率；式（4-14）可改写成为

$$k=\frac{Q\mu L}{A\Delta P} \tag{4-15}$$

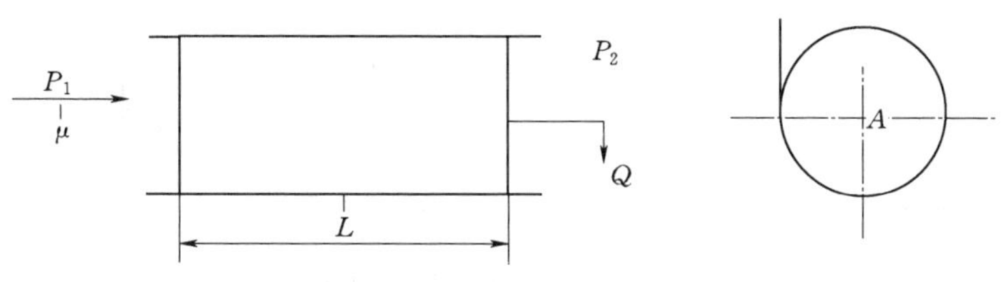

图 4-21　岩石渗透率原理示意图

式中　k——岩石的渗透率，D；

Q——流体流量，mL/s；

μ——流体的粘度，Pa·s；

L——试样长度，cm；

A——试样面积，cm^2；

ΔP——进气口与出气口压差，MPa。

渗透系数与渗透率换算关系为

$$K=\frac{k\rho g}{\mu} \tag{4-16}$$

式中　K——渗透系数，cm/s；

k——渗透率，D 和 cm^2；

ρ——密度，g/cm^3；

g——重力加速度，m/s^2；

μ——动力粘度系数，MPa·s。

三、实验仪器

(1) HXTSY-Ⅰ型多功能土壤渗透仪（图 4-22、图 4-23）是我校研制授权发明专利的新型教学仪器，具有模拟试样地层压力和温度的功能。采用计算机技术、先进传感器技术，自动记录温度、压力和位移数值的变化，实验成果及图表计算机自动生成，操作简便，实验数据测试精度高。

图 4-22　HXTSY-Ⅰ型多功能土壤渗透仪

(2) 主要技术指标。

1) 土样规格：ϕ61.8mm×(20～40)mm。

2) 工作压力：0～1MPa 可调。

3) 工作温度：室温～100℃可控。

4) 计量精度：±0.01g。

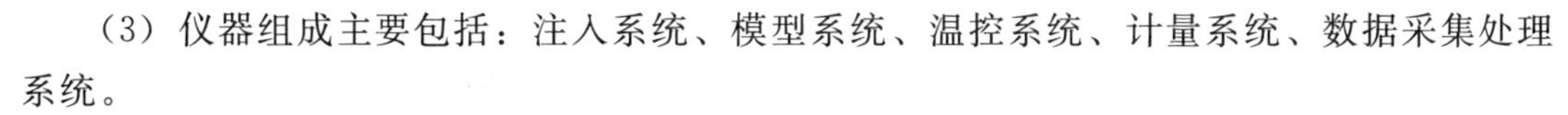

(3) 仪器组成主要包括：注入系统、模型系统、温控系统、计量系统、数据采集处理系统。

1) 注入系统由储液容器及调压阀组成。储液容器容积为 2000mL，设计压力 1MPa，材质为有机玻璃（透明）。调压阀单级式减压结构，金属膜片传输压力，输出压力稳定，最大输入压力 1.5MPa，输出压力 0～1.25MPa，使用温度－23～74℃。

2) 模型系统由土样夹持器及管阀件组成。土样夹持器在压紧方式上为中间螺旋杆旋

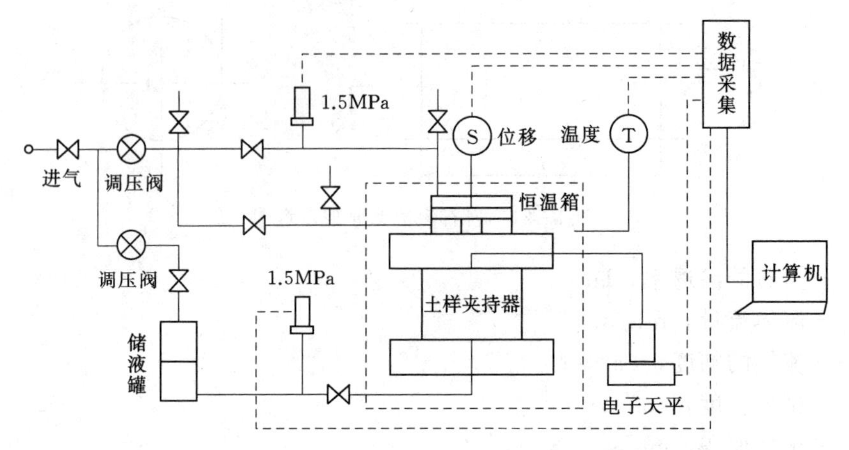

图 4－23　HXTSY－Ⅰ型多功能土壤渗透仪结构示意图

压，操作使用更为简便。主要由上盖、底座、套座、环刀、透水石、螺杆等组成。

3）温控系统由恒温箱构成。恒温箱用于对容器、夹持器等加温，恒温箱工作室尺寸为350mm×350mm×500mm，温度范围为室温～100℃，数显自动控温，精度±0.5℃，采用精度控温仪，热风对流循环。

4）计量系统由压力传感器及显示表和电子天平组成。压力传感器用来测量土样夹持器进口压力，从而计算出岩心两端的压差。压力传感器的量程为1.5MPa，压力精度0.25级，压力传感器配备有各自的压力数显二次仪表，并通过RS232接口实现与计算机的通讯。电子天平量程为220g，精度±0.001g。

5）安全保护系统设置有漏电自动保护器，整机设备配备有安全可靠的接地装置。

6）数据采集处理系统包括压力传感器、温度传感器、天平等。为了保证测量精度和控制的可靠性，采用进口MOX C168H数字采集控制卡，实现数字化采集传输。运行计算机的界面操作软件，设定参数后，计算机可以自动采集所有压力、温度、流量等。计算机采集的数据经处理可生成原始数据报表、分析报表以及曲线图，同时生成数据库文件格式等。

四、实验步骤

（1）取样：先将环刀内壁均匀涂一层凡士林，用环刀削取原状土样（粗砂除外），顶、底面贴上滤纸，放在两块透水石中间，用饱和架夹紧，放到饱和器中进行真空饱和（抽真空1～2h，饱水12h）。砂土可直接放到渗压容器中渗透饱和。

（2）打开仪器电源，放松固结压力调压阀、水头压力调压阀（逆时针旋转），防止打开空压机时，较大的压力突然加于试样上，然后打开空压机开关并打开仪器总进气阀。

（3）装样：先从恒温箱中将土样夹持器取出，再将储液罐注进水，然后按下固结气缸开关（红色）和储罐出液开关（绿色），缓慢调节水头压力调压阀，使试样底座的透水石饱和后（即透水石上渗出一层水膜），快速关上储罐出液开关（绿色）。将饱和好的试样，刀口向上，放在渗压容器底座上，套上橡胶止水圈和定向环（凸口向下）、再拧紧压紧圈（按顺时针方向），然后放上透水石，将土样夹持器放入恒温箱中并卡紧。

（4）按地层深度，选择固结压力和恒温箱温度（在温度控制表按上下键设置温度后，打开加热和风机开关），缓缓地旋转固结调压阀，使试样与活塞刚好接触上，此时固结压力为初始压力（气缸与试样接触上的压力），在此压力下加固结压力，待固结位移显示数据基本稳定，调节水头压力调压阀（不能大于固结压力），打开储液出液开关，观察夹持器出口管线（透明的，在恒温箱外右侧），没有气泡至连续出液。同时特别要注意天平上烧杯内的水不要溢到天平上，以防损坏天平。

（5）打开计算机，然后打开天平开关，之后打开仪器软件，输入基本参数（图 4-24），按确定，输入采集周期并按回车键确认，点击记录数据（图 4-25）。观察渗透系数变化，待稳定后，点击实验结束，再点击保存，将数据保存到桌面。根据实验要求，可调节不同固结压力、不同温度进行实验。

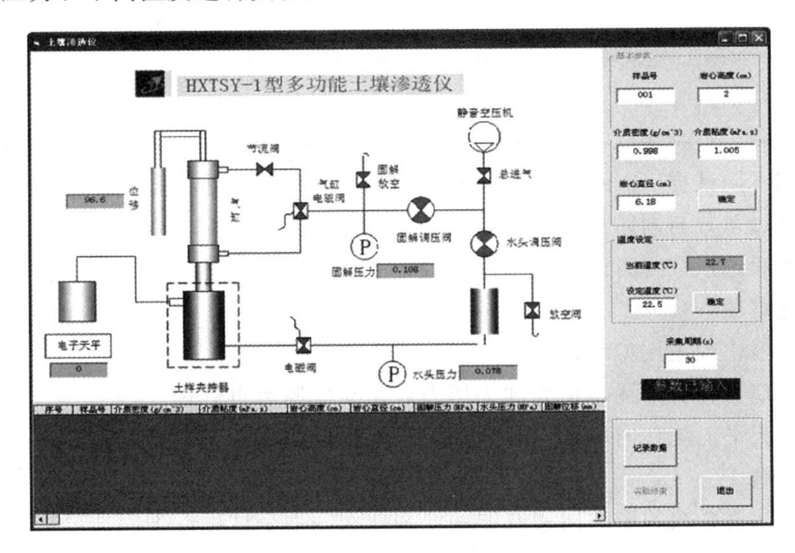

图 4-24　输入基本参数

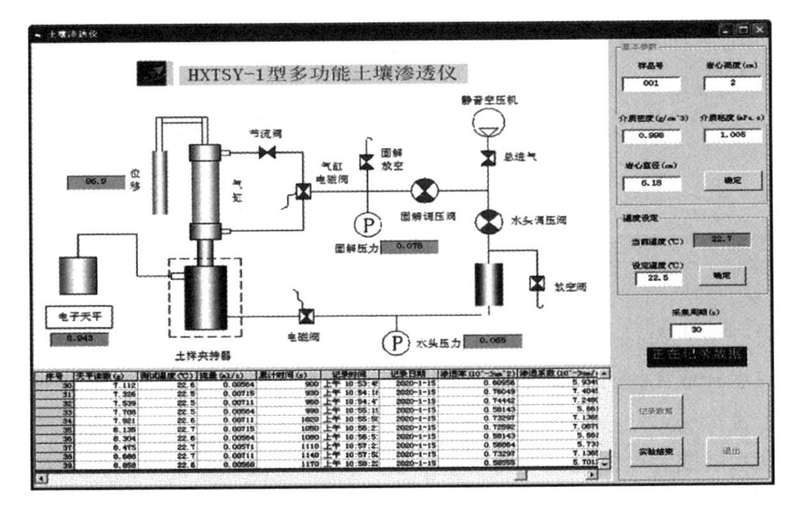

图 4-25　记录数据

（6）实验结束后，点击退出，关闭仪器软件。关闭固结气缸开关，关闭加热、风机、储罐出液、总进气开关。卸掉固结压力和水头压力（逆时针旋转调压阀）。按固结放空和储罐放空，然后关闭。取出土样夹持器，将试样取出，土样夹持器洗净擦干。天平内烧杯水倒掉洗净。

五、数据记录

（1）记录测定3种不同试样在3个不同地层深度的渗透系数，并将测试结果［按式（2-10）计算］填写到表4-8中。

表4-8　　3种不同试样在3个不同地层深度的渗透系数测试结果表

编号	固结压力 P_1/MP	渗透系数 K_1/(μm/s)	固结压力 P_2/MP	渗透系数 K_2/(μm/s)	固结压力 P_3/MP	渗透系数 K_3/(μm/s)
1						
2						
3						

（2）绘制不同试样（3种）在不同地层深度处（3个）的渗透系数与固结压力的关系曲线，分析渗透系数与固结压力的关系。

（3）绘制渗透系数与时间关系曲线，确定测试试样的 K 值。

六、注意事项

（1）定期检验校正压力表。

（2）如发现管路有渗漏，请先卸去压力，切断电源后再修理。

（3）注意天平上烧杯内的水不要溢到天平上，以防损坏天平。

七、思考题

（1）测定渗透系数的影响因素有哪些？为什么同一个试样在不同地层不同深度处渗透系数不同？

（2）渗透系数与渗透率的区别是什么？

（3）多功能土壤渗透仪是怎样实现稳定流渗透的？

实验五　井流模拟实验

第一节　潜水运动模拟演示实验

饱水带中第一个表面具有自由表面且有一定规模的含水层中重力水称为潜水。在潜水中开凿的井称为潜水井或无压井。潜水井分为两类，潜水完整井和潜水非完整井，潜水完整井是指揭穿了整个含水层，并在全部含水层的厚度上地下水都能向井中渗透的井；潜水非完整井是指未揭穿含水层或者虽然已经揭穿了整个含水层，但仅在部分厚度上进水的井。

一、实验目的

（1）熟悉与潜水有关的基本概念，增强对潜水补给和排泄的感性认识。

（2）加强对地下水运动的理解，培养综合分析问题的能力。

(3) 观察潜水完整井、非完整井的抽水过程。

二、实验原理

潜水没有隔水顶板，直接与包气带相接，潜水在整个分布范围内都可以接受大气降水等补给，以泉、井、泄流等方式排泄。通常在重力作用下由水位高的地方向水位低的地方径流。本次实验是根据自然界中潜水的补给和排泄方式来演示并分析潜水的补给、排泄和地下水位之间的关系。

三、实验仪器

潜水运动模拟演示仪如图 4-26 所示。

潜水运动模拟演示仪由槽体、模拟降雨器、模拟井、测压点和测压管架及供水箱组成。

图 4-26　潜水运动模拟演示仪

(1) 槽体：几何尺寸，长 120cm、宽 60cm、高 80cm。框架由铝合金制成，四个侧面镶嵌钢化玻璃，便于观察。槽内装有均质石英砂，粒径为 40～70 目，模拟潜水含水层。砂体中埋设有测压管及潜水井分布如图 4-27 所示。

(2) 模拟降雨器：安装在槽体顶部，由球阀门和 6 根均匀设有排水孔的管道组成，模拟降雨，通过球阀可人为控制降雨强度。

(3) 模拟井：在槽体的四角分别设有两个潜水完整井和两个潜水非完整井，4 个潜水井分别用 1/4 有机玻璃圆管多孔板与实验槽内砂体隔开，多孔板上有过滤网，防止沙子进入潜水井，在 4 个潜水井的出水口安装有球阀，球阀上连接软管插入供水箱中，可以将槽体内潜水井中排出的水回收到供水箱中。两个完整井和两个非完整井按斜线对角安装，均可人为对任一井进行抽水模拟，也可联合抽水。

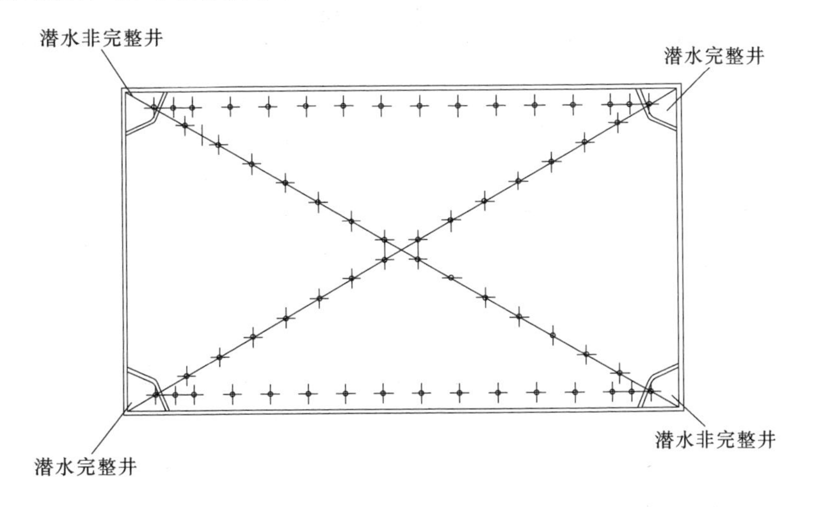

图 4-27　测压管及潜水井分布示意图

（4）模拟集水廊道：观察集水廊道的布置形式。

（5）测压点：与测压管架上的测压管连通，可以测定任一点的测压水头。

（6）测压管架：安装在槽体前面，测压管架上装有一系列的测压管。

（7）供水箱：供水箱内有水泵、水泵上连接有三通，用于供水与排水。水泵设有水位传感器，保证水箱内水头的稳定，当水位高于水位传感器设置位置时，水泵会自动排水，排水管的出水口与实验室排水地漏口连接。

四、实验步骤

（1）实验准备：打开供水管开关，将供水箱内注满水。

（2）熟悉潜水运动模拟演示仪的结构及功能。参看潜水运动模拟演示仪和实验装置（图 4-26），了解仪器的组成部分及其功能。

（3）观测有降雨入渗条件的潜水面变化。打开水泵电源开关，再打开与降雨器连接的球阀，模拟一定降雨强度下的降雨。在不抽水情况下，观察地下水位（测压管水位）的变化，了解降雨对地下水的补给过程。

（4）观察潜水完整井的抽水过程。

1）在一定的模拟降雨强度下，打开完整井的抽水阀门，并保持合适的抽水流量。

2）用秒表和量筒测量抽水强度，通过测压管观察完整井周围水位线的变化。

3）待井水位稳定以后，通过测压管，测量完整井周围布置的纵横向测压点的压力水头，绘制纵横向的水位线。

4）调节（球阀开关）不同的降雨强度或抽水强度，完成 3 次实验。

（5）观察潜水非完整井的抽水实验。实验步骤和上面潜水完整井的实验步骤相同。

（6）比较完整井和非完整井渗流过程。在一定降雨强度条件下，调节抽水阀门，使完整井和非完整井的抽水强度相同，待井水位稳定以后，观察两井周围水位线的不同，通过测压管，测量两井周围布置的纵横向测压点的压力水头，绘制纵横向的水位线。

五、数据记录

填写不同降雨强度和不同潜水完整井单井抽水强度条件下测压管水位值（表 4-9）。

表 4-9　　测压管水位置

流量 \ 水位		测压管水位/cm									
		1	2	3	4	5	6	7	8	9	…
单井流量 Q_1/(cm³/s)	降雨量 P_1/cm										
	降雨量 P_2/cm										
	降雨量 P_3/cm										
单井流量 Q_2/cm³/s	降雨量 P_1/cm										
	降雨量 P_2/cm										
	降雨量 P_3/cm										
单井流量 Q_3/cm³/s	降雨量 P_1/cm										
	降雨量 P_2/cm										
	降雨量 P_3/cm										

六、注意事项

（1）记录测压管水位时，首先要将各测压管内的气泡排出，否则会对观测结果有很大的影响。

（2）记录测压管水位时，要保持水位稳定，即各测压管水位基本不变。

七、思考题

（1）通过测压管观察井周围水位线，并通过测压管测量其水位值，绘制井周围的水位线，通过对比不同抽水量下的水位线，分析水井抽水量与水位线之间的关系？

（2）通过实验观察，分析降雨强度与地表径流的关系？

（3）分析地形与地表径流的关系？

第二节　承压水运动模拟演示实验

承压水是充满两个隔水层之间的含水层中的地下水，典型的承压含水层可分为补给区、承压区及排泄区三部分。承压含水层上部的隔水层称作隔水顶板，或叫限制层。下部的隔水层叫做隔水底板。承压含水层的顶面承受静水压力是其基本特点。承压水充满在两个隔水层之间，补给区位置较高，而使该处具有较高的势能，由于静水压力传递的结果，使其他地区的承压含水层顶面不仅承受大气压力和上覆岩土的压力，而且还承受静水压力，其水面不是自由表面。钻到潜水中的井是潜水井。潜水井的水位一般应该是和当地的潜水位一致的，如过量抽取，潜水井的水位就会逐渐低于当地的潜水位，形成地下水漏斗区。打穿隔水层顶板，钻到承压水中的井叫承压井，承压井中的水因受到静水压力的影响，可以沿钻孔上涌至相当于当地承压水位的高度。顶底板之间的距离为含水层厚度，承压含水层水量的增加或减少，表现为承压水位的升降变化，而含水层自身厚度变化较小。由于上部隔水层的阻隔，承压水与大气圈及地表水的联系不如潜水密切，其水位、水量、水质等受水文、气象因素变化影响不显著，动态相对稳定。

一、实验目的

（1）熟悉与承压水有关的基本概念，增强对承压水补给和排泄的感性认识。

（2）加强对承压水地下水运动的理解，培养综合分析水文地质问题的能力。

（3）分析承压含水层补给与排泄的关系，观测泉流量的衰减曲线。

二、实验原理

充满于两个隔水层之间的含水层中的水，叫做承压水。承压水含水层上部的隔水层称作隔水顶板，下部的隔水层叫做隔水底板。承压水受到隔水层的限制，与大气圈、地表水圈的联系较弱。当顶底板隔水性能良好时，它主要通过含水层出露地表的补给区获得补给，并通过范围有限的排泄区排泄。本次实验通过抬高河水水位来补给承压水，同时以泉和井的形式进行排泄，通过演示承压水运移规律，由测压水位高的地方向测压水位低的地方径流，分析承压水的补给、排泄和地下水位之间的关系，让学生直观了解承压水。通过测量泉流量，可以清楚地了解开采条件下泉流量的衰减曲线。

三、实验仪器

承压水运动模拟演示仪（图 4-28），主要由供排水系统、实验槽体、测量系统三大部分构成。

（1）供排水系统：采用水箱供水，水箱中装有水泵，水泵与湖泊的进水口连接，湖泊的进水口设有球阀，同时在湖泊的进水口旁边设有溢流口（湖泊进水口与溢流口处都设有过滤网，防止砂体进入，堵塞管道，设置溢流口是为了保证湖泊具有稳定的水头）。

（2）实验槽体：几何尺寸，长 120cm、宽 60cm、高 80cm。实验槽体底板及框架用铝合金制成，四周用钢化玻璃镶嵌，形成观测面，便于观察里面地形的构造。

1）含水层：用均质石英砂模拟。

2）隔水层：用黏土模拟。构成大致等厚的承压含水层的顶板和底板。

3）断层上升泉：承压含水层主要通过泉排泄，泉水通过开关排出，可用秒表和量筒测流量。

4）模拟井：A 面为承压完整井，B 面为潜水完整井。

5）模拟河：承压含水层接受河流补给，调整进水管球阀控制补给承压含水层的河水水位。

槽内主要包括特定比例制作的潜水层、不透水层、承压层等地形（图 4-29），以及测压管、承压井、潜水井、泉口等（图 4-30）；测压板悬挂在渗流槽的正面框上。

图 4-28 承压水运动模拟演示仪

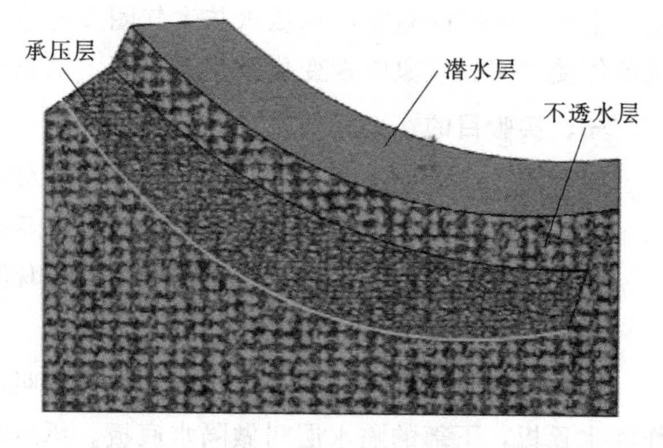

图 4-29 承压水模拟实验地形示意图

（3）测量系统：由测压排与测压管组成，用于测定承压层以及潜水层的水位，测压板与砂体内埋设的测压铜管的连接示意图如图 4-31、图 4-32 所示，通过测压板上的数据可以观测地形中承压层以及潜水层里面的水位高低以及变化趋势，绘制出浸润曲线。

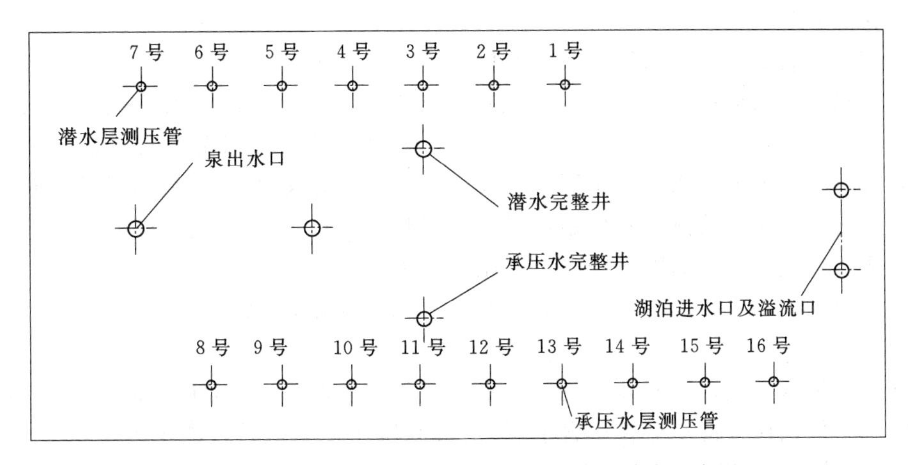

图 4-30 测压管、承压井、潜水井、泉口分布示意图

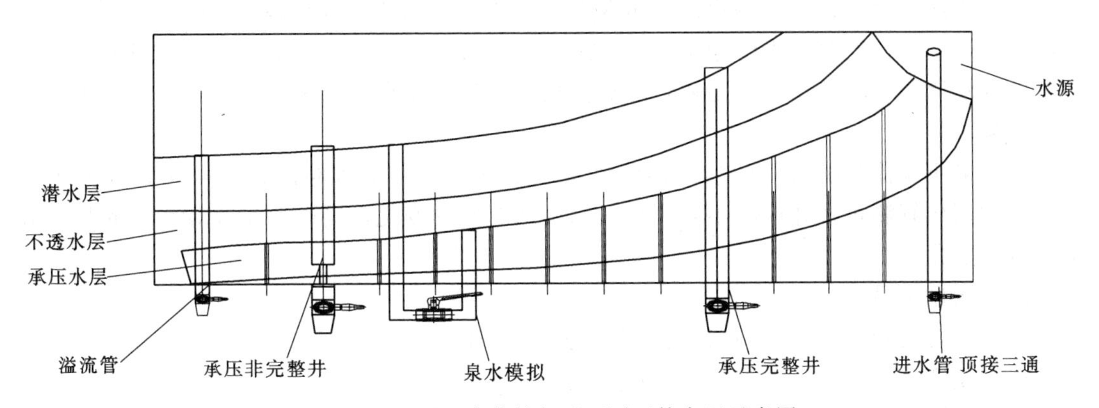

图 4-31 承压水井管与承压测压管布置示意图

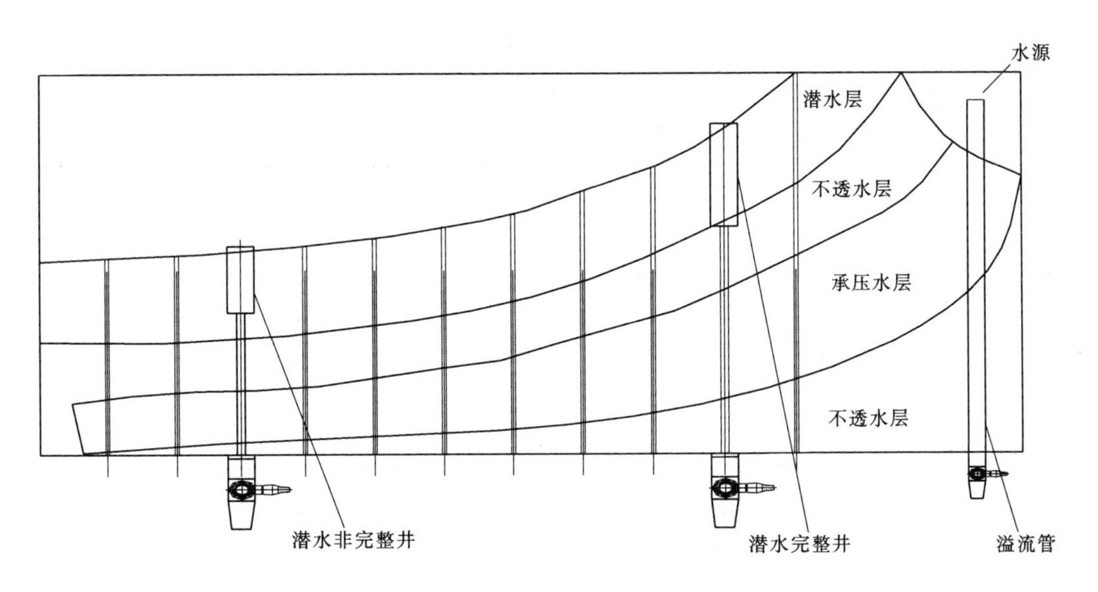

图 4-32 潜水井管与潜水测压管布置示意图

四、实验步骤

（1）实验准备：打开供水管开关，将供水箱内注满水。

（2）熟悉承压水运动模拟演示仪的结构及功能。参看承压水运动模拟演示仪（图4-28）和承压水模拟实验地形示意图（图4-29），了解仪器的组成部分及其功能。

（3）观测有河流补给条件下承压水位线。调节进水管阀门，保持模拟河道具有稳定的水位，以补给含水层，待测压水位稳定后，分别测定河水、承压完整井和潜水完整井的水位。通过测压管观测两井周围不同测点的压力水头。

（4）测绘平均水力梯度与泉流量关系曲线。测定泉流量、河水位和井水位，计算平均水力梯度。

打开两井抽水开关，待两井水位稳定后，调节进水管阀门，分两次降低河水水位，调整两井水位（但仍保持河水能补给含水层）。待测压水位稳定后，测定各点水头、计算平均水力梯度，同时测定相应的泉流量。

（5）承压完整井抽水，测定泉流量及井的抽水量。调节进水管阀门，把模拟河水水位抬高到合适高度。待测压水位稳定后测定泉流量。关闭潜水完整井抽水阀门，打开承压完整井的抽水阀门，待井水位稳定后，通过测压管测定各测点的水头。同时用量筒测定抽水流量及泉流量。

（6）测定泉流量随时间的衰减曲线。关闭潜水完整井抽水阀门、承压完整井抽水阀门。通过测压管测定两井周围不同测点的水头随时间的变化，同时用量筒和秒表测量泉流量随时间变化。

五、数据记录

（1）填写实验步骤（3）实验记录表（表4-10）。

表4-10　有河流补给条件下实验记录表

观测水位/cm	河流补给											
河水水位												
承压完整井水位												
潜水完整井水位												
测压管水位												

（2）填写实验步骤（4）实验记录表（表4-11）。

表4-11　实验记录表

观测水位/cm	测压管水位											
降低河水水位1												
降低河水水位2												
泉流量 $Q/(cm^3/s)$												
平均水力坡度 I												

（3）分别计算承压完整井抽水和潜水完整井抽水条件下，泉流量及井的抽水量。

（4）绘制泉流量随时间的衰减曲线。

六、注意事项

（1）上述实验内容都是在水位稳定条件下进行的，若没有达到稳定会影响测试结果的准确性。

（2）记录的实验数据要在稳定后，即各水位值基本不变时，同时测量相关参数。

七、思考题

（1）通过测压管观察井周围水位线，并通过测压管测量其水位值，绘制井周围的水位线，通过对比不同河水位，分析河水位与水位线之间的关系。

（2）通过测压管观察井周围水位线，并通过测压管测量其水位值，绘制井周围的水位线，通过对比不同抽水量下的水位线，分析水井抽水量与水位线之间的关系。

（3）通过实验结果分析，抽水后泉流量的衰减量是否与井抽水量相等？为什么？分析泉流量的变化特征。

第三节　潜水井流模拟实验

井流实验设定前提条件，假定实验模型均模拟无限含水层中地下水向井的运动。

一、实验目的

井流模拟实验是将自然界中的水文地质实体按照一定比例缩制成模型，进行室内的微型抽水试验。野外抽水试验是为查明水文地质条件，达到勘察目的要求，在现场实地进行测定饱水岩层的渗透系数、涌水量及其水位降深关系比较准确的方法，通过试验，可以得到含水层的水文地质参数，如渗透系数、导水系数、释水系数等，井、孔的涌水量和降深关系，确定工程合理的降深和出水量，过量开采产生的地下水降落漏斗，及其扩展速度和范围。

室内试验通过设计潜水完整井井流模型进行渗流要素观测。利用观测到的结果，按地下水向井的运动理论公式进行计算分析。

二、实验原理

试验主要模拟潜水完整井的井流运动，包括非稳定流和稳定流两个阶段。

针对潜水完整井非稳定流，主要方法有考虑井附近流速垂直分量的 Boulton 第一潜水井流模型；考虑滞后排水的 Boulton 第二潜水井流模型；既考虑流速的垂直分量又考虑潜水含水层弹性释水的 Neuman 模型。

这里介绍考虑滞后排水的 Boulton 第二潜水井流模型，并采用该模型进行相关水文地质参数的求解。公式成立的前提是满足以下 5 项基本假设：

（1）均质、各向同性、隔水底板水平、无限延伸的含水层。

（2）初始自由水面水平。

（3）完整井，井径无限小，降深 $s \ll H_0$ 的定流量抽水，H_0 为潜水流初始厚度。

（4）含水层中水流服从 Darcy 定律。

（5）抽水时，水位下降，含水层中的水不能瞬时排除，存在着滞后现象。

确定满足以上基本条件下，潜水井非稳定流的计算公式分为 3 个时期，抽水早期、中期、晚期，公式如下：

抽水早期：

$$s=\frac{Q}{4\pi T}W\left(u_a,\frac{r}{D}\right) \tag{4-17}$$

抽水中期：

$$s=\frac{Q}{2\pi T}K_0\left(\frac{r}{D}\right) \tag{4-18}$$

抽水晚期：

$$s=\frac{Q}{4\pi T}W\left(u_y,\frac{r}{D}\right) \tag{4-19}$$

式中　s——定流量抽水时距离抽水井 r 处 t 时刻的降深，m；

Q——抽水井的流量，m^3/s；

T——导水系数，m^2/s；

$W\left(u_a,\frac{r}{D}\right)$——无压含水层中完整井流 A 组井函数；

$W\left(u_y,\frac{r}{D}\right)$——无压含水层中完整井流 B 组井函数；

$K_0\left(\frac{r}{D}\right)$——零价第二类修正贝塞尔函数，可通过查阅 $k_0(x)-x_0$ 函数表后，由 $K_0\left(\frac{r}{D}\right)=f\left(\frac{r}{D}\right)$曲线上取值求得。

实际利用 Boulton 第二潜水井流模型进行水文地质参数的确定，常采用配线法，方法如下：

(1) 根据试验，在模数和标准曲线相同的透明双对数纸上，绘制 $s-t$ 曲线。

(2) 把 $s-t$ 曲线叠置在标准曲线上，保持对应坐标轴平行，使 $s-t$ 曲线尽可能多地与某一条 A 组曲线重合。任选一匹配点，取坐标：s、t、$W\left(u_a,\frac{r}{D}\right)$、$\frac{1}{u_a}$和中和曲线的$\frac{r}{D}$值，代入以下公式，计算参数：

$$T=\frac{Q}{4\pi[s]}\left[W\left(u_a,\frac{r}{D}\right)\right],\ s=\frac{4T[t]}{r^2\left[\frac{1}{u_a}\right]} \tag{4-20}$$

(3) 使 $s-t$ 曲线剩余部分尽可能多地与 B 组曲线重合，$\frac{r}{D}$值不变，任选一匹配点，取坐标：s、t、$W\left(u_y,\frac{r}{D}\right)$、$\frac{1}{u_y}$，代入以下公式，计算参数：

$$T=\frac{Q}{4\pi[s]}\left[W\left(u_y,\frac{r}{D}\right)\right],\ s=\frac{4T[t]}{r^2\left[\frac{1}{u_y}\right]} \tag{4-21}$$

针对潜水完整井稳定流，采用潜水井的 Dupuit 公式。应用 Dupuit 假设，认为流向井的潜水流时近似水平的，因而等水头面仍是共轴的圆柱面，并和过水断面一致，这一假设，在距抽水井 $r>1.5H_0$ 的区域是足够准确的，H_0 为潜水面初始水位，同时认为通过不同过水断面的流量处处相等，并等于井的流量。

$$Q=1.366K\frac{(2H_0-s_w)s_w}{\lg\frac{R}{r_w}} \tag{4-22}$$

式中　s_w——井中水位降深，m；

Q——抽水井的流量，m^3/s；

K——渗透系数，m/s；

R——影响半径，m，$R=10s_w\sqrt{K}$；

r_w——井的半径，m。

潜水完整井的稳定流，还可以采用 Thiem 公式，见下式：

$$h_2-h_1=\frac{Q}{\pi K}\ln\frac{r_2}{r_1} \tag{4-23}$$

距离抽水井中心 r_1 和 r_2 的两个观测孔，水位分别为 h_1 和 h_2。式中其余参数含义同潜水井的 Dupuit 公式。

三、实验仪器

实验仪器主体为井流实验系统，主要由供水系统、渗流槽、排水系统以及数据采集系统 4 部分组成。

1. 供水系统

供水箱为实验渗流槽供水，水箱内放置水泵，水泵上连接三通，可同时为两套潜水井流实验仪供水，为了保证水室内水头的稳定，在渗流槽的侧壁上接有溢流盒，溢流盒的进水口与渗流槽的水室相连接，溢流盒的出水口与该实验系统的排水箱连接。

2. 渗流槽

实验主体仪器渗流槽的框架、支撑、45°圆弧面以及底板主要用不锈钢材料焊接，两个夹角平面镶嵌钢化玻璃，便于观察槽内水位的变化，渗流槽内水室与实验砂体之间用有机玻璃多孔板隔开（玻璃板上设置过滤网，防止砂体进入水室内），实验砂体与抽水井之间也用有机玻璃多孔板隔开（玻璃板上设置过滤网，防止砂体进入抽水井）。实验砂体内部埋有测压铜管（测压铜管位置排布如图 4-33 所示），测压板悬挂在渗流槽箱体的不锈钢边框上（图 4-33）。

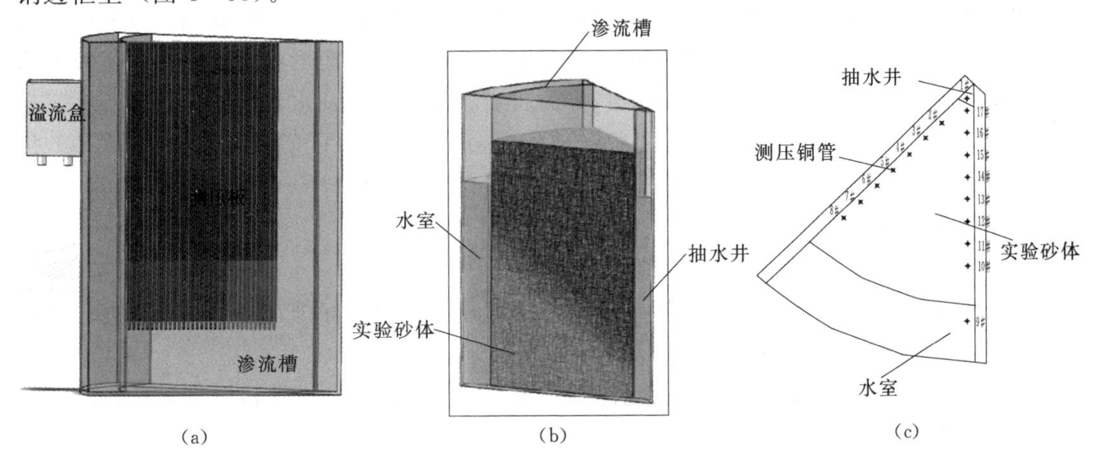

(a)　(b)　(c)

图 4-33　实验装置渗流槽图

(a) 实验水槽结构图；(b) 渗流槽结构示意图；(c) 测压铜管排布俯视图

3. 排水系统

排水系统由排水箱、水泵、翻斗、水位开关等组成，将排水箱与供水箱用水管连通，排水箱上面架设翻斗流量计（用来自动监测排水量的多少，对应的潜水抽水井1号），水箱里面安装水泵和水位开关，当排水箱中的水位达到水位开关设置的上限时，水泵启动将排水箱中的水抽入到供水箱中，构成自循环供排水系统。

4. 数据采集系统

数据采集系统主要由计算机、数据采集器、压阻式液位传感器（测定测压管内的压力）、翻斗流量计（测定抽水井1号的排水量）构成，测压管内的数据可以由测压板上直接读取，也可以由电脑上获得的数据进行观察。单个测压铜管与测压板、压阻式液位传感器的连接图如图4-34所示。测压铜管在整个含水层上进水——完整井。

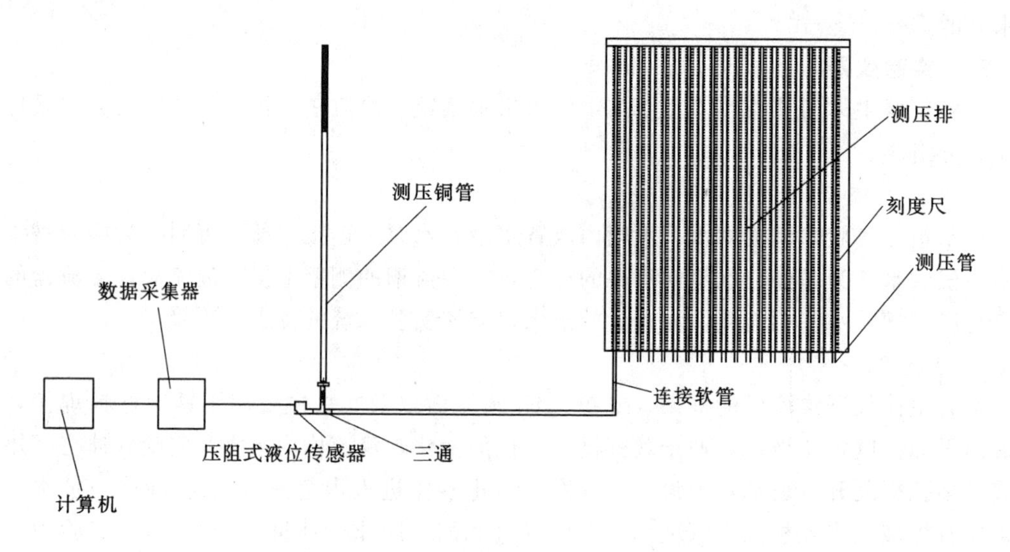

图4-34 单个测压铜管与测压板、压阻式液位传感器的连接图

该实验在开始之前先将实验渗流槽内的水位调至饱和稳定，当实验开始一段时间后水室内的水位与抽水井内的水位发生变化，出现沉降漏斗，该漏斗形状也可以在测压板上体现出来，测压管水头表现为一条呈下降趋势的曲线。仪器装置及水位如图4-35所示。

规格参数：供水水箱（长×宽×高＝1.4m×0.5m×1m）；实验主体渗流槽（半径1m，高1m，夹角45°的扇形柱体）；排水箱（容积为12.5L）。

四、实验步骤

（1）熟悉井流实验系统的装置与功能。

（2）打开仪器的供水开关以及潜水抽水井排水开关，控制好排水流量，同时进行测压管水位的自动监测，即相当于抽水流量。

实验过程分两个阶段：潜水非稳定流及潜水稳定流阶段，两个阶段分别进行各测压管水位的数据监测。

备注：潜水抽水井及观测井均为完整井。

（3）观测井及抽水井的水位自动监测，采用计算机软件自动监测，如图4-36所示。

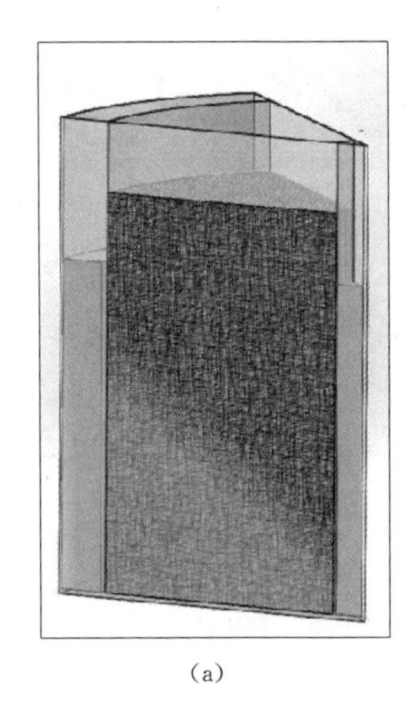

(a)

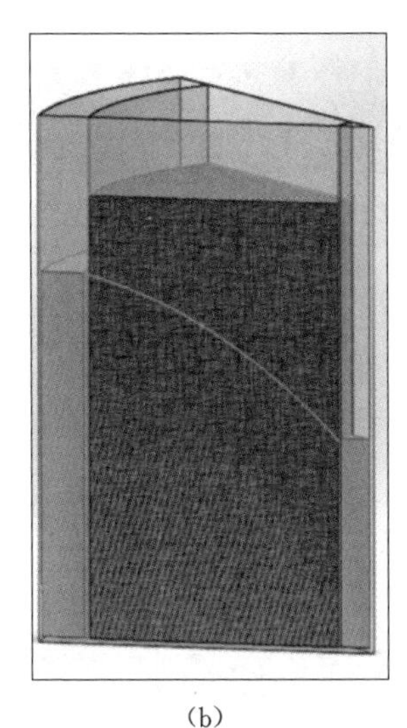

(b)

(c)

图 4－35　仪器装置及水位图

(a) 主体仪器渗流槽水位稳定图；(b) 主体仪器渗流槽排水后水位图；(c) 仪器装置图

五、数据记录

1. 实验原始数据

填写实验记录表（表 4－12、表 4－13）。

表 4－12　　**1 号井抽水实验水位观测记录表**　　年　月　日

序号	时间			间隔	累计	水位	水位降深
	h	min	s	min	min	cm	cm
0				0	0		
1				1	1		
2				1	2		
3				1	3		
4				1	4		
5				1	5		
6				2	7		
7				2	9		
8				2	11		
9				2	13		
10				2	15		
…				…	…		

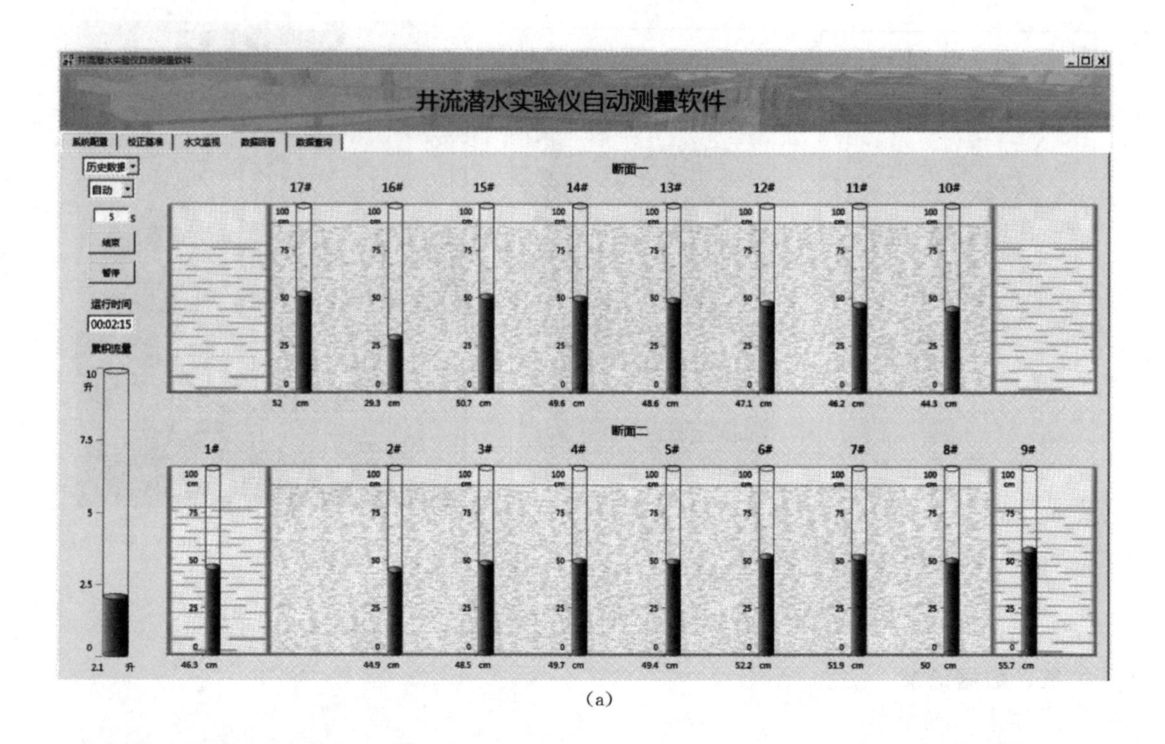

(a)

井流潜水实验仪自动测量软件

系统配置 | 校正基准 | 水文监视 | 数据回看 | 数据查询

导入数据文件名称　2019-12-11-10-02-55_井流潜水实验仪

开始采集时间 2019/12/11 10:02:55　结束采集时间 2019/12/11 10:07:20　采样间隔(S) 5　选择历史文件　导出Excel文件

日期	累计流量(升)	断面一17#(cm)	断面一16#(cm)	断面一15#(cm)	断面一14#(cm)	断面一13#(cm)	断面一12#(cm)	断面一11#(cm)	断面一10#(cm)	断面二1#(cm)	断面二2#(cm)	断面二3#(cm)	断面二4#
12/11/2019 10:02:55 AM	0.1	56.18203	29.26347	54.77514	53.68528	52.6241	51.16834	50.20596	48.45085	50.41286	48.93407	52.56335	53.95135
12/11/2019 10:03:00 AM	0.15	55.29827	29.2278	53.90326	52.80548	51.75618	50.30042	49.33804	47.61464	49.60438	48.00671	51.64787	53.01607
12/11/2019 10:03:05 AM	0.25	55.15559	29.27932	53.78833	52.64299	51.63332	50.17757	49.21915	47.45611	49.41812	47.92348	51.55672	52.89321
12/11/2019 10:03:10 AM	0.3	55.04463	29.20402	53.68132	52.53995	51.52235	50.00319	49.06062	47.30156	49.31904	47.78477	51.41405	52.77036
12/11/2019 10:03:15 AM	0.4	54.89006	29.32292	53.53072	52.39727	51.39157	49.90015	48.94173	47.15095	49.17241	47.65796	51.2912	52.63165
12/11/2019 10:03:20 AM	0.5	54.76325	29.27932	53.39202	52.25856	51.24097	49.77333	48.82284	47.01621	49.05352	47.52718	51.16042	52.47709
12/11/2019 10:03:25 AM	0.55	54.64435	29.31895	53.26916	52.12382	51.12209	49.62273	48.71584	46.89732	48.93462	47.3845	51.02171	52.35027
12/11/2019 10:03:30 AM	0.65	54.48583	29.29121	53.11856	52.02078	50.9913	49.51573	48.54542	46.78635	48.78402	47.24976	50.89092	52.21552
12/11/2019 10:03:35 AM	0.7	54.36297	29.29518	52.97589	51.89396	50.90807	49.42854	48.43445	46.63971	48.64928	47.15068	50.77996	52.07285
12/11/2019 10:03:40 AM	0.8	54.24408	29.30706	52.90059	51.74337	50.72181	49.27795	48.35123	46.50497	48.54227	46.99612	50.65314	51.93414
12/11/2019 10:03:45 AM	0.85	54.09349	29.32688	52.71829	51.63636	50.61084	49.11546	48.22837	46.39004	48.40357	46.87723	50.53028	51.76769
12/11/2019 10:03:50 AM	0.95	53.9627	29.28725	52.60336	51.45802	50.46817	48.96089	48.05796	46.25133	48.27674	46.74644	50.37968	51.64087
12/11/2019 10:03:55 AM	1.05	53.82399	29.32292	52.5122	51.3312	50.35721	48.86578	47.94302	46.07299	48.13408	46.61962	50.24494	51.50613
12/11/2019 10:04:00 AM	1.1	53.7051	29.32688	52.29424	51.23609	50.22246	48.73896	47.75676	45.98184	48.00726	46.49677	50.13397	51.38327
12/11/2019 10:04:05 AM	1.2	53.59414	29.29914	52.23479	51.13305	50.10357	48.61214	47.68939	45.8471	47.87251	46.36598	49.9913	51.24456
12/11/2019 10:04:10 AM	1.25	53.47128	29.34273	52.10004	50.95471	49.9926	48.49722	47.57446	45.75198	47.74569	46.24709	49.8843	51.10982
12/11/2019 10:04:15 AM	1.35	53.32464	29.35462	51.95737	50.86752	49.84993	48.39417	47.42386	45.59742	47.61094	46.10838	49.75748	50.96318
12/11/2019 10:04:20 AM	1.4	53.21367	29.35858	51.90189	50.69711	49.73103	48.25546	47.3129	45.48249	47.49205	45.98949	49.63066	50.84429
12/11/2019 10:04:25 AM	1.5	53.05912	29.29121	51.7394	50.60199	49.60818	48.1009	47.19797	45.37152	47.35334	45.8706	49.49591	50.70954
12/11/2019 10:04:30 AM	1.6	52.94815	29.27932	51.59673	50.45932	49.49325	48.00975	47.0434	45.22885	47.22653	45.73981	49.37305	50.57876
12/11/2019 10:04:35 AM	1.65	52.82133	29.26744	51.48576	50.37609	49.35454	47.88689	46.94036	45.10599	47.09575	45.613	49.26605	50.42816
12/11/2019 10:04:40 AM	1.75	52.68262	29.35858	51.29157	50.17794	49.22375	47.74818	46.82543	44.96729	46.96496	45.51392	49.14716	50.32116
12/11/2019 10:04:45 AM	1.8	52.55976	29.26347	51.21627	50.09867	49.11279	47.5857	46.70258	44.83254	46.85003	45.36729	49.02431	50.17056
12/11/2019 10:04:50 AM	1.9	52.42898	29.39821	51.08152	49.99167	49.01372	47.4668	46.50838	44.72158	46.71925	45.2365	48.90541	50.05563
12/11/2019 10:04:55 AM	1.95	52.26649	29.29518	50.95075	49.82522	48.84727	47.41925	46.48064	44.56305	46.58847	45.11365	48.75877	49.909
12/11/2019 10:05:00 AM	2.05	52.17138	29.4537	50.82789	49.71426	48.7363	47.25676	46.33401	44.48379	46.45372	44.98286	48.65574	49.79803
12/11/2019 10:05:05 AM	2.1	52.02871	29.32292	50.67729	49.61914	48.60947	47.14183	46.23889	44.31337	46.33483	44.86794	48.53288	49.65932
12/11/2019 10:05:10 AM	2.2	51.90585	29.35066	50.58614	49.44873	48.48266	47.00709	46.08434	44.22618	46.20801	44.74904	48.39813	49.52061
12/11/2019 10:05:15 AM	2.25	51.78299	29.32292	50.42762	49.35362	48.37962	46.86838	45.95355	44.07163	46.0693	44.63015	48.28717	49.38983
12/11/2019 10:05:20 AM	2.35	51.66014	29.37047	50.32457	49.26246	48.21713	46.72967	45.85844	43.97255	45.94248	44.51918	48.16035	49.28283
12/11/2019 10:05:25 AM	2.45	51.53332	29.26347	50.20568	49.11583	48.18147	46.65437	45.73955	43.84573	45.80774	44.38444	48.04939	49.14808

(b)

图 4-36　潜水井流实验仪自动监测软件监测界面

(a) 软件测试界面；(b) 实验数据展示

表 4-13　　2～17 号井抽水实验水位观测记录表　　年　月　日

序　号	时　间			间隔	累计	水位	水位降深
	h	min	s	min	min	cm	cm
0				0	0		
1				1	1		
2				1	2		
3				1	3		
4				1	4		
5				1	5		
6				2	7		
7				2	9		
8				2	11		
9				2	13		
10				2	15		
…				…	…		

2. 成果分析

按照监测的观测井及抽水井数据，参考式（4-17）～式（4-23），进行潜水井流模拟仪含水层渗透系数的计算。注意根据实验条件，选定合适的向井运动公式进行计算，区分稳定流及非稳定流两个阶段。

六、注意事项

（1）仪器的各个开关不可随意开关，按照规定顺序进行操作，避免影响实验以及造成仪器的损坏。

（2）实验中注意各个观测井及抽水井的对应序号，各井均为完整井；注意区分潜水井及承压水井。

七、思考题

（1）如何根据实测数据选择合适的地下水向井公式进行水文地质参数的计算，结合实验进行说明。

（2）如何判断井流达到稳定流状态，结合实验进行说明。

第四节　承压水井流模拟实验

井流实验设定前提条件，假定实验模型模拟无限含水层中地下水向井的运动。

一、实验目的

井流模拟实验是将自然界中的水文地质实体按照一定比例缩制成模型，进行室内的微型抽水试验。野外抽水试验是为查明水文地质条件，达到勘察目的要求，在现场实地进行测定饱水岩层的渗透系数、涌水量以及水位降深关系比较准确的方法，通过试验，可以得到含水层的水文地质参数，如渗透系数、导水系数、释水系数等，井、孔的涌水量和降深关系，确定工程合理的降深和出水量，过量开采产生的地下水降落漏斗及其扩展速度和范围。

室内试验通过设计承压完整井井流模型进行渗流要素观测。利用观测到的结果，按地下水向井的运动理论公式进行计算分析。

二、实验原理

实验主要模拟承压完整井的井流运动，包括非稳定流和稳定流两个阶段。

针对承压完整井非稳定流，采用定流量抽水的 Theis 公式，该公式成立的前提有以下 5 项基本假设：

（1）含水层均质各向同性，等厚，侧向无限延伸，产状水平。

（2）抽水前天然状态下水力坡度为零。

（3）完整井定流量抽水，井径无限小。

（4）含水层中水流服从 Darcy 定律。

（5）水头下降引起的地下水从储存量中的释放是瞬时完成的。

确定满足以上基本条件下，承压完整井非稳定流的计算公式如下：

$$s=\frac{Q}{4\pi T}W(u)$$

其中

$$u=\frac{r^2S}{4Tt} \tag{4-24}$$

式中　s——抽水影响范围内，任一点任一时刻的水位降深，m；

Q——抽水井的流量，m^3/s；

T——导水系数，m^2/s；

t——自抽水开始到计算时刻的时间，s；

r——计算点到抽水井的距离，m；

S——含水层的储水系数。

计算出 u 值，便可查找 $W(u)$ 数值表，确定 $W(u)$，即可确定相关水文地质参数。实际利用 Theis 公式进行水文地质参数的确定，常采用配线法，方法如下：

（1）试验记录一系列 $s-\frac{t}{r^2}$ 或 $s-t$，在透明双对数纸上绘制 $s-\frac{t}{r^2}$ 或 $s-t$ 曲线。

（2）将实际曲线置于标准曲线 $W(u)-\frac{1}{u}$ 上，保持对应坐标轴彼此平行条件下相对平移，直到两线重合为止。

（3）任取一匹配点（线上或线下均可），记下匹配点的坐标值，即 $W(u)$、$\frac{1}{u}$、s 和 $\frac{t}{r^2}$（或 t），代入下式，分别计算相关参数：

$$T=\frac{Q}{4\pi[s]}[W(u)],\quad s=\frac{4T}{\left[\frac{1}{u}\right]}\left[\frac{t}{r^2}\right] \tag{4-25}$$

针对承压完整井稳定流，采用承压水井的 Dupuit 公式。从井中定流量抽水，地下水经过一定时间的非稳定运动，降落漏斗扩展到边界，周围的补给量等于抽水量，则地下水运动出现稳定状态，此时水流为水平径向流，通过各过水断面处的流量处处相等，并等于井的流量，采用如下公式进行相关水文地质参数的计算：

$$Q=2.73\frac{KMs_w}{\lg\frac{R}{r_w}} \tag{4-26}$$

式中　s_w——井中水位降深，m；

Q——抽水井的流量，m^3/s；

K——渗透系数，m/s；

M——含水层厚度，m；

R——影响半径，m，$R=10s_w\sqrt{k}$；

r_w——井的半径，m。

承压水完整井的稳定流，还可以采用 Thiem 公式，见下式：

$$H_2-H_1=s_1-s_2=\frac{Q}{2\pi KM}\ln\frac{r_2}{r_1} \tag{4-27}$$

距离抽水井中心 r_1 和 r_2 的两个观测孔，水位分别为 H_1 和 H_2，其水位降深分别为 s_1 和 s_2。式中其余参数含义同承压水井的 Dupuit 公式。

三、实验仪器

该井流实验系统主要由供水系统、实验主体仪器渗流槽、排水系统以及数据采集系统四大部分组成。

1. 供水系统

该实验系统采用水箱供水，水箱中装有水泵，水泵与湖泊的进水口连接，湖泊的进水口设有球阀，同时在湖泊的进水口旁边设有溢流口（湖泊进水口与溢流口处都设有过滤网，防止砂体进入，堵塞管道，设置溢流口是为了保证湖泊具有稳定的水头）。

2. 渗流槽

主体渗流槽的支撑、底板以及框架用不锈钢材料焊接，四周用钢化玻璃镶嵌，形成观测面，便于观察里面地形的构造，渗流槽内主要包括特定比例制作的潜水层、不透水层、承压层等地形（图 4－29），以及测压管、承压井、潜水井、泉口等（图 4－30）；测压板悬挂在渗流槽的边框上。

排水系统及数据采集系统与潜水井流模拟实验相同。

四、实验步骤

（1）熟悉井流实验系统的装置与功能。

（2）打开仪器的各个开关，进行测压管水位的自动监测，同时自动监测抽水井的排水流量，即相当于抽水流量。

注意：自动监测的抽水井排水流量在仪器测压管中没有对应的监测水位，因此需要了解潜水抽水井及承压水抽水井的监测水位变化时，可手动进行 7 号和 8 号监测井的排水流量监测。

实验过程分两个阶段：非稳定流及稳定流阶段，两个阶段分别进行各测压管水位的数据监测。

备注：抽水井及观测井均为完整井。

（3）将监测数据记录在表中，绘制稳定流及非稳定流阶段的某时刻测压管水位数据，进行绘制实际浸润曲线、等水头线及水头降落漏斗图；选择合适的向井运动公式，进行含水层渗透系数的计算。

（4）观测井及抽水井的水位自动监测，采用计算机软件自动监测，如图 4-37 所示。

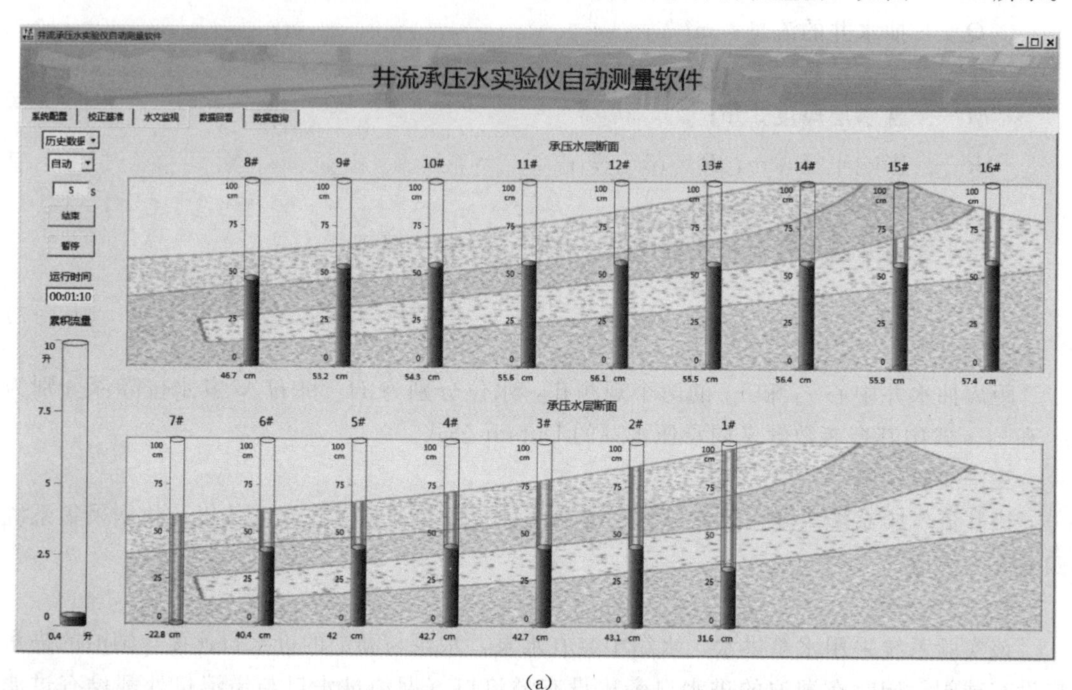

(a)

井流承压水实验仪自动测量软件

系统配置 | 校正基准 | 水文监视 | 数据回看 | 数据查询

导入数据文件名称　2019-34-25-09-34-36_井流承压水实验

开始采集时间 2019/10/25 9:34:36　　结束采集时间　2019/10/25 9:38:46　　采样间隔(S)　5　选择历史文件　导出Excel文件

日期	累计流量(升)	承压水层8#(cm)	承压水层9#(cm)	承压水层10#(cm)	承压水层11#(cm)	承压水层12#(cm)	承压水层13#(cm)	承压水层14#(cm)	承压水层15#(cm)	承压水层16#(cm)	潜水层7#(cm)
10/25/2019 9:34:36 AM	0.05	54.86266	54.08311	54.91592	56.01741	56.32835	55.50841	56.09063	55.67094	56.96314	-22.80166
10/25/2019 9:34:41 AM	0.05	47.62965	54.18044	55.30132	56.60134	57.15754	56.60231	57.4259	56.99063	58.46579	-22.79387
10/25/2019 9:34:46 AM	0.1	47.49729	54.0909	55.20011	56.51181	57.08746	56.55949	57.3675	56.95171	58.34512	-22.79777
10/25/2019 9:34:51 AM	0.1	47.47004	54.02083	55.11057	56.42616	56.97457	56.41156	57.25461	56.86217	58.2984	-22.79777
10/25/2019 9:34:56 AM	0.15	47.31432	53.87679	55.00935	56.32105	56.91618	56.38431	57.21957	56.80377	58.22444	-22.79777
10/25/2019 9:35:01 AM	0.15	47.25983	53.82229	54.94707	56.26656	56.79939	56.21691	57.05607	56.68699	58.0804	-22.79387
10/25/2019 9:35:06 AM	0.2	47.33379	53.87679	54.88868	56.17702	56.741	56.18967	57.01714	56.60524	58.06093	-22.79777
10/25/2019 9:35:11 AM	0.25	47.18586	53.67046	54.77578	56.08359	56.65146	56.06898	56.90035	56.4651	57.92469	-22.80945
10/25/2019 9:35:16 AM	0.25	47.01846	53.56146	54.66678	55.98238	56.54635	55.96777	56.79525	56.4067	57.84683	-22.79777
10/25/2019 9:35:21 AM	0.3	46.89779	53.51864	54.57725	55.87337	56.45682	55.85487	56.69014	56.3522	57.69111	-22.80166
10/25/2019 9:35:26 AM	0.3	46.84718	53.39017	54.47603	55.78384	56.34782	55.79259	56.63174	56.25877	57.66386	-22.79777
10/25/2019 9:35:31 AM	0.35	46.69536	53.35125	54.42542	55.72155	56.30888	55.70305	56.53831	56.14977	57.5354	-22.79777
10/25/2019 9:35:36 AM	0.35	46.69925	53.24225	54.33588	55.65147	56.21156	55.6213	56.45657	56.13809	57.49646	-22.80166
10/25/2019 9:35:41 AM	0.4	46.66422	53.17606	54.25803	55.56583	56.1376	55.53566	56.37482	55.9123	57.39914	-22.79777
10/25/2019 9:35:46 AM	0.4	46.68368	53.05149	54.16071	55.4763	56.04806	55.42666	56.29306	55.79941	57.34075	-22.79777
10/25/2019 9:35:51 AM	0.45	46.45399	53.09431	54.06339	55.35951	55.94296	55.37215	56.20353	55.71376	57.2006	-22.79777
10/25/2019 9:35:56 AM	0.45	46.36446	52.89967	53.96606	55.26608	55.84174	55.27094	56.08674	55.72544	57.12275	-22.79777
10/25/2019 9:36:01 AM	0.5	46.30217	52.81792	53.99331	55.17654	55.7561	55.17751	56.02445	55.6398	56.99039	-22.79777
10/25/2019 9:36:06 AM	0.55	46.22431	52.70113	53.7792	55.08701	55.65099	55.06072	55.87263	55.4763	56.92031	-22.79777
10/25/2019 9:36:11 AM	0.55	46.20324	52.61549	53.70913	55.00137	55.58091	54.95561	55.79867	55.40233	56.82689	-22.79777
10/25/2019 9:36:16 AM	0.55	46.13867	52.53374	53.59624	54.91183	55.49138	54.89722	55.71691	55.34004	56.71399	-22.79777
10/25/2019 9:36:21 AM	0.6	45.99853	52.42474	53.5067	54.82618	55.39405	54.79601	55.62348	55.28165	56.64782	-22.80945
10/25/2019 9:36:26 AM	0.65	45.94402	52.3391	53.40548	54.70161	55.26559	54.64418	55.49113	55.11037	56.54271	-22.79387
10/25/2019 9:36:31 AM	0.65	45.78442	52.24567	53.33541	54.66268	55.2033	54.59357	55.42884	55.0909	56.46096	-22.79777
10/25/2019 9:36:36 AM	0.7	45.76495	52.16781	53.21473	54.52254	55.09041	54.44565	55.32762	54.978	56.34027	-22.79777
10/25/2019 9:36:41 AM	0.7	45.69878	52.07438	53.11741	54.42132	55.00087	54.37168	55.22641	54.90404	56.22348	-22.79777
10/25/2019 9:36:46 AM	0.75	45.57809	51.96538	53.00841	54.32011	54.91133	54.27435	55.12909	54.75221	56.14563	-22.79777
10/25/2019 9:36:51 AM	0.75	45.54306	51.87584	52.93444	54.22278	54.82958	54.20428	55.02787	54.5965	56.03662	-22.79777
10/25/2019 9:36:56 AM	0.8	45.34063	51.79798	52.83323	54.13325	54.7128	54.07582	54.89552	54.52643	55.89648	-22.79777
10/25/2019 9:37:01 AM	0.8	45.22384	51.68898	52.72812	54.02425	54.59212	53.96292	54.78651	54.42132	55.79527	-22.79777
10/25/2019 9:37:06 AM	0.85	45.22773	51.75905	52.63858	53.92692	54.4909	53.86171	54.69698	54.33568	55.71741	-22.79777

(b)

图 4-37　承压水井流实验仪自动监测软件监测界面

(a) 软件测试界面；(b) 实验数据展示

五、数据记录

1. 实验原始数据

填写实验记录表（表 4-14、表 4-15）。

表 4-14　　7 号（潜水）、8 号（承压水）抽水实验水位观测记录表　　年　月　日

序号	时间			间隔	累计	水位	水位降深
	h	min	s	min	min	cm	cm
0				0	0		
1				1	1		
2				1	2		
3				1	3		
4				1	4		
5				1	5		
6				2	7		
7				2	9		
8				2	11		
9				2	13		
10				2	15		
…				…	…		

表 4-15　　1～6 号和 9～16 号抽水实验水位观测记录表　　年　月　日

序号	时间			间隔	累计	水位	水位降深
	h	min	s	min	min	cm	cm
0						0	0
1						1	1
2						1	2
3						1	3
4						1	4
5						1	5
6						2	7
7						2	9
8						2	11
9						2	13
10						2	15
…						…	…

2. 成果分析

按照监测的观测井及抽水井数据，参考式（4-9）～式（4-12），进行承压水井流模拟仪的各含水层渗透系数的计算，根据实验条件，选定合适的向井运动公式进行计算，注意区分稳定流及非稳定流两个阶段。

六、注意事项

（1）仪器的各个开关不可随意开关，按照规定顺序进行操作，避免影响实验以及造成

仪器的损坏。

（2）实验中注意各个观测井及抽水井的对应序号，各井均为完整井；注意区分潜水井及承压水井。

七、思考题

（1）如何根据实测数据选择合适的地下水向井公式进行水文地质参数的计算，结合实验进行说明。

（2）如何判断井流达到稳定流状态，结合实验进行说明。

实验六　储水系数测定实验

一、实验目的

测定承压含水层的储水系数，深化理解给水度、储水系数之间的差异。

二、实验原理

储水系数为面积为1个单位、厚度为含水层整个厚度的含水层柱体中，当水头改变1个单位时，弹性释放或储存的水量，无量纲。给水度为单位面积含水层中潜水位每下降1个单位时释放出来的水量，无量纲。

地下水中潜水水位和承压水头的变化，是引起含水层压缩释水或回弹储水的主要因素。以不同深度上的自重压力为基础，根据水位动态变化规律，模拟压缩释水与回弹储水实验的逐级荷载，获得稳定固结后的压缩和回弹量，即释水和储水量。

实验前提：含水层压缩、回弹是在饱和条件下进行，实验前对试样进行饱和，使其接近含水层的天然饱和度。

三、实验仪器

实验仪主要由底座、测压板、实验柱、水柱及控制阀门组成，如图4－38所示。进水口为一个4分阀门，可由外部为水柱供水。

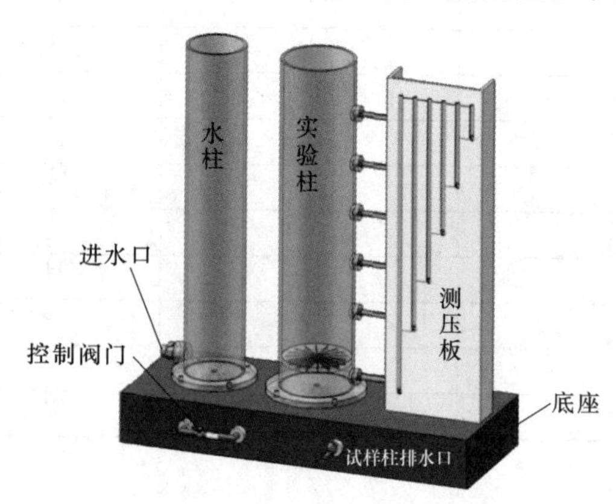

图4－38　储水系数测定仪结构图

水柱及试样柱为有机玻璃材质，侧壁上粘贴有标尺。测压管为8mm有机玻璃管，相邻测压管之间均粘贴有标尺。水柱及测压板上标尺0点位置均在水位基准线处。仪器装置如图4－39所示。

四、实验步骤

1．装样

实验室采用细砂模拟含水层介质，采用实际砂样的干容重装样，该项工作提前由实验教师完成。装样分为4个试样柱，分别模拟潜水含水层、承压含水层。

2．饱水排气

打开水柱的进水阀门，给水柱供水，达到刻度峰值，关闭进水阀门，打开试样柱的进

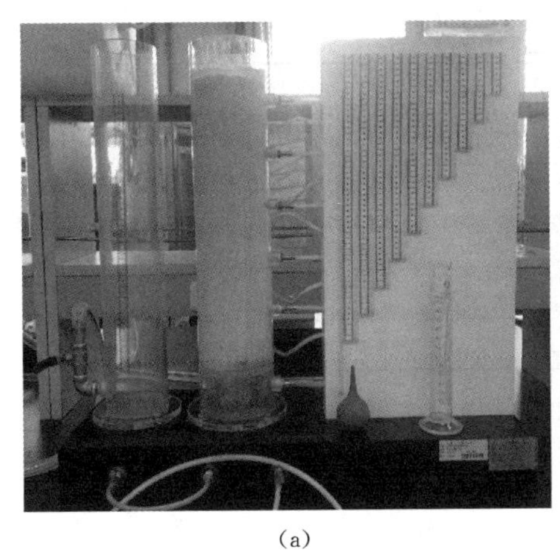
(a)

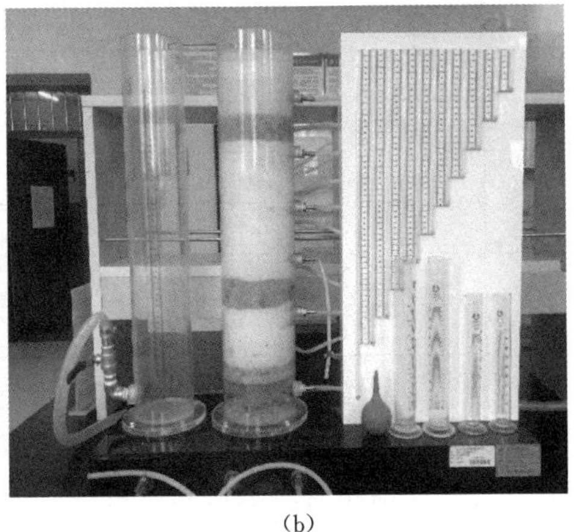
(b)

图 4-39 仪器装置

(a) 潜水给水度测试仪器图；(b) 承压水储水系数测定仪器图

水阀门，开始由下至上进行试样柱的饱水，依次观察右侧测压管中是否有气泡，使用洗耳球进行吸水排气。

3. 测量

饱水排气后，关闭试样柱进水阀门，打开试样柱出水阀门，控制好出水流量，进行释水。

对于承压含水层：观测承压含水层顶底板之间的测压管水位变化情况，同时进行出水量的测量，记录不同时刻出水量及测压水位，选定承压含水层内部的某一个测压管水位，并将测量数值填入表 4-16 中，进行储水系数的计算。

对于潜水含水层：观测潜水含水层测压管水位变化情况，同时进行出水量的测量，记录不同时刻出水量随测压水位（选定潜水含水层内部的某一个测压管水位）变化的关系曲线，并将测量数值填入表 4-17 中，进行给水度的计算。

五、数据记录

1. 实验原始数据

填写实验数据记录表（表 4-16、表 4-17）。

表 4-16 承压含水层数据记录表

时间 /s	T_1	T_2	T_3	T_4	T_5	T_6	T_7	T_8	T_9	T_{10}
测压管水位 /cm	h_1	h_2	h_3	h_4	h_5	h_6	h_7	h_8	h_9	h_{10}
出水量 /mL	V_1	V_2	V_3	V_4	V_5	V_6	V_7	V_8	V_9	V_{10}

2. 数据处理

（1）分别绘制潜水和承压水含水层的出水量随测压管水位变化的曲线关系图，并对比曲线分析二者的差别，分析原因。

表 4-17　潜水含水层数据记录表

时间/s	T_1	T_2	T_3	T_4	T_5	T_6	T_7	T_8	T_9	T_{10}
测压管水位/cm	h_1	h_2	h_3	h_4	h_5	h_6	h_7	h_8	h_9	h_{10}
出水量/mL	V_1	V_2	V_3	V_4	V_5	V_6	V_7	V_8	V_9	V_{10}

注　两个表中数据不一定完成10组，根据实验实际情况而定。

（2）计算实验承压含水层的储水系数。

（3）计算实验潜水含水层的给水度。

六、注意事项

（1）注意实验前检查所有的阀门关闭情况，打开水柱的进水阀门时，试样柱的给水阀门及出水阀门处于关闭状态，饱水后，试样柱和水柱的进水阀门处于关闭状态。

（2）实验时注意观察潜水和承压水含水层的测压管中水位变化情况。

（3）实验中注意控制承压含水层的测压管水位，不可低于承压含水层顶板高程。

七、思考题

（1）通过实验，对比区别说明弹性释水和重力排水之间的差别，并说明原因。

（2）哪些情况下，计算潜水给水度时，不能忽略弹性释水，为什么？

（3）当不能忽略潜水含水层的弹性释水时，考虑需要哪些参数的测量，并如何进行潜水含水层的储水系数计算？

实验七　一维流纵向水动力弥散系数测定

一、实验目的

（1）通过实验加深对纵向弥散现象的理解。

（2）掌握测定饱和土壤中一维流横向弥散系数的方法。

二、实验原理

采用非吸附性溶质进行一维土柱弥散实验：柱体内土壤均匀，水流动均匀稳定，在土柱的一端（$x=0$，取 x 正向与流向相同）连续注入一定浓度的示踪剂，土壤水分流动和示踪剂弥散可视为一维水分和溶质流动问题，其数学模型为

$$\begin{cases}\dfrac{\partial C}{\partial t}=D_L\dfrac{\partial^2 C}{\partial x^2}-v\dfrac{\partial C}{\partial x}\\ C(x,0)=0 \quad 0\leqslant x\leqslant\infty\\ C(0,t)=C_0 \quad t>0\\ C(\infty,0)=0 \quad t>0\end{cases} \tag{4-28}$$

式中　C——t 时刻溶质浓度，g/L；

t——试验时间，min；

D_L——纵向弥散系数，cm^2/min；

x——示踪剂迁移距离，cm；

v——水的平均孔隙流速，$v=V/n$，n 为土壤的孔隙度，V 为水的平均达西流速，cm/min；

C_0——连续注入溶质（示踪剂）浓度，g/L。

利用同一观测点 x 处的不同时刻数据，对上述模型采用 Laplace 变换，可得 D_L 计算公式：

$$D_L=\frac{1}{8t}\left(\frac{x-vt_{0.159}}{\sqrt{t_{0.159}}}-\frac{x-vt_{0.841}}{\sqrt{t_{0.841}}}\right)^2 \tag{4-29}$$

式中　x——观测点 x 处距初始端的距离，cm；

v——水的平均孔隙流速，cm/min；

$t_{0.159}$——观测点 x 处的溶质相对浓度 C/C_0 到达 0.159 时的时间，min；

$t_{0.841}$——观测点 x 处的溶质相对浓度 C/C_0 到达 0.841 时的时间，min。

同理，利用同一观测时间 t 的沿程观测数据，对上述模型采用 Laplace 变换，亦可得 D_L 的计算公式：

$$D_L=\frac{1}{8t}(x_{0.159}-x_{0.841})^2 \tag{4-30}$$

式中　t——该观测时刻距开始观测的时间，min；

$x_{0.159}$——t 时刻溶质相对浓度 C/C_0 到达 0.159 时距土柱初始端的距离，cm；

$x_{0.841}$——t 时刻溶质相对浓度 C/C_0 到达 0.841 时距土柱初始端的距离，cm。

即通过弥散实验绘制某一点相对浓度 C/C_0 随时间的变化曲线，由曲线查得 C/C_0 到达 0.159、0.841 的时间，利用式（4-29）即可求出 D_L；或绘制某一时刻溶质相对浓度的沿程曲线，由曲线上查出 C/C_0 到达 0.159、0.841 的距离，利用式（4-30）即可求出 D_L。进而，可利用 $\alpha_L=\frac{D_L}{v}$ 求算相应的纵向弥散度 α_L。

三、实验仪器

一维流纵向水动力弥散系数测定用多参数水质在线监测仪（DDL-10H 型）测定，采用垂直土柱示踪穿透法测定一维流纵向水动力弥散系数。

多参数水质在线监测仪（DDL-10H 型）由电导电极、供水与排水系统、数据采集器、计算机等组成（图 4-40、图 4-41）。

（1）土柱由有机玻璃制成，高 $H=120$cm，内直径为 $D=20$cm；由上下两个过滤层和试样层组成。过滤层高 $H=10$cm，过滤层与试样层之间夹有厚 1cm 的过滤板（过滤板上均匀分布有直径 $D=2$mm 的圆孔），用于实验水流稳定保持层流状态，上过滤层中心设有一圆孔，用硅胶管与马氏瓶的出水口相连，用于实验供水；下过滤层底部中心设有一出水口与排水口相连，用于排水；试样层高 $H=120$cm，用于装试样，试样层每隔 10cm 处开有 1 个孔，用于安装电导电极，测定试样中示踪剂的电导率值。

（2）供水管（与水龙头相接）、排水管（与地漏相接）：用于实验供水、排水。

（3）多参数水质在线监测仪：主要由电导电极、温度电极、数据采集器、计算机及相关软件组成。

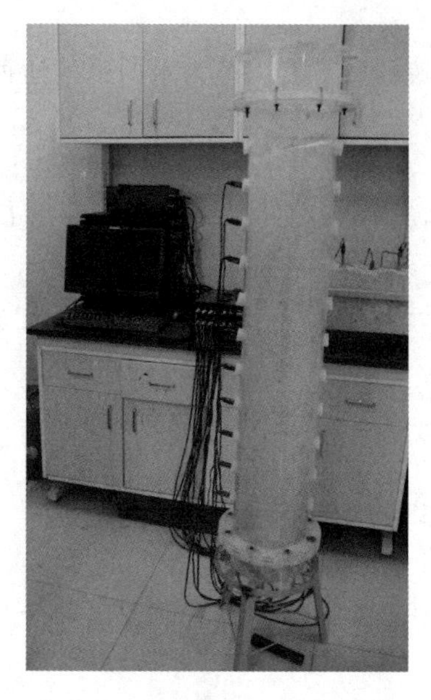

图 4-40　DDL-10H 型多参数水质在线监测仪

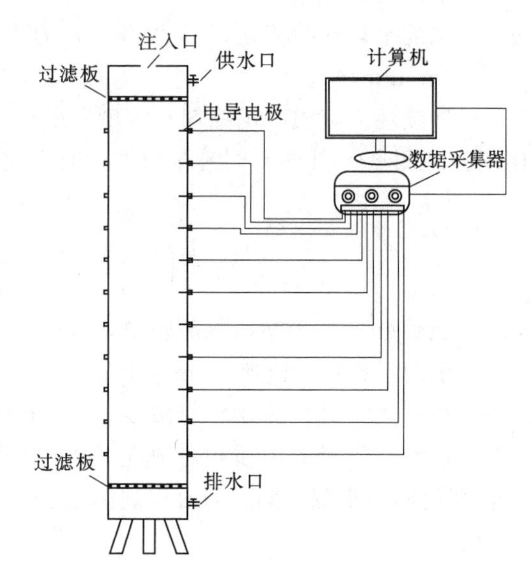

图 4-41　DDL-10H 型多参数水质在线监测仪装置

(4) 500mL 容量瓶：用于配制示踪剂（一定浓度的 NaCl）。

四、实验步骤

(1) 制备示踪剂溶液选择非吸附性示踪剂 NaCl，称取一定量倒入 500mL 的容量瓶中，加入去离子水摇匀，使其完全溶解后，测其电导率 C_0，并将数据填入表 4-18 中。

(2) 装样。将上过滤层拿下来，在土柱下过滤层上放上两层铜丝网（防止试样颗粒堵住过滤板，影响实验过程水流速），然后按容重装填试样，同时安装电导电极，各电导电极按距离从上至下编号序号，之后安装上过滤板。

(3) 饱和试样。将供水管与土柱底部排水口相连，打开开关，让水经过过滤层由下而上缓缓充水至试样表面出现水膜，以便于试样中空气排出。试样饱和后，打开土柱上端供水管开关，将土柱底部的水管放入排水口，使土柱内水由上部流入底部排出。

(4) 调整试样初始电导率值。

1) 打开多参数水质在线监测仪（通信指示灯为红色），然后打开计算机和电导率信号采集系统软件，建立文件名并保存（图 4-42）。

2) 通信端口选择 COM1，串口状态显示绿色，选择数据存储周期（图 4-43）。观测试样中各测孔及出口的电导率 K_{0j} ($j=1, 2, \cdots, 10$)，直至监测出水口的水电导率值为零。

3) 选择参数设置，对各通道电导率值进行修正，负数加，正数减（图 4-44）。

4) 电导率值进行修正后初值均为零（图 4-45）。

(5) 测定稳定流速。调节排水水量（用螺丝夹），使供水管流速与排水管流速一致，稳定后测流量，用量筒在出水口接取一定体积的水，同时记录时间，按达西定律计算流

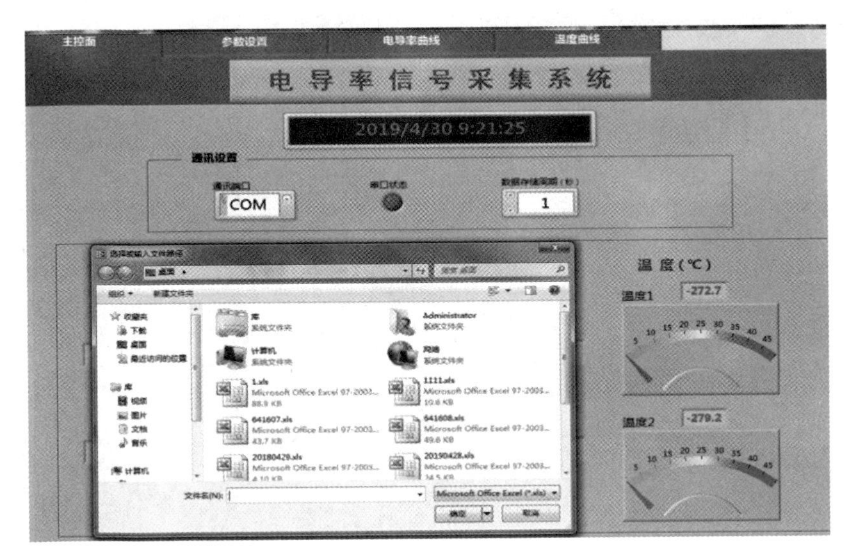

图 4-42　电导率信号采集系统-建立文件名

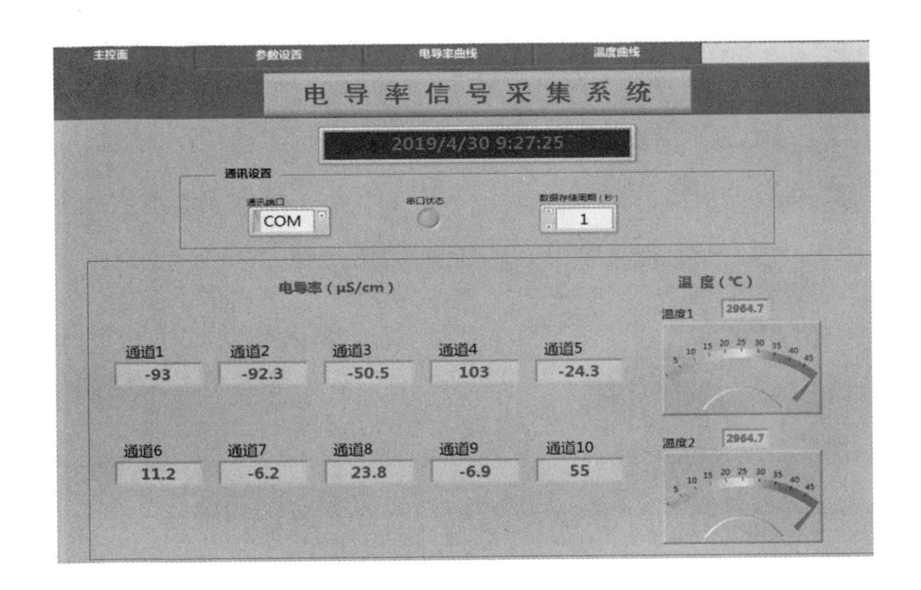

图 4-43　电导率信号采集系统

速（$Q=W/T$、$V=Q/A$）。

(6) 加示踪剂观测电导值。在土柱上过滤层顶部的注入口中，迅速加入示踪剂溶液，同时观测电导率测定软件中各测孔的电导率值的变化，记录各时间 t_i（$i=1, 2, 3, 4, \cdots$）在各断面及出口电导率值 K_{ij}，观测示踪剂浓度的变化。当出口示踪剂浓度接近 C_0，结束实验（图 4-46、图 4-47）。

(7) 测定孔隙度。实验结束后，用环刀在试样中取原状试样，用烘干称重法测定其孔隙度 n。

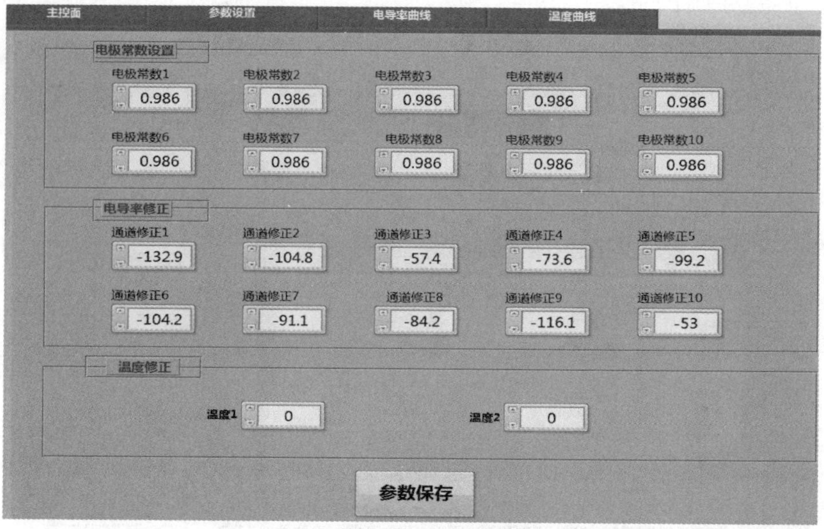

图 4-44　电导率修正

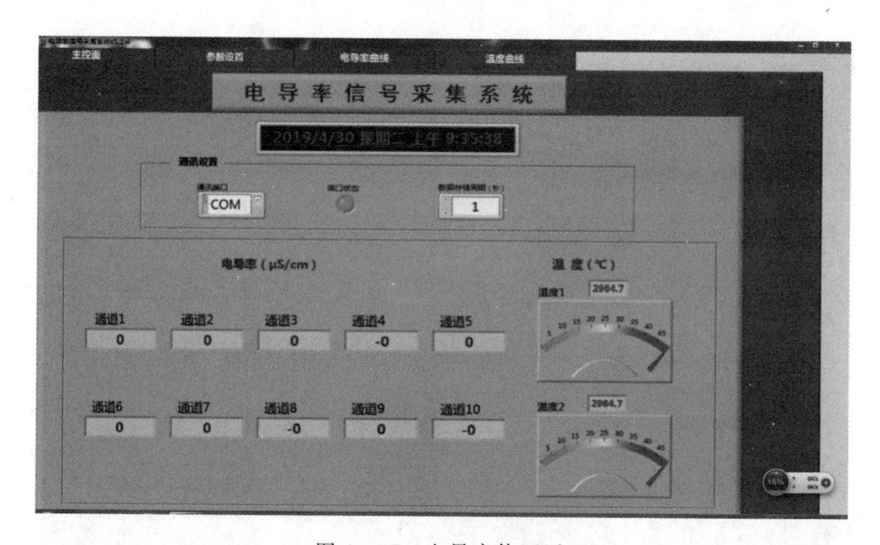

图 4-45　电导率修正后

五、数据记录

1. 实验原始数据

填写一维流纵向水动力弥散系数测定实验记录，计算相对浓度 C_{ij}/C_0 值，填入表 4-18 中。

土柱内试样孔隙度 n：________实验时土柱内水的达西流速 V：________ cm/min

注入的示踪剂浓度 C_0：________ g/L

2. 绘制 C/C_0-t（或 C/C_0-x）曲线

基于各测点溶质相对浓度 C_{ij}/C_0 及其对应的时间 t_i，拟合 C/C_0-t 关系曲线。基于各测定时间溶质相对浓度 C_{ij}/C_0 及其对应的测定位置 x_j，拟合 C/C_0-x 关系曲线（溶

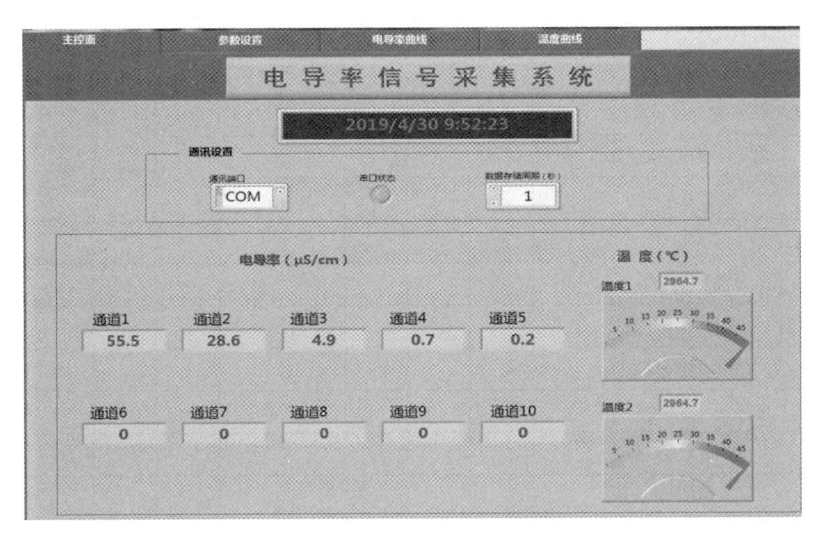

图 4－46　加示踪剂观测电导值

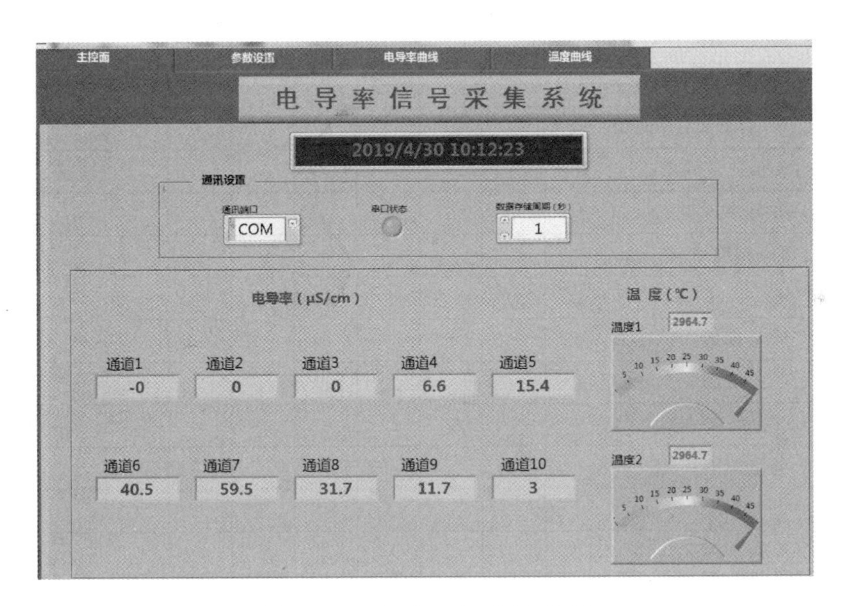

图 4－47　加示踪剂观测电导值

质相对浓度沿程分布曲线图）。

3. 计算纵向弥散系数

在 C/C_0-t 曲线图中确定 $C/C_0=0.159$、0.841 所分别对应的时间 $t_{0.159}$ 和 $t_{0.841}$，按式（4－29）计算纵向弥散系数 D_L。对各观测时刻分别计算，取平均值，可得该试样在相应流速下的纵向弥散系数 D_L。

同理，在溶质相对浓度沿程分布曲线图中确定 $C/C_0=0.159$、0.841 所分别对应的 $x_{0.159}$ 和 $x_{0.841}$，按式（4－30）计算纵向弥散系数 D_L。对各观测时刻分别计算，取平均值，可得该试样在相应流速下的纵向弥散系数 D_L。

表 4-18　　一维流纵向水动力弥散系数测定实验记录表

孔观测号			1	2	3	4	5	6	7	8	9	10
观测孔位置/cm												
时间/min	t_0	电导率 $K_{0J}/(S\cdot m^{-1})$										
		浓度 $C_{0j}/(g/L)$										
		C_{0j}/C_0										
	t_1	电导率 $K_{1J}/(S\cdot m^{-1})$										
		浓度 $C_{1j}/(g/L)$										
		C_{1j}/C_0										
	t_2	电导率 $K_{2J}/(S\cdot m^{-1})$										
		浓度 $C_{2j}/(g/L)$										
		C_{2j}/C_0										
	t_3	电导率 $K_{3J}/(S\cdot m^{-1})$										
		浓度 $C_{3j}/(g/L)$										
		C_{3j}/C_0										
	t_4	电导率 $K_{4J}/(S\cdot m^{-1})$										
		浓度 $C_{4j}/(g/L)$										
		C_{4j}/C_0										
	t_5	电导率 $K_{5J}/(S\cdot m^{-1})$										
		浓度 $C_{5j}/(g/L)$										
		C_{5j}/C_0										
	t_6	电导率 $K_{6J}/(S\cdot m^{-1})$										
		浓度 $C_{6j}/(g/L)$										
		C_{6j}/C_0										
	⋮	电导率 $K_{7J}/(S\cdot m^{-1})$										
		浓度 $C_{7j}/(g/L)$										
		C_{0j}/C_0										

4. 计算纵向弥散度

按 $\alpha_L=\dfrac{D_L}{v}$ 计算相应的纵向弥散度。

六、注意事项

（1）实验过程中，注意漏水现象发生。

（2）土柱装填试样时，注意保持均匀性。

七、思考题

（1）分析影响土壤一维流纵向水动力弥散系数大小的因素。

（2）分析影响土壤一维流纵向水动力弥散系数精度的因素。

实验八　一维流横向水动力弥散系数测定

一、实验目的

（1）通过实验加深对横向弥散现象的理解。

（2）掌握测定饱和土壤一维流横向水动力弥散系数的方法。

二、实验原理

对于均质无限的渗流区，取 x 正向与地下水流向相同，水流速恒定，假设在 $x=0$，$y\leqslant 0$ 的边界上溶质浓度为 C_0，且浓度稳定；在 $x=0$，$y>0$ 的边界上溶质浓度为 0。经过相当长时间后浓度剖面近似稳定，此时$\frac{\partial C}{\partial t}=0$ 且 $D_L\frac{\partial^2 C}{\partial x^2}\ll D_T\frac{\partial^2 C}{\partial y^2}$，其数学模型为

$$\begin{cases} v\dfrac{\partial C}{\partial t}=D_T\dfrac{\partial^2 C}{\partial y^2} \\ C(0,y)=0 \qquad y>0 \\ C(0,y)=C_0 \qquad y\leqslant 0 \\ \dfrac{\partial C}{\partial y}\Big|_{y=\pm\infty}=0 \end{cases} \tag{4-31}$$

式中　C_0——连续注入示踪剂的浓度，g/L；

x——沿水流方向距示踪剂注入边界的距离，cm；

y——垂直水流方向距示踪剂注入边界的距离，cm；

D_T——横向弥散系数，cm^2/min；

C——计算点（x，y）的示踪剂浓度，g/L；

v——水的平均孔隙流速，$v=V/n$，其中 n 为土壤孔隙度，V 为水的平均达西流速，cm/min。

利用同一观测断面 x 的不同 y 处的数据，对上述模型采用 Laplace 变换，亦可得 D_T 的计算公式：

$$D_T=\frac{v\ (y_{0.841}-y_{0.159})^2}{8x} \tag{4-32}$$

式中　v——水的平均孔隙流速，cm/min；

$y_{0.159}$——观测断面 x 处的溶质相对浓度 C/C_0 到达 0.159 时的 y 值，cm；

$y_{0.841}$——观测断面 x 处的溶质相对浓度 C/C_0 到达 0.841 时的 y 值，cm；

x——观测断面距示踪剂注入边界的距离，cm。

按照定解条件设计实验，即通过弥散实验绘制某一断面处相对浓度随 y 的变化曲线，由曲线上查出 C/C_0 到达 0.159、0.841 的 y 值，用式（4-32）即可求出 D_T。进而，利用 $\alpha_T=\frac{D_T}{v}$求出相应的横向弥散度 α_T。

三、实验仪器

一维流横向水动力弥散系数测定用多参数水质在线监测仪（DDL-10L 型），采用渗流法测定饱和土壤一维流横向水动力弥散系数。

DDL-10L型多参数水质在线监测仪由电极、供水和排水系统、数据采集器、计算机等组成（图4-48、图4-49）。

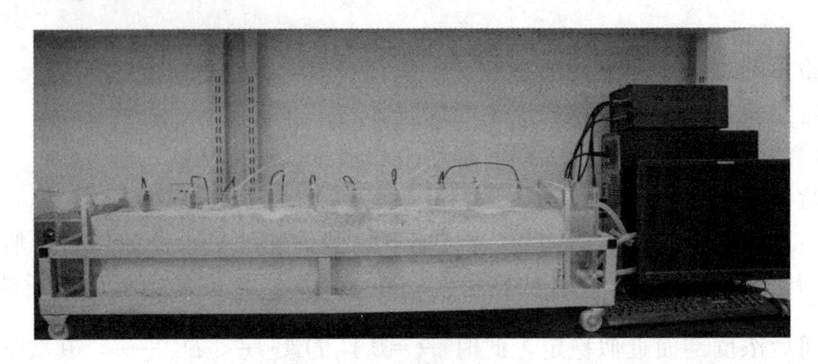

图4-48　DDL-10L型多参数水质在线监测仪

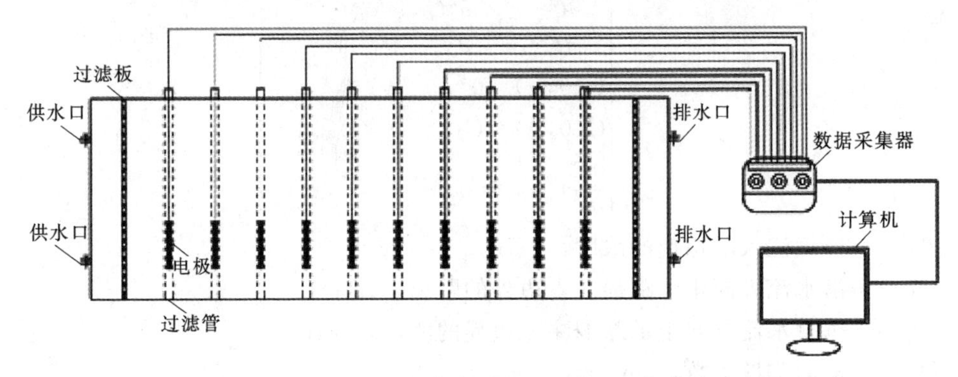

图4-49　DDL-10L型多参数水质在线监测仪装置示意图

(1) 渗流槽由有机玻璃制成，长 $L=150$cm、宽 B=40cm、高 $H=50$cm，渗流槽两侧安装有过滤板（过滤板上均匀分布有直径 $D=2$mm 的圆孔），用于实验水流均匀稳定保持层流状态，槽的两侧分别装有上下两个测孔，用于供水和排水。槽内等距安装有10个圆柱，间距100mm，柱上均匀分布有直径 $D=2$mm 的圆孔，柱子外壁包有铜丝网，柱内用于安装电导电极。

(2) 供水管（与水龙头相接）、排水管（与地漏相接）：用于实验供水、排水。

(3) 多参数水质在线监测仪：主要由电导电极、温度电极、数据采集器、计算机及相关软件组成。

(4) 500mL容量瓶：用于配制示踪剂（一定浓度的NaCl）。

四、实验步骤

(1) 制备示踪剂溶液。选择非吸附性示踪剂NaCl，称取一定量倒入500mL的容量瓶中，加入去离子水摇匀，使其完全溶解后，测其电导率 C_0，并将数据填入表4-19中。

(2) 装样。将渗流槽两侧的过滤板上放上两层铜丝网（防止试样颗粒堵住过滤板，影响实验过程水流速），然后按容重装填试样，同时安装电导电极，电极安装高度要一致（用塑料扎带控制电极放入测孔内的位置），各电导电极从左至右编上序号。

(3) 将供水管与渗流槽左侧下面的供水口相接，渗流槽右侧上面的排水口与排水管相接，供水管与排水管上装上螺丝管夹，用于调节供水与排水流速。打开供水开关，让水经过过滤层由左至右缓缓充水，便于试样中空气排出。试样饱和后，将供水管与渗流槽左侧上面的供水口相接，渗流槽右侧下面的排水口与排水管相接，使渗流槽内水从左向右渗流。

（4）调整试样初始电导率值。详见本部分实验七中实验步骤（4）。

（5）测定稳定流速。调节排水水量（用螺丝夹），使供水流速与排水流速一致，稳定后测流量，用量筒在出水口接取一定体积的水，同时记录时间，按达西定律计算流速（$Q=\frac{W}{T}$、$V=\frac{Q}{A}$）。

（6）加示踪剂观测电导值。在渗流槽左侧供水端，$x=0$，$y\leqslant 0$ 的边界上迅速注入示踪剂溶液，同时观测电导率测定软件中各测孔的电导率 K_{0j}（$j=1$，2，3，4，…，11），记录各时间 t_i（$i=1$，2，3，4，…）在各断面及出口电导率值 K_{ij}，观测示踪剂浓度的变化。数据记录表 4-19 中。

实验结束后，在内用环刀取原状试样，用烘干称重法测定其孔隙度 n。

五、数据记录

（1）填写一维流横向水动力弥散系数测定实验记录表（表 4-19）。x 方向（水流方向）。

土柱内试样孔隙度 n：________　实验时土柱内水的达西流速 V：________ cm/min

表 4-19　一维流横向水动力弥散系数测定实验记录表［x 方向（水流方向）］

观测断面号			0	1	2	3	4	5	6	7	8	9	10
观测断面 x_j 位置/cm													
时间/min	t_0	电导率 $K_{0J}/(S\cdot m^{-1})$											
	t_1	电导率 $K_{1J}/(S\cdot m^{-1})$											
	t_2	电导率 $K_{2J}/(S\cdot m^{-1})$											
	t_3	电导率 $K_{3J}/(S\cdot m^{-1})$											
	t_4	电导率 $K_{4J}/(S\cdot m^{-1})$											
	t_5	电导率 $K_{5J}/(S\cdot m^{-1})$											
	t_6	电导率 $K_{6J}/(S\cdot m^{-1})$											
	t_7	电导率 $K_{7J}/(S\cdot m^{-1})$											
	t_8	电导率 $K_{8J}/(S\cdot m^{-1})$											
	⋮	电导率 $K_{iJ}/(S\cdot m^{-1})$											

（2）填写一维流横向水动力弥散系数测定实验记录表（表 4-20）。y 方向（垂直水流方向）。

表 4-20　一维流横向水动力弥散系数测定实验记录表［y 方向（垂直水流方向）］

y 方向观测孔号			0	1	2	3	4	5	6	7	8	9	10
观测孔位置 y_K/cm													
时间/min	x_0	电导率 $K_{i0}/(S\cdot m^{-1})$											
		浓度 $C_{i0}/(g/L)$											
		C_{i0}/C_0											

续表

y 方向观测孔号			0	1	2	3	4	5	6	7	8	9	10
时间/min	x_1	电导率 $K_{i1}/(S \cdot m^{-1})$											
		浓度 $C_{i1}/(g/L)$											
		C_{ij}/C_0											
	x_2	电导率 $K_{i2}/(S \cdot m^{-1})$											
		浓度 $C_{i2}/(g/L)$											
		C_{i2}/C_0											
	x_3	电导率 $K_{i3}/(S \cdot m^{-1})$											
		浓度 $C_{i3}/(g/L)$											
		C_{i3}/C_0											
	x_4	电导率 $K_{i4}/(S \cdot m^{-1})$											
		浓度 $C_{i4}/(g/L)$											
		C_{i4}/C_0											
	x_5	电导率 $K_{i5}/(S \cdot m^{-1})$											
		浓度 $C_{i5}/(g/L)$											
		C_{i5}/C_0											
	x_6	电导率 $K_{i6}/(S \cdot m^{-1})$											
		浓度 $C_{i6}/(g/L)$											
		C_{i6}/C_0											
	x_7	电导率 $K_{i7}/(S \cdot m^{-1})$											
		浓度 $C_{i7}/(g/L)$											
		C_{i7}/C_0											
	x_8	电导率 $K_{i8}/(S \cdot m^{-1})$											
		浓度 $C_{i8}/(g/L)$											
		C_{i8}/C_0											
	x_9	电导率 $K_{i9}/(S \cdot m^{-1})$											
		浓度 $C_{i9}/(g/L)$											
		C_{i9}/C_0											
	X_{10}	电导率 $K_{i10}/(S \cdot m^{-1})$											
		浓度 $C_{i10}/(g/L)$											
		C_{i10}/C_0											

（3）计算 C_{ij}/C_0 值。计算稳定断面相对浓度 C_{ij}/C_0 值，填入表 4-20 中。

（4）绘制 C/C_0-y 曲线。基于各测定时间点的 C_{ij}/C_0 及其对应的位置，绘制 C/

C_0-y 关系曲线（溶质相对浓度沿 y 轴方向的分布曲线）。

（5）计算横向弥散系数。在 C/C_0-y 关系曲线图中确定 $C/C_0=0.159$、0.841 所分别对应的 $y_{0.159}$ 和 $y_{0.841}$，按式（4-32）计算横向弥散系数 D_T。对不同断面 x 分别计算，取平均值，可得该试样在相应流速下横向弥散系数 D_T。

（6）计算横向弥散度。按 $\alpha_T=\dfrac{D_T}{v}$ 计算相应的横向弥散度。

六、注意事项

（1）实验过程中，注意漏水现象发生。

（2）渗流槽装填试样时，注意保持均匀性。

七、思考题

（1）分析影响土壤一维流横向水动力弥散系数大小的因素。

（2）分析影响土壤一维流横向水动力弥散系数精度的因素。

实验九　浅层地下水化学成分形成模拟实验

一、实验目的

（1）通过实验进一步理解浅层地下水化学成分的形成过程及作用。

（2）掌握六大离子的分析方法及资料整理过程。

二、实验原理

浅层地下水的主要来源包括大气降水、河水、湖水，以及农业灌溉水等，这些水源在形成地下水的过程中，一般会经过包气带而进入地下含水层，与所流经地层中的介质发生一系列的物理、化学、生物作用，从而控制着所形成的地下水的化学成分，其中初始水源水质特征及流经的地层岩性对地下水化学成分的影响非常重要。

以大气降水为例，浅层地下水形成过程如图 4-50 所示，这一过程可概化为一维垂向

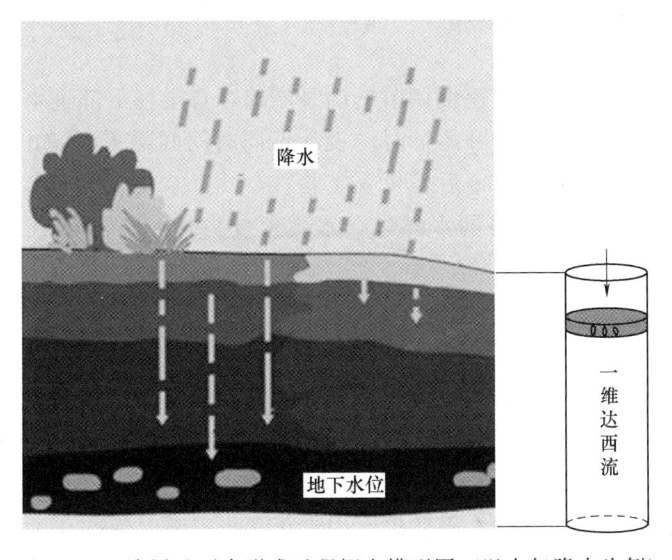

图 4-50　浅层地下水形成过程概念模型图（以大气降水为例）

入渗过程，可采用室内土柱实验模型模拟，对于降水流经的不同岩层地层，可通过在土柱内充填不同岩性介质或组合来实现。

三、实验仪器及用品

1. 仪器

实验仪器有供水瓶、土柱仪、滤水板、蠕动泵、自动部分水样采集器、酸度计、离子色谱仪、原子吸收分光光度计、分光光度计。

基于上述渗滤水形成过程的概化，本实验采用一维土柱模拟大气降水入渗过程，通过改变土柱内不同化学成分渗透介质的填充顺序来刻画不同地层岩性结构的野外情景。实验装置及地层顺序示意图如图4-51所示。

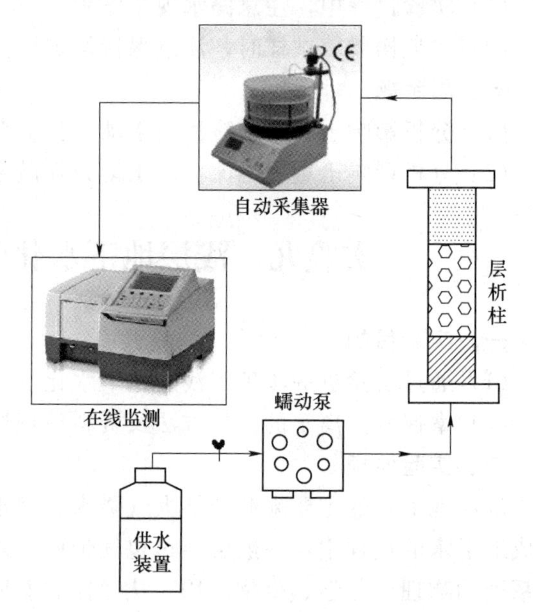

图4-51　实验装置及地层顺序示意图

2. 实验用品

（1）实验土柱：1个。

（2）渗透介质：选取单一介质或多种不同模拟介质叠加。

（3）入渗水：曝气后的蒸馏水。

（4）其他：蠕动泵、供水瓶、硅胶管等。

四、实验步骤

（1）装样：将3种模拟渗透介质风干、打散，按砂土的经验密度1.6g/cm^3分层装入土柱中，即每次称取一定量介质，用捣棒将其压实成1～2cm厚，每种介质装样高度为10cm，可根据模拟地层岩性结构设置不同填装介质及顺序，如图4-51所示。

（2）根据模拟的地下水渗流速度调节蠕动泵流速，自土柱下部进水口向其内注入模拟入渗水，待水从顶部出口流出时开始计时，设计不同时间间隔采集滤出水样，测定其pH值、电导率值，待电导率基本稳定后，停止实验。

（3）实验分析：将定时采集的水样进行水质常规指标分析测试（Na、K、Ca、Mg、HCO_3、CO_3、SO_4、Cl）。

五、数据记录

1. 实验原始数据

渗入水、渗出水中各主要离子成分含量测试的原始数据与计算结果填入表4-21和表4-22中。

2. 数据处理

（1）分析并对比不同介质填充土柱出水中水化学指标随时间变化的趋势，绘制水化学图件，分析水化学形成过程和作用。

（2）利用 Piper 三线图对比不同土柱水化学类型的演化过程，确定渗入水、渗出水的水化学类型。

表 4-21　　渗入水中各主要离子成分含量

分析项目		mg/L				分析项目		mg/L			
阳离子	K^+					阴离子	HCO_3^-				
	Na^+						CO_3^{2-}				
	Ca^{2+}						Cl^-				
	Mg^{2+}						SO_4^{2-}				
分析项目						分析项目					
pH 值						总碱度					
水化学类型						总硬度					
矿化度						误差分析					

表 4-22　　渗出水中各主要离子成分含量

分析项目		mg/L				分析项目		mg/L			
阳离子	K^+					阴离子	HCO_3^-				
	Na^+						CO_3^{2-}				
	Ca^{2+}						Cl^-				
	Mg^{2+}						SO_4^{2-}				
分析项目						分析项目					
pH 值						总碱度					
水化学类型						总硬度					
矿化度						误差分析					

有效数字的保留是根据测量方法和测量仪器的准确度决定。一般水质分析中，有效数字写 3～4 位即可。将超过 25％的离子作为确定水化学类型的离子。顺序：阴离子写在前，阳离子写在后，含量高的写在前，含量低的写在后。

（3）结合水质分析数据，推断各种条件下所发生的水化学作用，并对其内各种化学反应速度与强度进行分析。

六、注意事项

（1）分析水化学形成过程和作用，对比渗出水、渗入水化学成分之间的变化。确定水化学类型，用常用方式命名。

（2）试验过程一定要认真按照操作步骤进行，注意不要加错药和用错器皿，以免影响试验结果。不要擅自挪用别组药品、器皿，以免妨碍他人试验。

(3) 注意安全，防止将药品损伤自己或他人的皮肤和衣物。实验完将所有实验器皿洗净放回原处，如有损坏，请向教师申明。注意节约药品、蒸馏水、水样等。

七、思考题

模拟不同渗入水通过土柱进行水化学演化过程，分析不同组分反应变化过程。

第五部分 水化学分析实验

实验一 标准溶液的配制和标定

一、实验目的

(1) 配制和标定 HCl 溶液。

(2) 掌握容量分析仪器的用法和滴定操作技术，并学会滴定终点的判断。

二、实验原理

由于浓盐酸容易挥发，不能用其直接配制具有准确浓度的标准溶液。因此采用间接配制法，先配制近似浓度的 HCl 溶液，然后选用基准物质无水 Na_2CO_3，以甲基橙作为指示剂指示终点，用酸碱滴定法计算标定其浓度。

其反应式如下：$Na_2CO_3 + 2HCl = 2NaCl + CO_2 + H_2O$

三、实验仪器和试剂

1. 仪器及用品

(1) 酸式滴定管 25mL。

(2) 碱式滴定管 25mL。

(3) 移液管 25mL。

(4) 吸量管 1mL、5mL、10mL。

(5) 容量瓶 250mL。

2. 试剂

(1) 无水碳酸钠 Na_2CO_3。

(2) 固体 NaOH。

(3) 蒸馏水。

(4) 盐酸标准溶液 (0.05mol/L)：量取浓盐酸 4.2mL 与蒸馏水混合并稀释到 1000mL，其准确浓度用基准碳酸钠标定。

(5) 1%酚酞乙醇溶液：称酚酞 0.5g 溶于 50mL 乙醇中。

(6) 0.05%甲基橙溶液：称甲基橙 0.05g 溶于 100mL 蒸馏水中。

四、实验步骤

1. Na_2CO_3 的称量

首先将 Na_2CO_3 在干燥箱中 180℃下烘 2h，干燥器中冷却至室温。用差减法准确称量约 0.1g 三份（记录 W_1、W_2、W_3 准确质量，精确到 0.0001g)，分别放入 250mL 锥形瓶中，待用。

2. HCl 溶液标定

向上述 3 份盛 Na_2CO_3 的 250mL 锥形瓶中，分别加入 20mL 无 CO_2 蒸馏水溶解后，加 2～4 滴甲基橙指示剂，用 HCl 操作溶液滴定至溶液由黄色变为淡橙色为终点。记录消耗 HCl 溶液的量 V_{HCl}mL，根据无水碳酸钠基准物质的质量，计算 HCl 溶液的浓度（mol/L）。

五、数据记录及结果处理

1. 实验原始数据

实验数据记入表 5-1。

表 5-1　实验数据记录表

HCl 溶液标定			
Na_2CO_3 质量/g			
HCl 溶液用量/mL			
HCl 的量浓度/(mol/L)			
平均的量浓度/(mol/L)			

2. 数据处理

记录消耗 HCl 溶液的量 V_{HCl}mL，根据 Na_2CO_3 基准物质的质量，计算 HCl 溶液的量浓度（mol/L）。

$$C_{HCl}=\frac{W}{V_{HCl}\times 53}\times 1000 \tag{5-1}$$

式中　C_{HCl}——HCl 溶液的量浓度，mol/L；

V_{HCl}——滴定时消耗 HCl 操作溶液的量，mL；

W——基准物质 Na_2CO_3 的质量，共 3 份 W_1、W_2、W_3，g；

53——基准物质 Na_2CO_3 的摩尔质量（$1/2Na_2CO_3$），g/mol。

六、注意事项

（1）称量时注意药品的腐蚀性和毒性，称量完毕保持天平整洁。

（2）滴定溶液时注意测量操作及滴定终点溶液颜色变化，保证滴定的准确性。

（3）认真记录实验数据，准确标定溶液浓度。

七、思考题

（1）HCl 标准溶液能否用直接配制法配制？为什么？

（2）配制酸碱标准溶液时，为什么用量筒量取 HCl 而不用吸量管量取？

（3）标准溶液装入滴定管之前，为什么要用该溶液润洗滴定管 2～3 次？而锥形瓶是否也需用该溶液润洗或烘干，为什么？

（4）滴定至临近终点时加入半滴的操作是怎样进行的？

实验二　酸 碱 滴 定 法

第一节　水 中 碱 度 的 测 定

一、实验目的

（1）掌握水中碱度测定的方法。

（2）进一步掌握滴定终点的判断。

二、实验原理

碱度指水中含有能与强酸发生中和作用的物质的总量，是衡量水体变化的重要指标，是水的综合性特征指标。碱度主要来自水样中存在的碳酸盐、重碳酸盐及氢氧化物碱度及不挥发性弱酸盐碱度。

采用连续滴定法测定水中碱度，首先以酚酞作为指示剂，用 HCl 标准溶液滴定到 pH 值为 8.3 时所测碱度称为酚酞碱度；继续以甲基橙为指示剂，用 HCl 溶液滴定至 pH 值为 4.6 时所测碱度称为甲基橙碱度，二者求和即为水中的总碱度。

三、实验仪器和试剂

1. 仪器及用品

（1）酸式滴定管 25mL。

（2）锥形瓶 250mL。

（3）移液管 50mL。

2. 试剂

（1）0.05mol/L HCl 溶液，见第五部分实验一。

（2）1%酚酞指示剂，见第五部分实验一。

（3）0.05%甲基橙溶液指示剂，见第五部分实验一。

四、实验步骤

（1）用移液管吸取 3 份水样 50mL，分别放入 250mL 锥形瓶中，加入 4 滴酚酞指示剂，摇匀。若溶液呈红色，用 0.05mol/L HCl 溶液滴定至刚好无色，记录用量 P。若加酚酞指示剂后溶液无色，则不需用 HCl 溶液滴定。

（2）继续加入甲基橙指示剂 2～4 滴，混匀。若水样为黄色，用 0.05mol/L HCl 溶液滴定至刚刚变为橙色为止，记录用量 M。

五、数据记录

1. 实验原始数据

实验数据记入表 5-2。

表 5-2　　实验数据记录表

酸碱滴定			
P 用量/mL			
M 用量/mL			
总碱度/(mg/L)			

2. 数据处理

$$总碱度（CaCO_3 计, mg/L）=\frac{C(P+M)\times 100.09}{2V}\times 1000 \qquad (5-2)$$

式中　C——HCl 标准溶液的量浓度，mol/L；

P——酚酞为指示剂滴定终点时消耗 HCl 标准溶液的量，mL；

M——甲基橙为指示剂滴定终点时消耗 HCl 标准溶液的量，mL；

V——水样体积，mL。

六、注意事项

(1) 应该即时取样尽早测，否则由于大气压的作用使得水中溶解的二氧化碳发生变化，从而使得碱度发生变化。

(2) 标准溶液配置后尽快使用，保存时间不要超过一周。

七、思考题

(1) 用双指示剂法测定混合碱组成的方法原理是什么？判断不同情况下，混合碱由哪些物质组成？

(2) 测定水中总碱度时，不加酚酞指示剂，直接加入甲基橙指示剂是否可行？

第二节 水中碳酸根、重碳酸根及氢氧根测定

一、实验目的

(1) 掌握水中碳酸根、重碳酸根及氢氧根测定的方法。

(2) 进一步掌握滴定终点的判断。

二、实验原理

用盐酸标准溶液滴定水样时，若以酚酞作指示剂，滴定到溶液 pH 值为 8.4 时，消耗的酸量仅相当于碳酸盐含量的一半，当再向溶液中加入甲基橙指示剂，继续滴定到溶液 pH 值为 4.4 时，此时滴定为由碳酸盐所转变的重碳酸盐和水样中原有重碳酸盐的总和，根据酚酞和甲基橙指示的两次终点时所消耗盐酸标准溶液的体积，即可分别计算碳酸盐和重碳酸盐的含量。

三、实验仪器和试剂

1. 仪器及用品

(1) 酸式滴定管 25mL。

(2) 锥形瓶 250mL。

(3) 移液管 50mL。

2. 试剂

(1) 0.05mol/L HCl 溶液，见第五部分实验一。

(2) 1%酚酞指示剂，见第五部分实验一。

(3) 0.05%甲基橙溶液指示剂，见第五部分实验一。

四、实验步骤

(1) 取水样 50mL 于锥形瓶中，加入酚酞溶液 4 滴，如出现红色，则用盐酸标准溶液滴定到溶液红色刚刚消失，记录消耗盐酸溶液的消耗量 V_1。

(2) 继续加入甲基橙 4 滴，用盐酸标准溶液滴定到溶液由黄色突变为橙色，记录盐酸标准溶液的消耗量 V_2。

(3) 计算氢氧根、碳酸根和重碳酸根的含量，依下列情况分别计算。

五、数据记录

1. 实验原始数据

实验数据记入表 5-3。

表 5-3　　实验数据记录表

酸碱滴定			
V_1 用量/mL			
V_2 用量/mL			
氢氧根/(mg/L)			
碳酸根/(mg/L)			
重碳酸根/(mg/L)			

2. 数据处理

(1) 当 $V_1>V_2$ 时，表明有 OH^- 和 CO_3^{2-} 存在，无 HCO_3^-。

$$OH^-(mg/L)=\frac{C(V_1-V_2)\times 17.01}{V}\times 10^3 \tag{5-3}$$

$$CO_3^{2-}(mg/L)=\frac{C\times 2V_2\times 30.01}{V}\times 10^3 \tag{5-4}$$

(2) 当 $V_1=V_2$ 时，表明有 CO_3^{2-} 而无 OH^- 和 HCO_3^- 存在。

$$CO_3^{2-}(mg/L)=\frac{C\times 2V_1\times 30.01}{V}\times 10^3 \tag{5-5}$$

(3) 当 $V_1<V_2$ 时，表明有 CO_3^{2-} 和 HCO_3^- 存在，没有 OH^-。

$$CO_3^{2-}(mg/L)=\frac{C\times 2V_1\times 30.01}{V}\times 10^3 \tag{5-6}$$

$$HCO_3^-(mg/L)=\frac{C(V_2-V_1)\times 61.02}{V}\times 10^3 \tag{5-7}$$

(4) 当 $V_1=0$ 时，表明仅有 HCO_3^- 存在。

$$HCO_3^-(mg/L)=\frac{CV_2\times 61.02}{V}\times 10^3 \tag{5-8}$$

(5) 当 $V_2=0$ 时，表明仅有 OH^- 存在。

$$OH^-(mg/L)=\frac{C\times V_1\times 17.01}{V}\times 10^3 \tag{5-9}$$

式中　C——HCl 标准溶液的量浓度，mol/L；

V_1——酚酞为指示剂滴定终点时消耗 HCl 标准溶液的量，mL；

V_2——甲基橙为指示剂滴定终点时消耗 HCl 标准溶液的量，mL；

V——水样体积，mL；

六、注意事项

(1) 应该即时取样尽早测，否则由于大气压的作用使得水中溶解的二氧化碳发生变化，从而使得碱度发生变化。

(2) 标准溶液配置后尽快使用，保存时间不要超过一周。

七、思考题

V_1、V_2 与酚酞、甲基橙指示剂有何关系？

实验三　络合滴定法——水中硬度的测定

一、实验目的

（1）学会 EDTA 标准溶液的配制与标定方法。

（2）掌握水中硬度的测定原理和方法。

二、实验原理

水的硬度是指水中除碱金属离子的浓度，由于 Ca^{2+}、Mg^{2+} 含量远比其他金属离子高，所以通常以水中 Ca^{2+}、Mg^{2+} 总量表示水中的硬度。水的硬度的测定一般采用 EDTA 滴定法测定，在 pH 值约为 10 的氨性缓冲溶液中，以铬黑 T 为指示剂，用 EDTA 标准溶液直接滴定 Ca^{2+}、Mg^{2+} 总量，溶液由紫红色恰变为天蓝色即为滴定终点。

三、实验仪器和试剂

1. 仪器及用品

（1）酸式滴定管 25mL。

（2）移液管 50mL。

2. 试剂

（1）0.01mol/L 乙二胺四乙酸二钠（EDTA）标准溶液：称取 3.72g 乙二胺四乙酸二钠钠盐（$Na_2-EDTA \cdot 2H_2O$），溶于水后倒入 1000mL 容量瓶中，用水稀释至刻度。

（2）铬黑 T 指示剂：称取 0.5g 铬黑 T 与 100g 氯化钠 NaCl 充分研细混匀，盛放在棕色瓶中，紧塞。

（3）钙指示剂：称取 0.1g 铬黑 T 与 99g 氯化钠 NaCl 充分研细混匀，盛放在棕色瓶中，紧塞。

（4）氨性缓冲溶液（pH＝10）：称取氯化铵 NH_4Cl67.5g 溶于 200mL 蒸馏水中，加入 570mL 浓氨水中，再用蒸馏水稀释到 1000mL，摇匀。

（5）氢氧化钠溶液（2mol/L）称取氢氧化钠 40g 溶于煮沸并冷却的蒸馏水中，稀释至 500mL。将溶液储存于塑料瓶中。

四、实验步骤

1. EDTA 的标定

吸取 0.01mol/L 钙标准溶液 10mL 于 250mL 锥形瓶中，加蒸馏水 40mL、氢氧化钠 2mL、钙指示剂加 0.2g（约 1 小勺），立即用 EDTA 溶液滴定到试液由酒红色变为蓝色即为终点。浓度按下式计算：

$$\text{EDTA 浓度(mol/L)} = \frac{M_1 V_1}{V} \tag{5-10}$$

式中　M_1——钙标准溶液的浓度，mol/L；

V_1——钙标准溶液所吸取的体积，mL；

V——EDTA 溶液滴定所消耗的体积，mL。

2. 总硬度的测定

吸取 50mL 自来水水样 3 份，分别放入 250mL 锥形瓶中，加入 5mL 氨缓冲溶液，加

0.2g（约1小勺）铬黑T指示剂，溶液呈紫红色。立即用0.01mol/L EDTA标准溶液滴定至不变的蓝色，即为终点（滴定时充分摇动，使反应完全），记录用量V_{EDTA1}。

3. 钙的测定

吸取50mL自来水水样3份，分别放入锥形瓶中，加入2mL 2mol/L NaOH溶液（此时水样的pH值为12～13），加0.2g（约1小勺）钙指示剂，溶液呈紫红色，立即用EDTA标准溶液滴定至蓝色，即为终点。记录用量V_{EDTA2}。

五、数据记录

1. 实验原始数据

实验数据记入表5-4。

表5-4　　实验数据记录表

水样编号	1	2	3
V_{EDTA1}			
平均值			
总硬度（$CaCO_3$计）/(mg/L)			
V_{EDTA2}/(mL)			
平均值			
钙硬度（Ca）/mg/L			

2. 数据处理

$$总硬度(CaCO_3计,mg/L)=\frac{C_{EDTA}V_{EDTA1}}{V_{水}}\times100.1\times1000 \tag{5-11}$$

式中 C_{EDTA}——EDTA标准溶液的量浓度，mol/L；

V_{EDTA1}——消耗EDTA标准溶液的体积，mL；

$V_{水}$——水样的体积，mL；

100.1——碳酸钙的摩尔质量（$CaCO_3$），g/mol。

$$Ca^{2+}(mg/L)=\frac{C_{EDTA}V_{EDTA2}}{V_{水}}\times40.08\times1000 \tag{5-12}$$

式中 V_{EDTA2}——消耗EDTA标准溶液的体积，mL；

40.08——钙的摩尔质量（Ca），g/mol。

六、注意事项

（1）要边滴定边连续缓慢地朝一个方向晃动锥形瓶，注意保持连续滴定。

（2）注意滴定过程中颜色变化。

七、思考题

（1）络合滴定中为什么加入缓冲溶液？

（2）络合滴定法与酸碱滴定法相比，有哪些不同点？操作中应注意哪些问题？

(3) 什么叫水的总硬度？怎样计算水的总硬度？

(4) 为什么滴定 Ca^{2+}、Mg^{2+} 总量时要控制 pH 值约为 10，而滴定 Ca^{2+} 分量时要控制 pH 值为 12～13？若 pH 值大于 13 时测 Ca^{2+} 对结果有何影响？

(5) 如果只有铬黑 T 指示剂，能否测定 Ca^{2+} 的含量？如何测定？

实验四　沉淀滴定法——水中 Cl^- 测定

一、实验目的

(1) 掌握 $AgNO_3$ 溶液的标定方法。

(2) 掌握莫尔法测定水中 Cl^- 的原理和方法。

二、实验原理

在中性或弱碱性溶液中（pH 值为 6.5～10.5），以铬酸钾 K_2CrO_4 为指示剂，用 $AgNO_3$ 标准溶液直接滴定水中 Cl^- 时，由于 AgCl 的溶解度（8.72×10^{-8} mol/L）小于 Ag_2CrO_4 的溶解度（3.94×10^{-7} mol/L），根据分步沉淀的原理，在滴定过程中，首先析出 AgCl 沉淀，到达化学计量点后，稍过量的 Ag^+ 与 $CrO_4{}^{2-}$ 砖红色沉淀，指示滴定终点到达。沉淀滴定反应式为

$$Ag^+ + Cl^- = AgCl\downarrow（白色）$$

$$2Ag^+ + CrO_4^{2-} = AgCrO_4\downarrow（砖红色）$$

由于滴定终点时，$AgNO_3$ 的实际用量比理论用量稍多点，因此需要以蒸馏水作空白试验扣除。根据 $AgNO_3$ 标准溶液的量浓度和用量计算水样中 Cl^- 的含量。

三、实验仪器和试剂

1. 仪器及用品

(1) 棕色酸式滴定管 25mL。

(2) 移液管 50mL。

(3) 锥形瓶 250mL 。

2. 试剂

(1) 硝酸银标准溶液（0.050mol/L）：称取硝酸银 8.5g，溶于蒸馏水中并稀释至 1000mL，储存于棕色试剂瓶中暗处保存。

(2) 10%铬酸钾溶液：称取 10g 铬酸钾 K_2CrO_4 溶于少量水中，用 0.05mol/L $AgNO_3$ 溶液滴定至有红色沉淀生成，混匀。静止 12h，过滤，滤液滤入 100mL 容量瓶中，用蒸馏水稀释至刻度。

四、实验步骤

(1) 硝酸银溶液浓度标定：准确量取两份 0.05mol/L 氯化钠标准溶液 25mL 于 250mL 锥形瓶中，加蒸馏水 25mL，加铬酸钾 K_2CrO_4 指示剂 10 滴，用硝酸银溶液滴定至出现稳定的淡橘红色为止。记录硝酸银溶液的用量 V_{AgNO3}。

(2) 水样测定

吸取 50mL 水样 3 份分别放入锥形瓶中，加入铬酸钾 K_2CrO_4 指示剂 10 滴，在剧烈

摇动下用 $AgNO_3$ 标准溶液滴定至出现稳定的淡橘红色，即为终点。记录 $AgNO_3$ 标准溶液用量 V_{1-1}、V_{1-2}、V_{1-3}。

(3) 空白试验

吸取 50mL 蒸馏水按上述步骤进行空白测定，记录 $AgNO_3$ 标准溶液用量 V_0。

五、数据记录

1. 实验原始数据

实验数据记入表 5-5。

表 5-5　　实验数据记录表

水样编号	1	2	3
V_{AgNO3}/mL			
V_1/mL			
V_0/mL			
平均值/mL			
氯化物（Cl^-)/(mg/L)			

2. 数据处理

$$Cl^-(mg/L)=\frac{C(V_1-V_0)\times 35.45}{V_{水}}\times 1000 \tag{5-13}$$

式中　V_1——水样消耗 $AgNO_3$ 标准溶液的体积，mL；

V_0——空白试验消耗 $AgNO_3$ 标准溶液的体积，mL；

C——$AgNO_3$ 标准溶液的量浓度，mol/L；

$V_{水}$——水样的体积，mL；

35.45——氯离子的摩尔质量（Cl^-），g/mol。

六、注意事项

(1) 滴定过程中要剧烈摇动，促进反应充分，注意终点颜色变化。

(2) 由于滴定终点时，$AgNO_3$ 的实际用量比理论用量稍多点，因此需要以蒸馏水作空白试验扣除，注意要用蒸馏水做空白试验。

七、思考题

(1) 滴定时为什么必须剧烈振动?

(2) 为什么要控制在中性或弱碱性溶液中（pH 值为 6.5～10.5）反应?

实验五　氧化还原滴定法

第一节　碘量法——水中溶解氧测定

一、实验目的

(1) 掌握碘量法测定水中溶解氧的原理。

(2) 测定水中溶解氧含量，熟练掌握实验方法及试剂的使用。

二、实验原理

水样中加入硫酸锰和碱性碘化锰，水中溶解氧将低价锰氧化成高价锰，生成四价锰的氢氧化物棕色沉淀。加酸后，氢氧化物沉淀溶解于碘离子反应而释出游离碘。以淀粉作指示剂，用硫代硫酸钠滴定释出碘，可计算溶解氧的含量。

其反应式如下：

$$MnSO_4+2NaOH=Na_2SO_4+Mn(OH)_2$$

$$2Mn(OH)_2+O_2=2MnO(OH)_2\text{(棕色沉淀)}$$

$$2MnO(OH)_2+2H_2SO_4=Mn(SO_4)_2+3H_2O$$

$$Mn(SO_4)_2+2KI=MnSO_4+K_2SO_4+I_2$$

$$2Na_2S_2O_3+I_2=Na_2S_4O_6+2NaI$$

三、实验仪器和试剂

1. 仪器及用品

（1）溶解氧瓶 250mL。

（2）酸式滴定管 25mL。

（3）移液管 25mL。

2. 试剂

（1）硫代硫酸钠溶液：称取 6.25g 硫代硫酸钠 $Na_2S_2O_3 \cdot 5H_2O$，溶于已煮沸放冷的蒸馏水中，加入 0.2g 无水 Na_2CO_3，用蒸馏水稀释至 1000mL，储于棕色瓶内。

（2）硫酸锰溶液：溶解 480g $MnSO_4 \cdot 4H_2O$ 于蒸馏水中，过滤并稀释至 1L。

（3）碱性碘化钾溶液：溶解 500g NaOH 于 300～400mL 水中，冷却；另溶解 150g KI 于 200mL 蒸馏水中；合并两溶液，混匀，用蒸馏水稀释至 1L。如有沉淀，则放置过夜后，倾出上清液，储于棕色瓶中，用橡皮塞塞紧，避光保存。

（4）1%淀粉溶液：称取 1.0g 可溶性淀粉以少量蒸馏水调成糊状，加入沸腾蒸馏水至 100mL，混匀。

（5）（1∶1）硫酸。

四、实验步骤

（1）用虹吸法将（曝气）池内的水样注入溶解氧瓶内，注意取水样时不能产生气泡，至水样溢出瓶口为止，盖上瓶塞，瓶内不能有气泡。

（2）立即用移液管插入溶解氧瓶的液面下，加入 1mL 硫酸锰溶液、2mL 碱性碘化钾溶液，盖好瓶塞，颠倒混合数次，静置。待棕色沉淀物降至瓶内一半时，再颠倒混合一次，待沉淀物下降到瓶底。

（3）轻轻打开瓶塞，立即用移液管插入液面下加入 2mL（1∶1）硫酸。小心盖好瓶塞颠倒混合摇匀，至沉淀物全部溶解为止，放置暗处 5min。

（4）吸取 25mL 上述溶液于 250mL 锥形瓶中，用已知浓度的硫代硫酸钠溶液滴定至溶液呈淡黄色，加入 1mL 淀粉溶液，继续滴定至蓝色刚好隐去为止，记录溶液用量。

五、数据处理

$$\text{溶解氧}(O_2,mg/L)=\frac{MV\times 8\times 1000}{V_{水}} \tag{5-14}$$

式中 M——硫代硫酸钠溶液浓度，mol/L；

V——滴定时消耗硫代硫酸钠溶液体积，mL；

$V_{水}$——水样体积，mL。

六、注意事项

(1) 水样呈强酸性或强碱性时，可用氢氧化钠或盐酸调至中性后测定。

(2) 在固定溶解氧时，若没有出现棕色沉淀，说明溶解氧含量低。

(3) 在溶解棕色沉淀时，酸度要足够，否则碘的析出不彻底，影响测定结果。

七、思考题

(1) 在水样中，有时加入 $MnSO_4$ 和碱性 KI 溶液后，只生成白色沉淀，是否还需继续滴定？为什么？

(2) 碘量法测定水中溶解氧时，淀粉指示剂加入先后次序对测定有何影响？

第二节 高锰酸钾法——水中高锰酸盐指数测定实验

一、实验目的

(1) 学会高锰酸钾 $KMnO_4$ 标准溶液的配制与标定。

(2) 掌握水中高锰酸盐指数的测定原理和方法。

二、实验原理

高锰酸盐指数是水中有机物污染综合指标之一。

水样在酸性条件下，高锰酸钾 $KMnO_4$ 将水样中的某些有机物及还原性的物质氧化，剩余的 $KMnO_4$ 用过量的草酸钠 $Na_2C_2O_4$ 还原，再以 $KMnO_4$ 标准溶液回滴剩余的 $Na_2C_2O_4$，根据加入过量 $KMnO_4$ 和 $Na_2C_2O_4$ 标准溶液的量及最后 $KMnO_4$ 标准溶液的用量，计算高锰酸盐指数，以 O_2，mg/L 表示。

三、实验仪器与试剂

1. 仪器及用品

(1) 棕色酸式滴定管 25mL。

(2) 锥形瓶 250mL。

(3) 电炉。

2. 试剂

(1) (1∶3) 硫酸：量取浓硫酸 100mL，在不断搅拌下缓缓倾入 300mL 蒸馏水中。

(2) $1/5KMnO_4$ 高锰酸钾溶液：称取高锰酸钾 3.2g，溶于 1000mL 蒸馏水中，加热微沸 10min，放置过夜，过滤后置于棕色试剂瓶中，避光保存。

(3) $1/2Na_2C_2O_4$ 草酸钠标准溶液：称取干燥草酸钠 0.67g，溶于蒸馏水中，移入 1000mL 容量瓶定容。

四、实验步骤

(1) 标定：将 50mL 蒸馏水和 5mL (1∶3) H_2SO_4 依次加入 250mL 锥形瓶中，然后用移液管加 10mL 0.01mol/L $Na_2C_2O_4$ 标准溶液，加热至 70～85℃，用 0.01mol/L

$KMnO_4$ 溶液滴定至溶液由无色至刚刚出现浅红色为滴定终点。记录 $KMnO_4$ 溶液用量。共做 3 份，并计算 $KMnO_4$ 标准溶液的准确浓度。

(2) 取样：取自来水 100mL 两份，将水样置于 250mL 锥形瓶中。加入 5mL(1∶3) H_2SO_4，加入 10mL $KMnO_4$ 溶液 V_1，并放入几粒玻璃珠，加热至沸腾。

(3) 煮沸 15min 后趁热用吸量管加入 10mL 草酸钠溶液 V_2，摇动均匀，颜色褪去为无色，立即用 $KMnO_4$ 溶液滴定至微红色。记录消耗 $KMnO_4$ 溶液的量 V_1'。

五、数据记录

1. 实验原始数据

实验数据记入表 5-6。

表 5-6　实验数据记录表

水样测定	100mL 自来水
加入 $KMnO_4$ 量 V_1/mL	
加入 $Na_2C_2O_4$ 量 V_2/mL	
滴定 $KMnO_4$ 用量 V_1'/mL	
高锰酸盐指数/O_2，mg/L	

2. 数据处理

$$高锰酸盐指数(O_2, mg/L)=\frac{[C_1(V_1+V_1')-C_2V_2]\times 8\times 1000}{V_{水}} \tag{5-15}$$

式中 C_1——$KMnO_4$ 标准溶液浓度 (1/5$KMnO_4$)，mol/L；

V_1——开始加入 $KMnO_4$ 标准溶液的量，mL；

V_1'——最后滴定 $KMnO_4$ 标准溶液的用量，mL；

C_2——$Na_2C_2O_4$ 标准溶液的浓度 (1/2$Na_2C_2O_4$=0.0100mol/L)，mol/L；

V_2——加入 $Na_2C_2O_4$ 标准溶液的量，mL；

8——氧的摩尔质量 (1/2O)，g/mol；

$V_{水}$——水样的体积，mL。

六、注意事项

(1) 实验过程中注意酸度及温度对实验结果的影响。

(2) 注意控制滴定速度。

七、思考题

(1) 沸水浴过程中，如果溶液红色褪去，说明什么问题？

(2) 高锰酸盐指数一般适应于监测何种水样？对于海水样品，能不能直接使用该法？

(3) 高锰酸盐指数测定与化学需氧量测定相比，其优缺点是什么？

(4) 高锰酸盐指数与化学需氧量都是条件性的综合指标，这句话应如何理解？

第六部分　仪 器 分 析 实 验

实验一　电　势　法

第一节　水 中 pH 值 的 测 定

一、实验目的

（1）掌握酸度计的使用方法。

（2）学会水中 pH 值测试方法。

二、实验原理

酸度计是采用氢离子选择电极测量液体 pH 值的一种广泛使用的化学分析仪器，如图 6-1 所示。酸度计是用电势法测量 pH 值，将一个连有内参比电极的可逆氢离子指示电极和一个外参比电极同时浸入到某一待测溶液中而形成原电池，在一定温度下产生一个内外参比电极之间的电池电动势。这个电动势与溶液中氢离子活度有关，而与其他离子的存在基本没有关系。仪器通过测量该电动势的大小，最后转化为待测液的 pH 值而显示出来。内参比电极的氢离子指示电极和外参比电极复合一起构成复合电极。

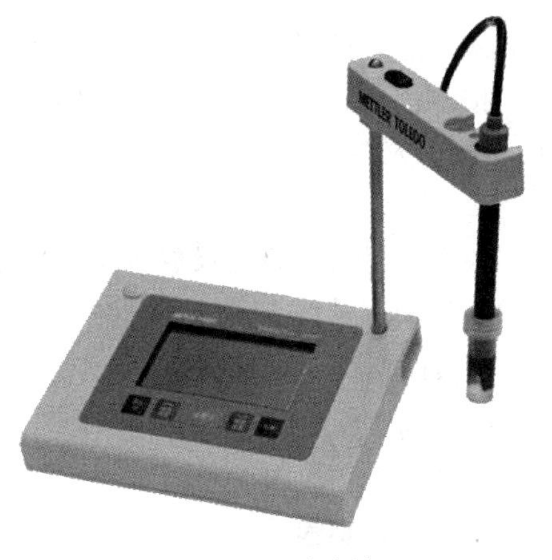

图 6-1　酸度计

三、实验仪器及试剂

1. 仪器及用品

（1）酸度计。

（2）pH 值复合电极。

（3）烧杯。

（4）洗瓶。

（5）滤纸。

2. 试剂

（1）缓冲溶液：pH 值缓冲溶液。

（2）蒸馏水。

四、实验步骤

1. 开机

短按“退出”键开机。

2. 设定读数终点方式（$\sqrt{\ }$ 或 $\sqrt{A}$）

开机后，首先按“读数”键，设置读数终点方式，使得 pH 值旁边显示出 $\sqrt{A}$，此时即我们常用的测定方式。

3. 设置温度、选择缓冲液组

按“设置”键，首先显示温度跳动，此时可以分别按设置和模式键，升高或者降低温度。

按下“设置”键后，再按“读数”键，显示出跳动的缓冲组，右下角显示组序号，pH 值处显示此缓冲组中各 pH 值。一般用 B3 组，即中国标准缓冲溶液组。

4. 校准

采用两点法校准（一点和三点校准类推）。

（1）冲洗电极后，将电极放入混合磷酸盐缓冲液中，并按“校准”键开始校准，此时显示屏右下角显示“cal 1”，校准和测量图标将同时显示。在信号稳定后仪表会根据预选缓冲组的 pH 值设置终点（即自动调整 pH 值为预置的缓冲组的缓冲值），此时显示的 pH 值旁边的 A 变为 $\sqrt{A}$。

（2）冲洗电极后，将电极放入硼砂（校碱）或邻苯二甲酸氢钾（校酸）缓冲液中，并按“校准”键开始校准，此时显示屏右下角显示“cal 2”，在信号稳定后仪表根据预选终点方式终点，此时显示的 pH 值旁边的 A 变为 $\sqrt{A}$。

按“读数”键后，仪表显示零点和斜率，同时保存校准数据，然后自动退回到测量画面。此时校准完成。

5. 测量

冲洗电极后，将电极放入待测液中，并按“读数”键开始测量，画面上 pH 值小数点闪动。自动测量终点 A 是仪表的默认设置。当电极输出稳定后，显示屏自动固定，即显示 pH 值的数的旁边的 A 变为 $\sqrt{A}$。并显现样品溶液 pH 值。

6. 关机

长按“退出”键关机。

五、数据记录

1. 实验原始数据

实验数据记入表 6-1。

表 6-1　实验数据记录表

序号	1	2	3	4	5
pH 值					

2. 数据处理

酸度计使用缓冲溶液校准后，按照测量步骤可直接读取显示读数并记录数据。

六、注意事项

（1）电极不用时，充分浸泡在电极保护液中。电极保护液要及时更换，一星期更换一次。切忌用洗涤液或其他吸水性试剂浸洗或浸泡在纯水中。

（2）电极不能用于强酸、强碱或其他腐蚀性溶液。

七、思考题

（1）温度变化对测试结果的影响？

（2）在测定溶液 pH 值时，为什么要用标准缓冲溶液进行定位校准？

第二节 离子选择电极法——氟化物

一、实验目的

（1）掌握酸度计的使用方法。

（2）学会氟化物测试方法。

二、实验原理

将氟离子选择电极和外参比电极（如甘汞电极）浸入待测含氟溶液，构成原电池，该原电池的电动势与氟离子活度的对数呈线性关系，故通过测量电极与已知氟浓度溶液组成原电池的电动势和电极与待测氟浓度溶液组成原电池的电动势，即可计算出待测水样中氟浓度。

三、实验仪器及试剂

1. 仪器及用品

（1）酸度计。

（2）氟电极。

（3）磁力搅拌器。

（4）聚乙烯塑料烧杯 100mL。

（5）容量瓶 50mL。

2. 试剂

（1）0.01mg/mL 氟离子标准溶液。

（2）离子强度缓冲溶液：称取柠檬酸钠 147.06g 和硝酸钾 20.56g，用去离子水溶解，并稀释到 1000mL。再用（1∶1）硝酸溶液调节 pH 值为 5.5 左右。

四、实验步骤

1. 样品分析

取水样 50mL 于聚乙烯塑料杯中，加入离子强度缓冲液 5mL，放入搅拌子，将烧杯放在磁力搅拌器上。向塑料杯中插入已活化好的氟电极，开动搅拌器，搅拌 1min，停止搅拌，读数稳定后读取电位值。并在标准曲线上查出相应的氟离子含量。

2. 标准曲线的绘制

准确移取氟离子标准 0.005mg、0.025mg、0.05mg、0.25mg、0.50mg 于一系列 50mL 容量瓶中，用去离子水定容，混匀。按测试步骤逐个测量标准系列溶液的电位值。以电位值（mV）为纵坐标，氟离子含量（mg/L）为横坐标，在半对数坐标纸上绘制标准曲线。

五、数据记录

1. 实验原始数据

实验数据记入表6-2。

表6-2 实验数据记录表

氟离子含量/(mg/L)	0.005	0.025	0.05	0.25	0.50
电位值/mV					

2. 数据处理

按下面公式进行计算：

$$F^-(mg/L)=AD \tag{6-1}$$

式中 A——从标准曲线上查出的氟离子量，mg/L；

D——水样稀释倍数。

六、注意事项

(1) 由于玻璃器皿易造成氟污染，所以尽量使用聚乙烯烧杯器皿。

(2) 测定过程中，搅拌溶液的速度应恒定。

七、思考题

(1) 氟离子选择电极在使用时应注意哪些问题？

(2) 要提高测氟准确度的关键因素有哪些？

实验二 紫外——可见吸收光谱法

第一节 邻二氮菲吸收光谱法测定水中铁的含量

一、实验目的

(1) 熟悉分光光度计的使用方法。

(2) 学会吸收光谱法中测定条件的选择方法。

二、实验原理

Fe^{2+}与邻二氮菲（Phen）在一定条件下生成邻二氮菲-Fe（Ⅱ）橙红色络合物。在508nm处测定吸光度值，用标准曲线法可求得水样中Fe^{2+}的含量。若用盐酸羟胺$NH_2OH \cdot HCl$等还原剂将水中Fe^{3+}还原为Fe^{2+}，则本法可测定水中总铁和Fe^{2+}的含量。

三、实验仪器及试剂

1. 仪器及用品

(1) 分光光度计，如图6-2所示。

(2) pH值计。

(3) 容量瓶100mL。

(4) 具塞磨口比色管50mL。

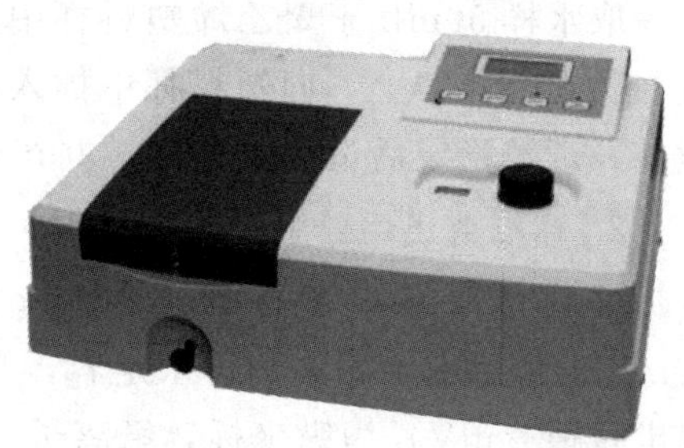

图6-2 分光光度计

（5）吸量管 1mL、2mL、10mL。

2. 试剂

（1）铁标准储备溶液（Ⅰ）（Fe^{2+} =100μg/mL）。

（2）铁标准使用溶液（Ⅱ）（Fe^{2+} =10μg/mL）：用吸量管准确吸取 10.0mL 铁标准溶液（Ⅰ）至 100mL 容量瓶中，定容前加入 6mol/L HCl2.0mL，再用去离子水稀释至刻度。此溶液铁含量为 10μg/mL。

（3）0.12%（m/V）邻二氮菲溶液（Phen）：称取二氮杂菲 0.12g 溶解于 100mL 蒸馏水中（可微热助溶），储于棕色瓶中，最好用前配制。

（4）10%(m/V) 盐酸羟胺溶液：称取盐酸羟胺 10g 溶解于 100mL 蒸馏水中，用时配制。

（5）缓冲溶液（NaAc）：称取乙酸钠 200g 溶解于约 200mL 蒸馏水中，加入冰乙酸 600mL，再用蒸馏水稀释至 1000mL。

四、实验步骤

1. 最大吸收波长 λ_{max} 的确定

用吸管取 0mL、1mL 铁标准溶液（100μg/mL）分别注入两个 50mL 比色管。各加入 1mL 盐酸羟胺，2mL Phen，5mL NaAc，摇匀。放置 10min。用 1cm 比色皿以试剂空白为参比，在 440～560nm 之间每隔 10nm 测一次吸光度，以波长为横坐标，吸光度为纵坐标，绘制关系曲线，选择铁适宜波长，一般选取最大吸收波长 λ_{max}。

2. 样品分析

用移液管吸取 25mL 水样，放入 50mL 比色管中，各加入 1mL 盐酸羟胺，2mL Phen，5mL NaAc，摇匀。放置 10min。用 1cm 比色皿以试剂空白为参比，在最大吸收波长 λ_{max} 测吸光度值，在标准曲线上查出水样中铁的含量。

3. 标准曲线的绘制

用吸管准确移取铁标准 0μg、20μg、40μg、60μg、80μg、100μg 于一系列 50mL 比色管中。按上述步骤进行，测定吸光度，以铁含量为横坐标，吸光度为纵坐标，绘制标准曲线。

五、数据记录

1. 实验原始数据

（1）最大吸收波长 λ_{max} 的确定，实验数据记入表 6-3。

表 6-3　　实验数据记录表

波长 λ/nm	440	450	460	470	480	490	500	510	520	530	540	550	560
吸光度值													

（2）Fe 标准曲线的绘制，实验数据记入表 6-4。

表 6-4　　实验数据记录表

铁标准溶液量/mL	0.0	2.0	4.0	6.0	8.0	10.0
Fe 含量/μg	0.0	20	40	60	80	100
Fe 浓度/(mg/L)	0.0	0.4	0.8	1.2	1.6	2.0
吸光度值						

2. 数据处理

按下面公式进行计算：

$$Fe(mg/L)=\frac{A}{V} \tag{6-2}$$

式中　A——标准曲线上查出亚铁离子或总铁量，μg；

V——水样体积，mL。

六、注意事项

(1) 不能颠倒各种试剂的加入顺序，注意标准曲线颜色梯度变化规律。

(2) 每次测定前要注意调零，最佳波长选择好后不要再改变。

七、思考题

(1) 用邻二氮菲测定铁时，为什么要加入盐酸羟胺，其作用是什么？试写出有关反应式。

(2) 根据有关实验数据，计算邻二氮菲-Fe络合物在选定波长下的摩尔吸收系数。

(3) 在有关条件实验中，均以水为参比，为什么在测绘标准曲线和测定试液时，以试剂空白溶液为参比？

第二节　水中硝酸盐测定实验

一、实验目的

(1) 熟悉并掌握紫外分光光度计的原理及使用方法。

(2) 学习运用紫外分光光度法测定水中的 NO_3-N。

二、实验原理

在紫外光谱区，硝酸根有强烈的吸收，其吸收值与硝酸根的浓度成正比。在波长210～220nm处可测定其吸光度。水中溶解的有机物，在波长220nm及275nm下均有吸收，而硝酸根在275nm时没有吸收。这样，需在275nm处作一次测定，以校正硝酸根的吸光度。本标准适用于清洁的地下水中硝酸根含量的测定。本法最低检测量为2.3μg，若取50mL水样测定，则最低检测浓度为0.046mg/L。

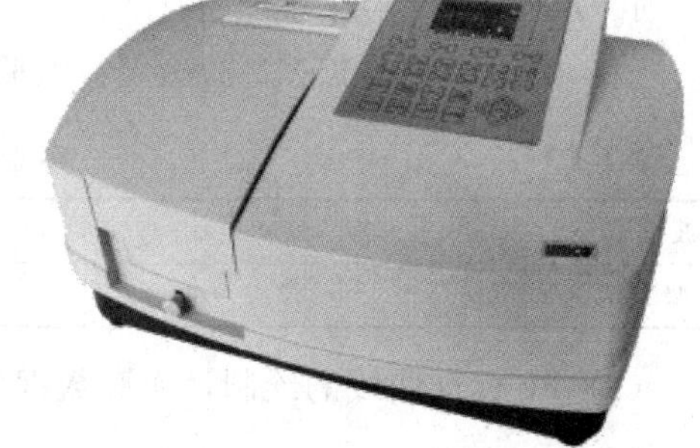

图6-3　紫外分光光度计

三、实验仪器和试剂

1. 仪器及用品

(1) 紫外分光光度计，如图6-3所示。

(2) 石英比色杯。

2. 试剂

(1) 1mol/L盐酸溶液：量取浓盐酸83mL，用蒸馏水稀释至1000mL。

(2) 5%氨基磺酸铵溶液：氨基磺酸铵（$NH_4SO_3NH_2$）5g溶解于100mL蒸馏水中。

(3) 硝酸根标准储备溶液（100μg/mL）：准确称取在105～1100℃烘干1h的硝酸钾

0.1631g，溶于蒸馏中，并定容至1000mL，此溶液1mL含100μg硝酸银。

（4）硝根使用标准溶液（10μg/mL）：分取硝酸根标准储备溶液10mL于100mL容量瓶中，用蒸馏水稀释至刻度。此溶液1mL含10μg硝酸根。

四、实验步骤

1. 样品分析

分取水样50mL于100mL容量瓶中，加入盐酸溶液1mL，摇匀。加入3～5mL氨基磺酸铵溶液，用蒸馏水稀释至刻度，摇匀。于分光光度计上，波长210nm处，用1cm石英比色杯以试剂空白作参比，测量吸光度。调整波长至275nm处，仍以试剂空白作参比，再一次测量吸光度。

2. 标准曲线的绘制

准确移取硝酸根标准0μg、10μg、20μg、50μg、100μg、…、500μg于一系列100mL容量瓶中，用蒸馏水稀释至50mL左右，以下步骤按1进行。以硝酸根含量对吸光度，绘制标准曲线。

五、数据记录

1. 实验原始数据

表6-5　　实验数据记录表

序号	A_{210}	A_{275}	$A_{NO_3^-}$
1			
2			
3			
4			
5			

2. 数据处理

按下面公式进行计算：

$$A_{NO_3^-} = A_{210} - 2A_{275}$$

$$NO_3^-(mg/L) = \frac{A_{NO_3^-}}{V} \tag{6-3}$$

式中　A_{210}——标准溶液在210nm的吸光度；

A_{275}——标准溶液在275nm的吸光度；

$A_{NO_3^-}$——减去有机物的吸收值后，从标准曲线（$\lambda=210$nm）上查得的硝酸根量，μg；

V——所取水样的体积，mL。

六、注意事项

水中溶解的有机物、表面活性剂、亚硝酸盐氮、六价铬、碳酸氢盐和碳酸盐等干扰硝酸盐的测定，需进行适当的预处理。

七、思考题

（1）水中硝酸根含量的测定方法颇多，在环境检测中推荐的方法有哪些？

（2）简述紫外光度法测定 NO_3-N 的原理？

第三节　水中亚硝酸盐测定实验

一、实验目的

（1）掌握 α-萘胺光度法测定亚硝酸盐氮的原理和操作技术。

（2）掌握分光光度法测定水中亚硝酸盐氮的操作技术和原理。

二、实验原理

pH 值为 2.0～2.5 时，水中亚硝酸盐与对氨基苯磺酸生成重氮盐，当与盐酸 α-萘胺发生偶联后生成红色偶氮染料，其色度与亚硝酸盐含量成正比。

三、实验仪器和试剂

1. 仪器及用品

（1）分光光度计。

（2）具塞玻璃磨口比色管 50mL。

（3）比色皿 1cm。

2. 试剂

（1）对氨基苯磺酸溶液：称取对氨基苯磺酸 0.8g 溶于 12％乙酸溶液 150mL 中（低温加热并搅拌可加速溶解），冷却后储于棕色瓶中。

（2）α-萘胺溶液：称取 α-萘胺 0.2g 溶于数滴冰乙酸中，再加 12％乙酸溶液 150mL，混匀，储于棕色瓶中。

（3）对氨基苯磺酸-α-萘胺酸混合溶液：测定前，将上述两种溶液等体积混合摇匀，此溶液应为无色。

（4）亚硝酸银标准储备溶液（0.2mg/mL）：称取在干燥器内放置 24h 的亚硝酸钠 0.2999g，溶于纯水中并定容至 1000mL，加 2mL 氯仿作为保护剂，此溶液 1mL 含 0.2mg 亚硝酸根。

（5）亚硝酸根标准溶液（0.2μg/mL）：吸取亚硝酸根标准储备溶液 10.00mL，用纯水定容至 1000mL，此溶液 1mL 含 2μg 亚硝酸根。再取此溶液 10.0mL 用纯水定容至 100mL。此溶液 1mL 含 0.2μg 亚硝酸根。

四、实验步骤

1. 样品分析

吸取水样 50mL 于 50mL 比色管中，加对氨基苯磺酸-α-萘胺混合溶液 2mL，混匀，放置 10min。在分光光度计上，波长 520nm 处，用 1cm 比色杯，以空白溶液作参比，测量吸光度。

2. 标准曲线的绘制

准确移取亚硝酸根标准 0.0μg、0.2μg、0.5μg、1.0μg、2.0μg、3.0μg、5.0μg 于一

组 50mL 比色管中，用蒸馏水稀释至 50mL，按上述步骤进行测定。以亚硝酸根含量为横坐标，吸光度为纵坐标，绘制曲线。

五、数据记录

1. 实验原始数据

实验数据记入表 6-6。

表 6-6　　实验数据记录表

亚硝酸根标准溶液量/mL				
亚硝酸根含量/μg				
亚硝酸根浓度/(mg/L)				
吸光度值				

2. 数据处理

按下面公式进行计算：

$$NO_2^-(mg/L)=\frac{A}{V} \tag{6-4}$$

式中　A——从标准曲线查得试样中的亚硝酸根量，μg；

V——所取水样体积，mL。

六、注意事项

注意标准曲线实验过程中，加入试剂后，标准样品颜色梯度变化规律的一致性。

七、思考题

(1) 亚硝酸盐测定原理？

(2) 如何制备无亚硝酸盐的水？

第四节　水中铵氮测定

一、实验目的

(1) 掌握铵氮的测定原理及测定方法的选择。

(2) 掌握分光光度计的使用方法，学习标准系列的配制和标准曲线的制作。

二、实验原理

碘化汞和碘化钾与氨反应生成淡红棕色胶态化合物，此颜色在较宽的波长内具强烈吸收。通常测量用 410～425nm 范围。

三、实验仪器和试剂

1. 仪器及用品

(1) 分光光度计。

(2) 具塞玻璃磨口比色管 50mL。

(3) 比色皿 2cm。

2. 试剂

（1）碘化汞钾：称取20g碘化钾溶于约100mL水中，边搅拌边分次少量加入二氯化汞结晶粉末（约10g），至出现朱红色沉淀不易溶解时，改为滴加饱和二氯化汞溶液，并充分搅拌，当出现微量朱红色沉淀不易溶解时，停止滴加二氯化汞溶液。另称取60g氢氧化钾溶于水，并稀释至250mL，充分冷却至室温后，将上述溶液在搅拌下，徐徐注入氢氧化钾溶液中，用水稀释至400mL，混匀。静置过夜。将上清液移入聚乙烯瓶中，密塞保存待用。

（2）酒石酸钾钠溶液：称取50g酒石酸钾钠（$KNaC_4H_4O_6 \cdot 4H_2O$）溶于100mL水中，加热煮沸以去除氨，放冷，定容100mL。

（3）铵标准储备溶液（1mg/mL）：称取3.819g经100℃干燥过的优级纯氯化铵（NH_4Cl）溶于水中，移入1000mL容量瓶中，稀释至标线。此溶液1mL含1.00mg铵氮。

（4）铵标准使用液（10μg/mL）：移取5.00mL铵标准储备液于500mL容量瓶中，用水稀释至标线。此溶液1mL含10μg铵氮。

四、实验步骤

1. 样品分析

取25mL水样加入50mL比色管中，加入1.0mL酒石酸钾钠溶液，摇匀。加1.0mL碘化汞钾，混匀。放置10min后，在波长420nm出，用2cm比色皿，以空白溶液为参比，测量吸光度。

2. 标准曲线的绘制

准确移取铵氮标准0μg、5μg、10μg、30μg、50μg、70μg、100μg于50mL比色管中，按上述步骤进行测定，以铵氮含量为横坐标，吸光度为纵坐标，绘制曲线。

五、数据记录

1. 实验原始数据

实验数据记入表6-7。

表6-7　　实验数据记录表

铵标准溶液量/mL				
铵根含量/μg				
铵根浓度/(mg/L)				
吸光度值				

2. 数据处理

由水样测得的吸光度减去空白实验的吸光度后，用标准曲线计算出铵氮含量A(μg)值，按下面公式进行计算：

$$NH_4^+(mg/L)=\frac{A}{V} \qquad (6-5)$$

式中　A——由标准曲线查得的铵氮量，μg；

V——水样体积，mL。

六、注意事项

（1）碘化汞与碘化钾的比例对显色反应的灵敏度有较大影响。静置后生成的沉淀应去除。

（2）硫等无机离子，因产生异色或浑浊而引起干扰，水中颜色和浑浊亦影响比色，因此应进行预处理。

（3）在铵氮测定时，水样中若含钙、镁、铁等金属离子会干扰测定，可加入配位剂或预蒸馏消除干扰。显色后的溶液颜色会随时间而变化，所以必须在较短时间内完成比色操作。

七、思考题

（1）显色试剂如何配制？

（2）实验反应过程中，水中颜色和浑浊影响比色应如何处理？

第五节　水中磷酸盐测定实验

一、实验目的

（1）熟悉并掌握分光光度计的原理及使用方法。

（2）学习运用分光光度法测定水中的磷酸盐。

二、实验原理

磷酸盐和钼酸铵形成磷钼杂多酸，采用氯化亚锡还原光度法，用氯化亚锡还原得到磷钼蓝，于700nm处进行分光光度测定，此方法简单，灵敏度高，但稳定性稍差。

三、实验仪器和试剂

1. 仪器及用品

（1）分光光度计。

（2）具塞玻璃磨口比色管50mL。

（3）比色皿1cm。

2. 试剂

（1）氯化亚锡：称取2g氯化亚锡溶于100mL甘油，储于棕色磨口瓶中，可在热水浴中溶解，长期可用。

（2）钼酸铵溶液：溶解8.25g钼酸铵于75mL水中，另取100mL浓硫酸徐徐注入300mL水中，冷却后，将钼酸铵溶液在搅拌下注入硫酸溶液中，加水至500mL。

（3）磷标准储备溶液（50mg/L）。

（4）磷标准使用溶液（2.0mg/L）。

四、实验步骤

1. 样品分析

分取适量的水样于50mL比色管中，加入5mL钼酸铵溶液，混匀，加入0.25mL（约5滴）氯化亚锡溶液，充分混匀，加水至50mL。放置15min。用1cm比色皿，于波长700nm处。以蒸馏水作参比，测量吸光度。

2. 标准曲线的绘制

准确移取磷酸盐标准使用液0μg、1.0μg、2.0μg、6.0μg、10.0μg、20.0μg、30.0μg

于 50mL 比色管中，按上述步骤进行测定，以磷酸盐含量为横坐标，吸光度为纵坐标，绘制曲线。

五、数据记录

1. 实验原始数据

实验数据记录入表 6-8。

表 6-8　　实验数据记录表

磷酸盐标准溶液量/mL					
磷酸盐含量/μg					
磷酸盐浓度/(mg/L)					
吸光度值					

2. 数据处理

$$PO_4^{3-}\,(\mathrm{mg/L})=\frac{A}{V} \tag{6-6}$$

式中　A——从标准曲线查得试样中的磷酸根量，μg；

V——所取水样体积，mL。

六、注意事项

(1) 水样混浊时应过滤后测定。

(2) 水样测试温度应与绘制曲线时温度大致相同，若温差大于±5℃，则应采取必要的加热或冷却措施。

七、思考题

(1) 磷酸盐测定原理？

(2) 比较测定水中磷酸盐不同方法的差异性？

实验三　光　谱　法

第一节　原子吸收光谱法测定水中 Na^+ 含量

一、实验目的

(1) 通过实验了解原子吸收分光光度计的工作原理和使用方法。

(2) 初步学习火焰原子吸收法测量条件的选择方法。

(3) 初步掌握使用标准曲线法测定微量元素的实验方法。

二、实验原理

原子吸收光谱法是基于从光源发射的被测元素的特征谱线，通过样品蒸气时，被蒸气中待测元素基态原子吸收，由谱线的减弱程度求得样品中被测元素的含量。谱线的吸收与原子蒸气的浓度遵守比耳定律，这是本方法定量分析的基础。

测定时，首先将被测样品转变为溶液，经雾化系统导入火焰中，在火焰原子化器中，经过喷雾燃烧完成干燥、熔融、挥发、离解等一系列变化，使被测元素转化为气态基态原子。本次实验采用标准曲线法测定未知液中钠的含量。

三、实验仪器与试剂

1. 仪器及用品

(1) 原子吸收分光光度计，如图 6-4 所示。

(2) 容量瓶 50mL。

(3) 移液管 5mL。

2. 试剂

(1) 钠标准储备溶液：200μg/mL。

(2) 钠标准使用溶液：10μg/mL。

图 6-4 原子吸收分光光度计

四、实验步骤

1. 标准溶液的配置

准确吸取钠标准使用溶液 0.0μg、20.0μg、40.0μg、60.0μg、80.0μg、100.0μg 于 100mL 容量瓶中，用蒸馏水稀释至刻度，以滤膜过滤，摇匀。

2. 仪器调试及参数设置

用原子吸收分光光度计，光源为 Na 空心阴极灯，灯电流 3.5mA，波长为 324.8nm，狭缝宽度 0.1nm，压缩空气压力 0.2～0.3MPa，乙炔压力 0.06～0.07 MPa，乙炔流量 2L/min，火焰高度 6～7cm 左右，钠的灵敏吸收线为 589.0nm，钠的次灵敏吸收线为 330.2nm。选择最佳条件以空白溶液为零点，标准溶液按由低浓度到高浓度的顺序，依次测定其吸光度。以吸光度对浓度作图，既得到其标准曲线。

(1) 打开计算机主机的电源。打开乙炔气瓶的主阀门，调节旋钮使次级压力表指针指示为 0.09MPa，启动空气压缩机，调节输出压力为 0.35MPa。双击原子吸收系统图标，点击测定，进入系统登录画面。在登录 ID 项输入 "admin"，密码项不填，按 "确定" 按钮进入系统，如图 6-5 所示。

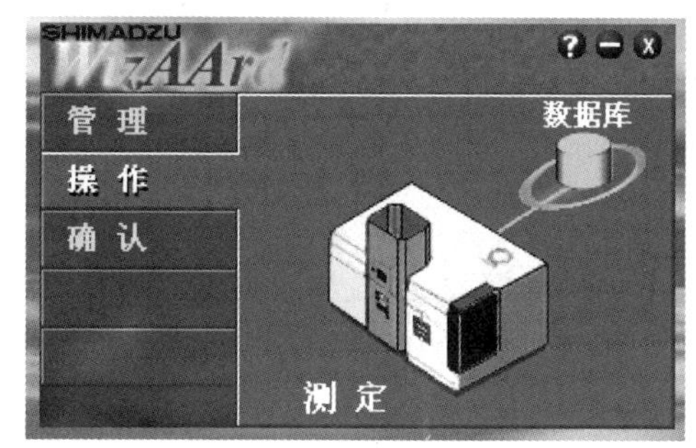

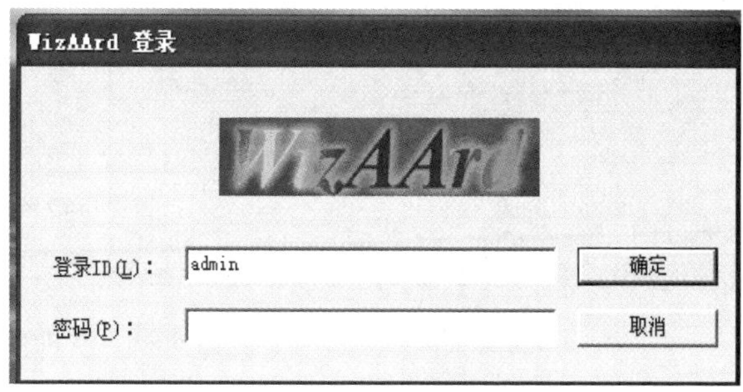

图 6-5 开机测试界面

(2) 通过直接输入元素符号或者元素周期表进行元素的选择。同时设置好测定元素的测试方式，选择元素灯的类型，是否使用自动进样器等，如图 6-6 所示。

(3) 对测试样品进行工作曲线的设置和未知样品的设置。选择测试重复次数，对空白、标样、样品和斜率校正进行设置，对未知样品进行群组编辑，如图 6-7 所示。

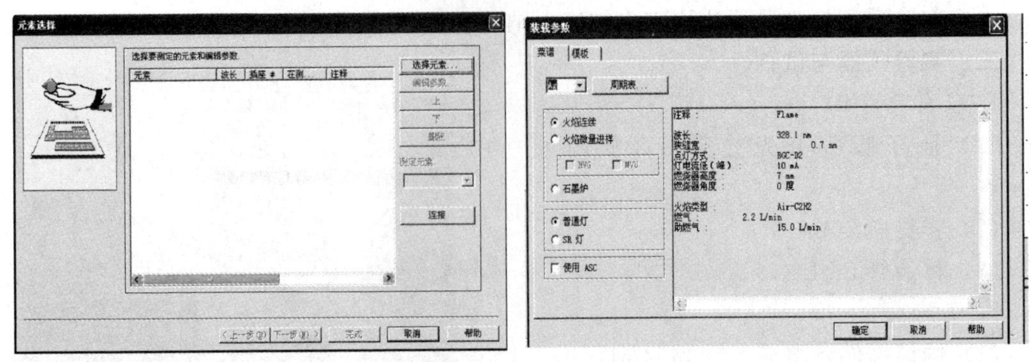

图 6-6　元素选择界面

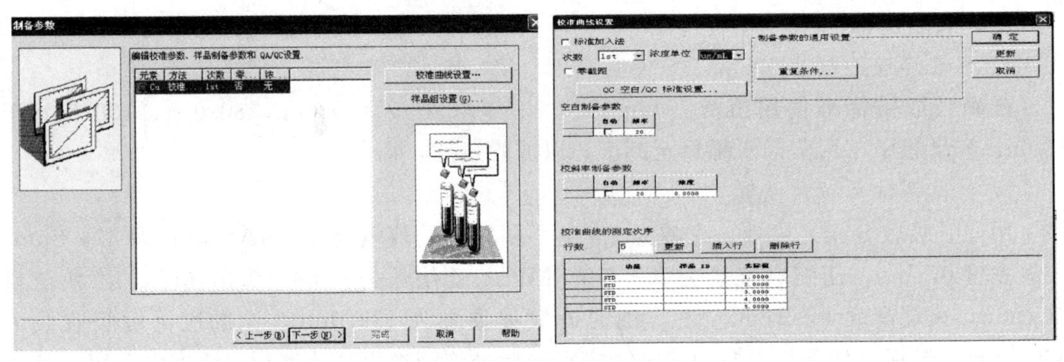

图 6-7　测试设置参数界面

(4) 确认联机操作，进行仪器的自检，如果有项目显示为红色，则表示自检可能出现问题，需检查问题原因。项目都是绿色，表示自检成功，如图 6-8 所示。

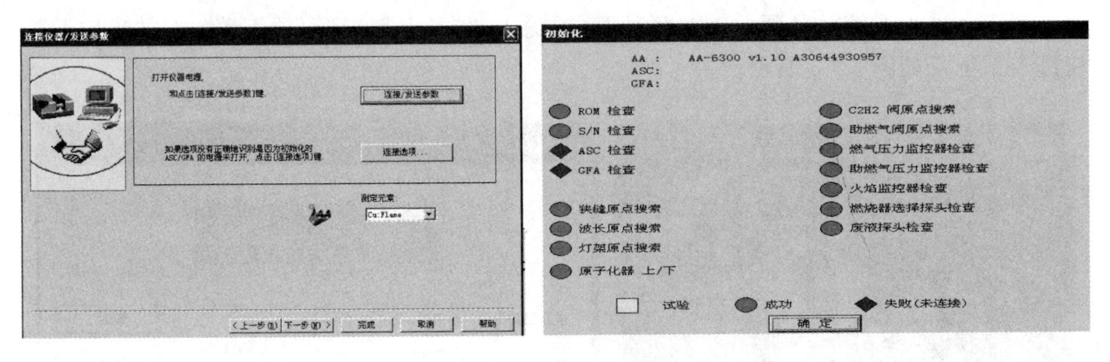

图 6-8　联机自检界面

(5) 自检完成后，显示光学参数的画面进行谱线搜索，谱线与光束平衡都 OK 后进入测试阶段，如图 6-9 所示。

3. 测试及数据处理

水样在采集后，应立即以 0.45μm 水系滤膜过滤。首先吸取空白溶液，点击空白调零。吸取待测样品溶液，点击开始，依次测定未知样品得到结果。如果超出测量范围，稀释至适当倍数，测定钠的含量，如图 6-10 所示。

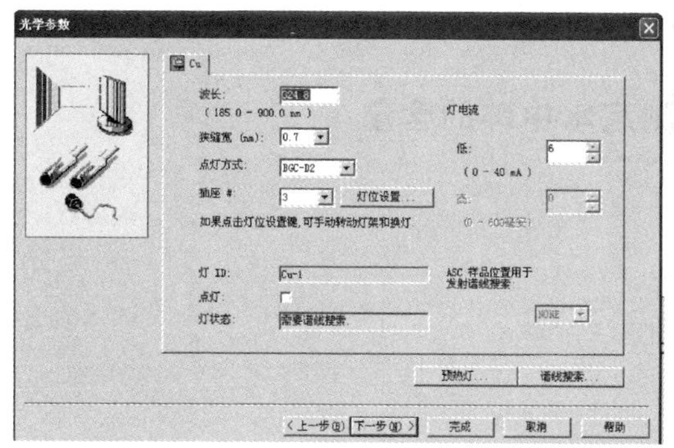

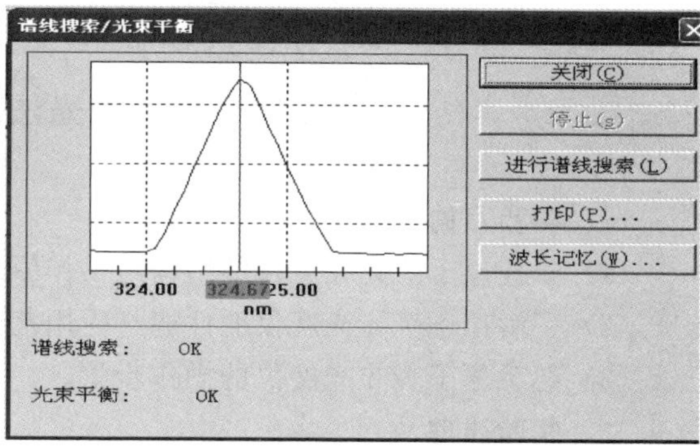

图 6-9　谱线搜索界面

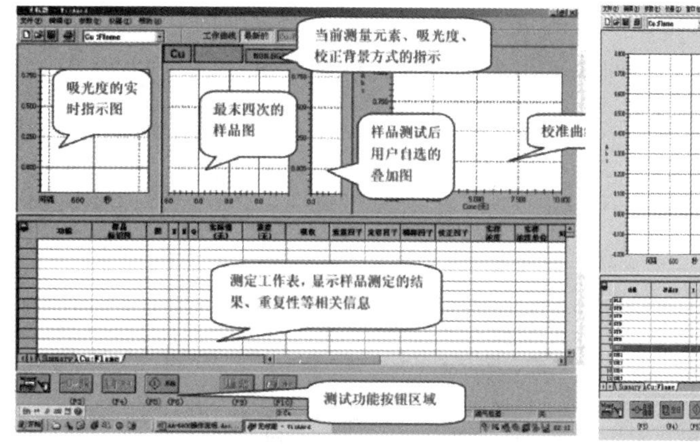

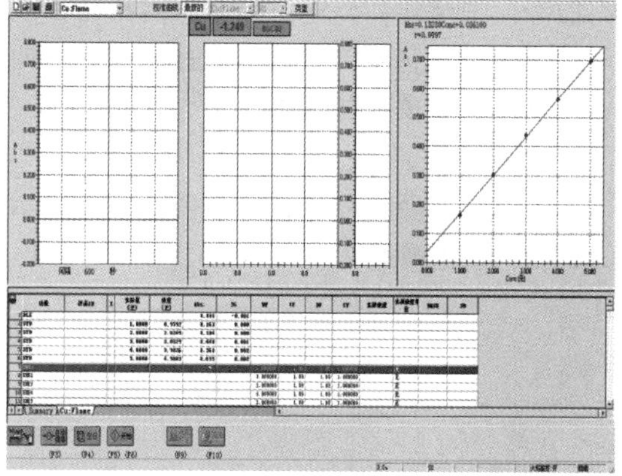

图 6-10　样品测试界面

五、数据记录

1. 实验原始数据

实验数据记入表 6-9。

表 6-9　　实验数据记录表

标准液浓度/(mg/L)					
吸光度值					
样品吸光度值					
样品浓度/(mg/L)					

2. 数据处理

数据处理方式参照实验步骤测试及数据处理。

六、注意事项

(1) 注意过滤样品，以免堵塞仪器进样管。

(2) 注意仪器测量范围，调整未知样品的稀释倍数。

七、思考题

(1) 原子吸收光谱法测定水中钠离子的原理是什么？

(2) 简述原子吸收光谱法测钠的步骤?

第二节 原子荧光法测定水中砷的含量

一、实验目的

(1) 掌握原子荧光光度仪的结构与工作原理。

(2) 了解原子荧光光度仪的性能与应用范围。

(3) 熟悉原子荧光光度仪的操作步骤。

二、实验原理

在酸性条件下，三价态的砷与硼氢化钾反应生成砷化氢，由载气（氩气）带入石英原子化器，砷化氢分解为原子态砷。在特制的砷空心阴极灯的照射下，基态砷原子被激发至高能态，去活化回到基态时，发射出特征波长的荧光，在一定浓度的范围内，其荧光强度与砷的含量成正比，因此可通过测定标准曲线求出未知样品中砷的含量。

三、实验仪器与试剂

1. 仪器及用品

(1) 原子荧光光度计，如图 6-11 所示。

(2) 离心管。

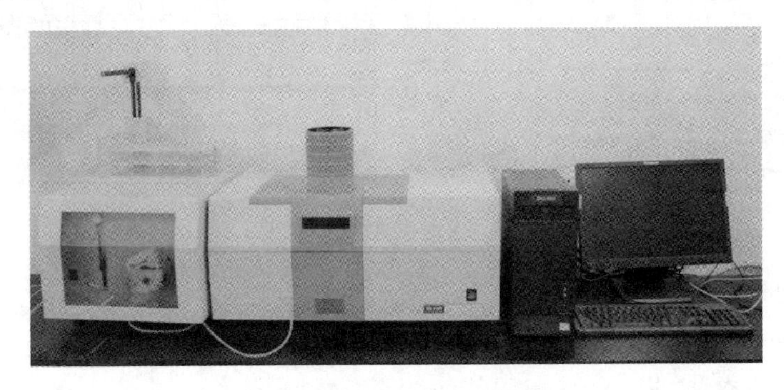

图 6-11 原子荧光光度计

2. 试剂

(1) 砷标准使用液（1μg/mL）：吸取 0.05mL 砷标准储备液（1000μg/mL）于 50mL 容量瓶中，用蒸馏水定容至刻度。

(2) (5∶95) 优级纯盐酸。

(3) 氢氧化钾 (2g/L)。

(4) 硼氢化钾 (20g/L)。

(5) 硫脲—抗坏血酸溶液：称取 10g 硫脲加约 80mL 纯水，加热溶解，冷却后加入 10g 抗坏血酸，稀释至 100mL。

四、实验步骤

1. 标准溶液的配置

从砷标准使用溶液吸取砷标准使用溶液 0.0mL、1.0mL、2.0mL、3.0mL、4.0mL、

5.0mL，移入 50mL 容量瓶中，以滤膜过滤，用蒸馏水稀释至刻度，混匀。

2. 仪器调试及参数设置

(1) 开启计算机，打开氩气瓶，调节分压表压力 0.25MPa。

打开主机、自动进样器，开启自动进样器之前确认自动进样臂位于下端。

用调光器调节灯位置，使光斑位于调光器的中心位置，调节原子化器高度砷灯调节至 10mm，其他元素灯调节至 8mm。

(2) 进入操作系统，微机与主机进行联机通信，联机正常时，软件自动进入元素灯识别画面，如图 6-12 所示。

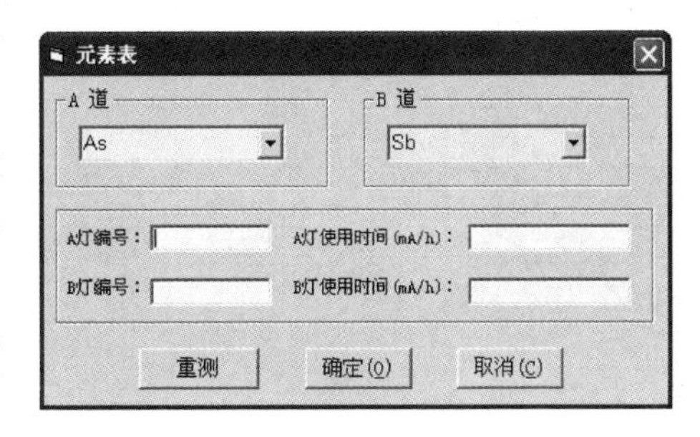

图 6-12　元素表选择界面

在此界面选择所需测量元素或在开启主机电源时把不进行测量的元素灯拔出。单击“确定”按钮，进入正常联机工作状态，如图 6-13 所示。

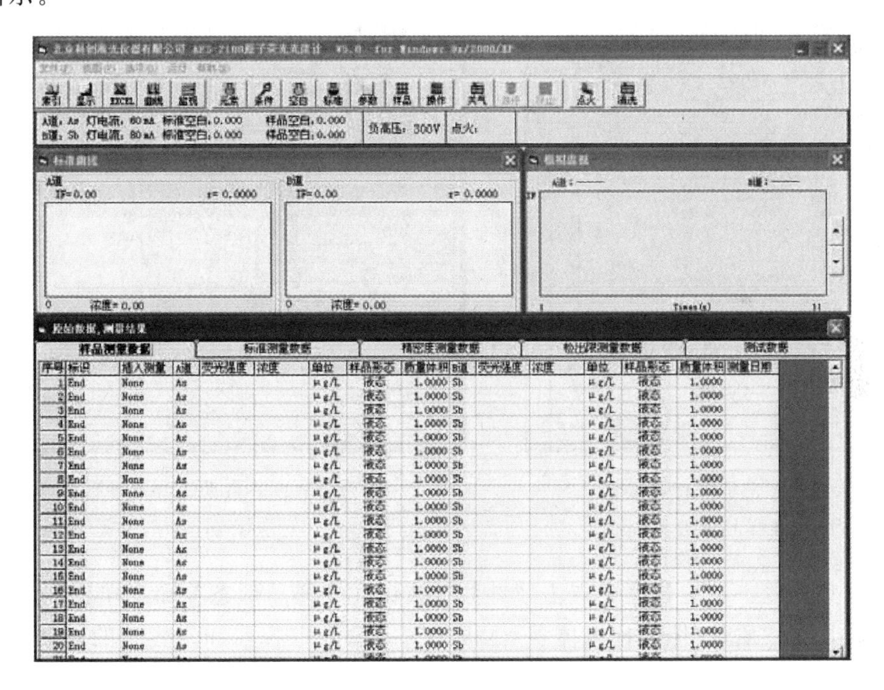

图 6-13　测试界面

(3) 建立数据库及条件设置。建立数据库：在“文件（F）”中选择“生成新数据库”在“文件名”栏中输入新数据库的名字，单击“保存”按钮，即可生成一新数据库。

仪器条件设置：用鼠标左键单击 钮，进入条件设置对话框，在其中可以对“仪器条件”（图 6-14）、“测量条件”（图 6-15）、“A 道标准样品参数”“B 道标准样品参数（图 6-16）”、“自动进样器参数”（图 6-17）等内容进行相关参数的设定。

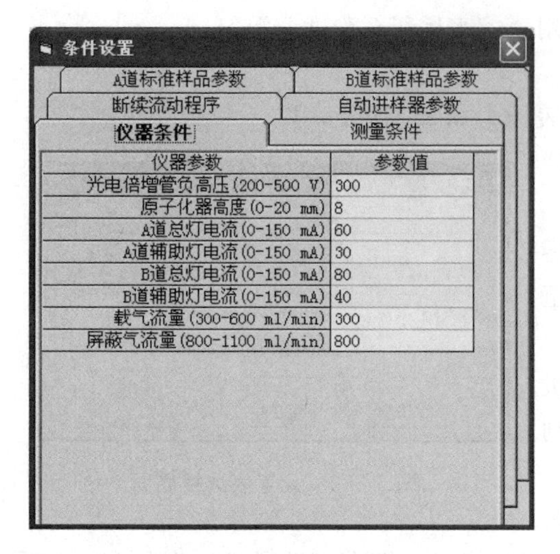

条件设置

A道标准样品参数 | B道标准样品参数 | 断续流动程序 | 自动进样器参数 | 仪器条件 | 测量条件

仪器参数	参数值
光电倍增管负高压(200-500 V)	300
原子化器高度(0-20 mm)	8
A道总灯电流(0-150 mA)	60
A道辅助灯电流(0-150 mA)	30
B道总灯电流(0-150 mA)	80
B道辅助灯电流(0-150 mA)	40
载气流量(300-600 ml/min)	300
屏蔽气流量(800-1100 ml/min)	800

图 6-14 仪器条件界面

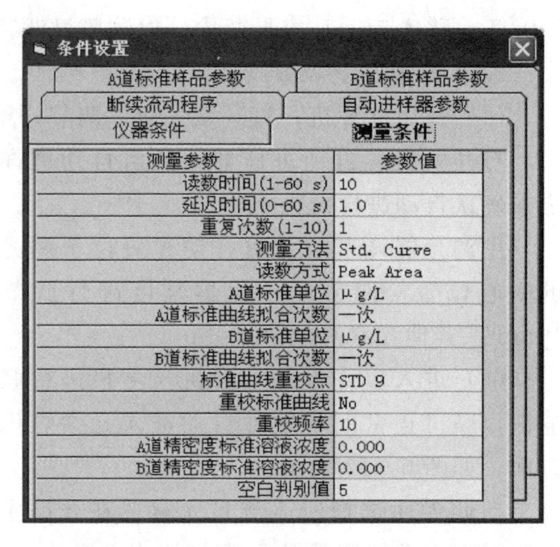

条件设置

A道标准样品参数 | B道标准样品参数 | 断续流动程序 | 自动进样器参数 | 仪器条件 | 测量条件

测量参数	参数值
读数时间(1-60 s)	10
延迟时间(0-60 s)	1.0
重复次数(1-10)	1
测量方法	Std. Curve
读数方式	Peak Area
A道标准单位	μg/L
A道标准曲线拟合次数	一次
B道标准单位	μg/L
B道标准曲线拟合次数	一次
标准曲线重校点	STD 9
重校标准曲线	No
重校频率	10
A道精密度标准溶液浓度	0.000
B道精密度标准溶液浓度	0.000
空白判别值	5

图 6-15 测量条件界面

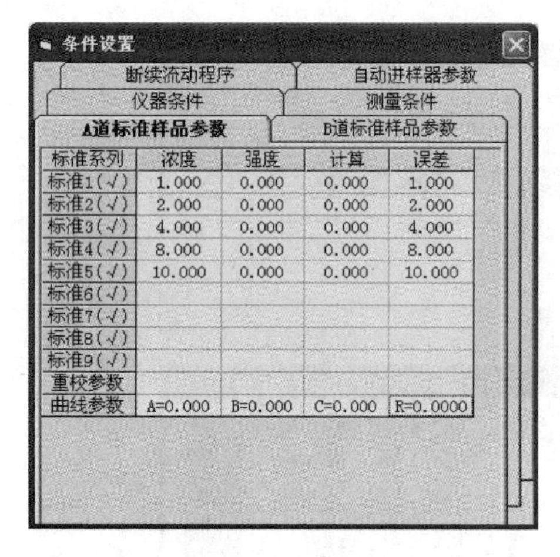

条件设置

断续流动程序 | 自动进样器参数 | 仪器条件 | 测量条件 | A道标准样品参数 | B道标准样品参数

标准系列	浓度	强度	计算	误差
标准1(√)	1.000	0.000	0.000	1.000
标准2(√)	2.000	0.000	0.000	2.000
标准3(√)	4.000	0.000	0.000	4.000
标准4(√)	8.000	0.000	0.000	8.000
标准5(√)	10.000	0.000	0.000	10.000
标准6(√)				
标准7(√)				
标准8(√)				
标准9(√)				
重校参数				
曲线参数	A=0.000	B=0.000	C=0.000	R=0.0000

图 6-16 A 道标准样品参数、B 道标准样品参数界面

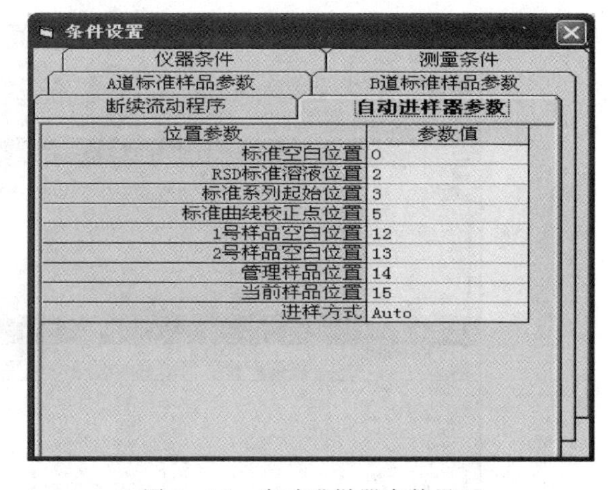

条件设置

仪器条件 | 测量条件 | A道标准样品参数 | B道标准样品参数 | 断续流动程序 | 自动进样器参数

位置参数	参数值
标准空白位置	0
RSD标准溶液位置	2
标准系列起始位置	3
标准曲线校正点位置	5
1号样品空白位置	12
2号样品空白位置	13
管理样品位置	14
当前样品位置	15
进样方式	Auto

图 6-17 自动进样器参数界面

样品参数设置：在工具栏中点击“参数”按钮在“样品形态”和“样品单位”中选择适当的参数，在“质量/体积比或体积/体积比”中输入定容前和定容后的样品溶液参数。然后输入样品标识，输入样品号，按行号输入起始行和终止行号，如图 6-18 所示。

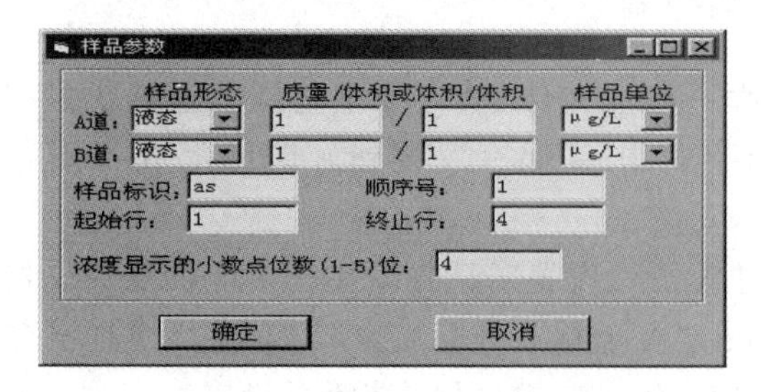

样品参数

	样品形态	质量/体积或体积/体积		样品单位
A道：	液态	1	/ 1	μg/L
B道：	液态	1	/ 1	μg/L

样品标识：as　顺序号：1

起始行：1　终止行：4

浓度显示的小数点位数(1-5)位：4

确定　取消

图 6-18 样品参数设置界面

3. 测试及数据处理

配制 As 标准使用溶液，存于 10mL 离心管中，放在自动进样器相应位置；水样用滤膜过滤后，加入 HCl，置于 10mL 离心管中，依次测定标准空白、标样、样品空白、样品，记录相应的测试结果。用鼠标左键单击工具栏“点火”，如图 6-19 所示。

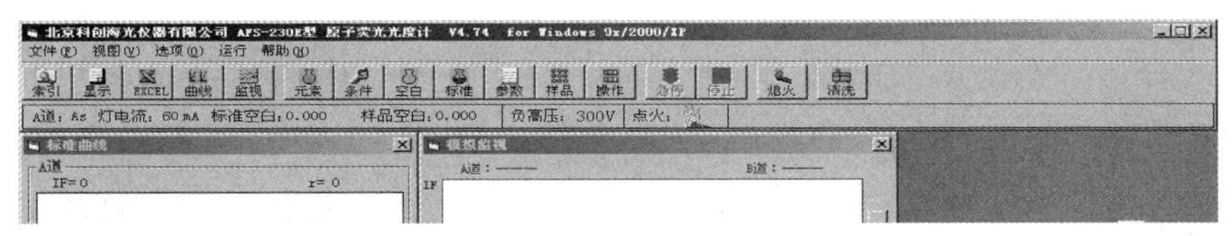

图 6-19　仪器操作界面

用鼠标左键单击“运行”“样品测试”，用载流进行测试（“0”号），通过调节“负高压”“灯电流”使空白荧光强度值在 100～300 左右，然后让仪器运行 20～30min，如图 6-20 所示。

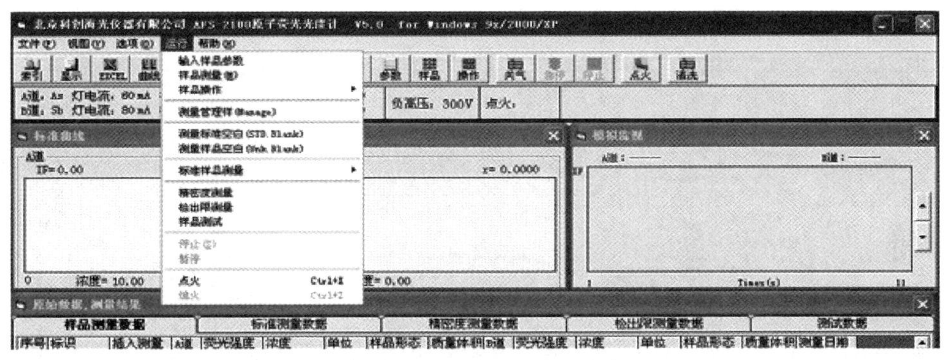

图 6-20　仪器运行界面

用鼠标点击工具栏中的按钮，或是单击“运行”菜单中“标准空白测量”选项，仪器对标准空白溶液开始进行测量，测得的数据结果显示并存放在“测量数据结果”面板中。当前后两个标准空白数据的差值小于或等于空白判别值时，测量稳定并停下来，如图 6-21 所示。

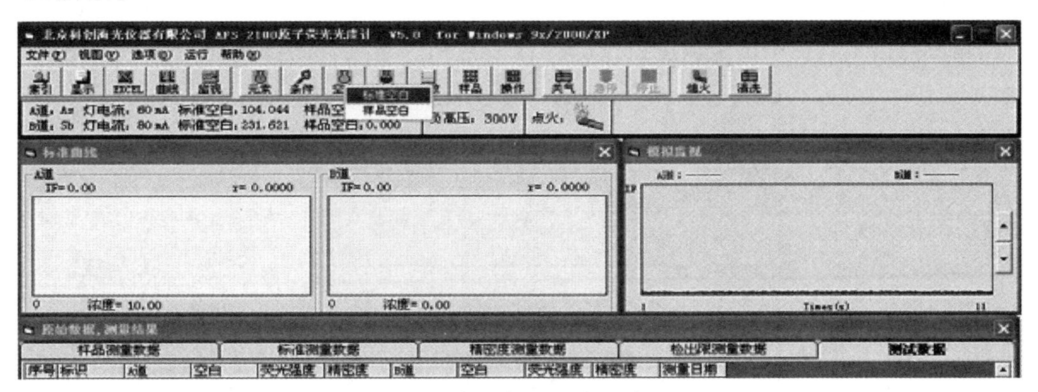

图 6-21　仪器标准空白设定界面

用鼠标左键单击按钮，或在“运行”菜单中选择“标准样品测量”选项，在其下拉菜单中单击“标准曲线测量”，在弹出对话框中输入文件名如图 6-22 所示，该文件保存在“生成新数据库”或“连接数据库”中。即可进行标准系列溶液的测定。查看标准曲线及相关信息用鼠标左键单击条件设置按钮中的“条件设置”按钮中的“A、B 道标准样品参数”。如需重测其中某一标准点单击点击“重测曲线测量”输入相应序号点击确定。

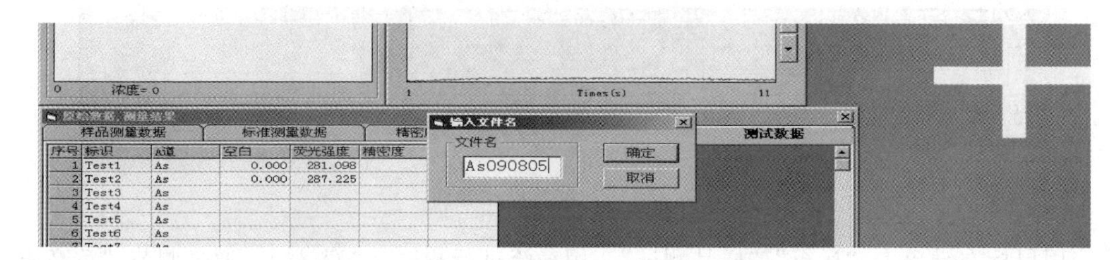

图 6-22 样品文件设定界面

用鼠标左键单击“运行”“样品测试”，用载流进行测试（“0”号），如荧光强度波动不大单击“停止”，如图 6-23 所示。

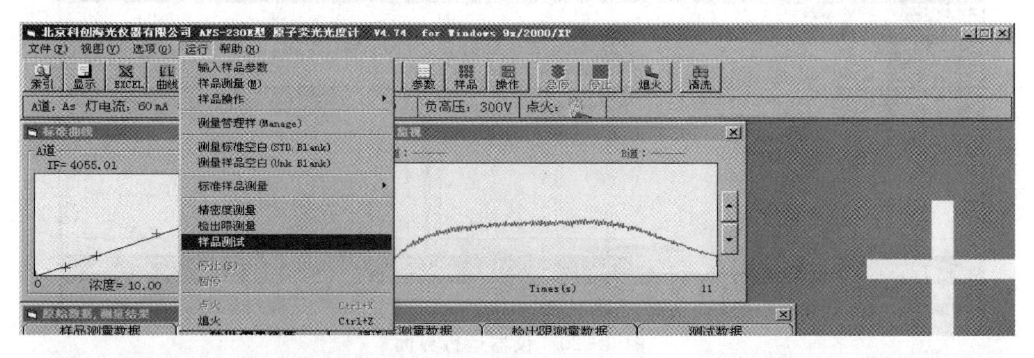

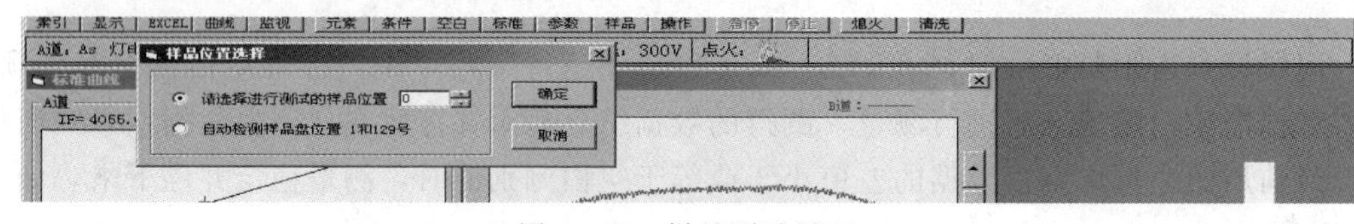

图 6-23 样品测试界面

用鼠标点击工具栏中的按钮选择“样品空白”选项，测试样品空白，如图 6-24 所示。

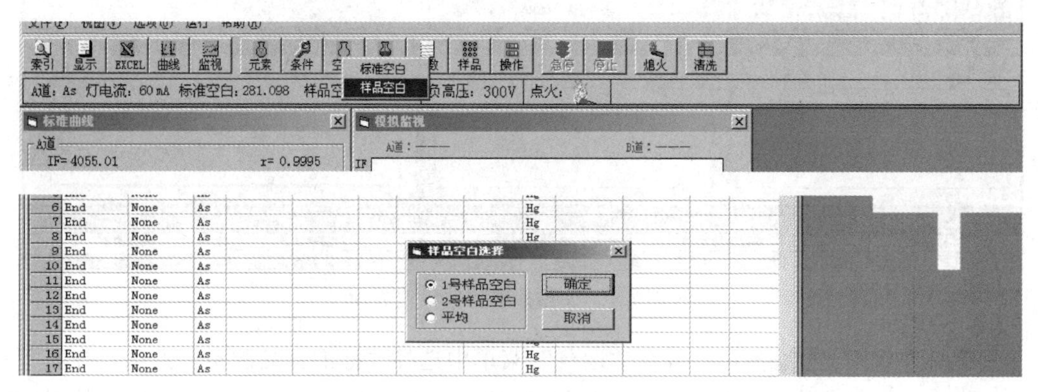

图 6-24 样品空白测试界面

点击“样品测量”按钮或选择“运行”菜单中“样品测量”选项，在弹出对话框中输入文件名，该文件保存在“生成新数据库”或“连接数据库”中，如图 6-25 所示。

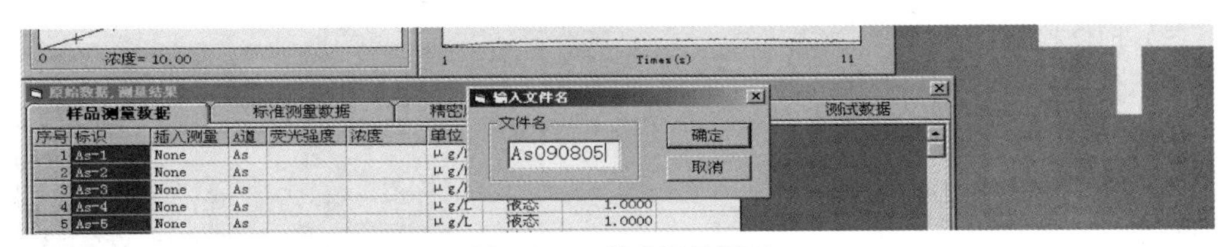

图 6-25　样品测量界面

把样品管和还原剂管插入去离子水中用鼠标左键单击“运行”“样品测试”(“0”号)，对仪器管道进行清洗。清洗结束后用鼠标左键单击工具栏“熄火”退出操作系统，关闭双泵、主机、松开泵夹，关闭计算机。

五、数据记录

1. 实验原始数据

实验数据记入表 6-10。

表 6-10　　实验数据记录表

标准液浓度/ppb					
荧光强度值					

2. 数据处理

数据处理方式参照实验步骤测试及数据处理。

六、注意事项

注意自动进样操作及样品放置顺序。

七、思考题

(1) 原子荧光法测定水中 As 的原理?

(2) 原子荧光法测定水中 As 的具体步骤?

实验四　色　谱　法

第一节　气相色谱法测定苯系物的含量

一、实验目的

(1) 掌握气相色谱仪的结构与工作原理。

(2) 了解气相色谱仪的性能与应用范围。

(3) 熟悉气相色谱仪的操作步骤。

二、实验原理

气相色谱分析对象是在气化室温度下能成为气态的物质。除少数外，大多数物质在分析前都需要预处理。由于气体的粘度小、扩散系数大，造成其在色谱柱内流动的阻力小、传质速度快。所以，气相色谱法是一种高效、快速的分离分析技术。

三、实验仪器与试剂

1. 仪器及用品

(1) 气相色谱仪，如图 6-26 所示。

(2) FID检测器。

(3) 色谱柱。

(4) 10μL进样针。

(5) 气体发生器。

2. 试剂

(1) 甲苯。

(2) 其他，所用试剂均为分析纯。

3. 载气

(1) 高纯氮。

(2) 氢气。

(3) 空气。

图6-26 气相色谱仪

四、实验步骤

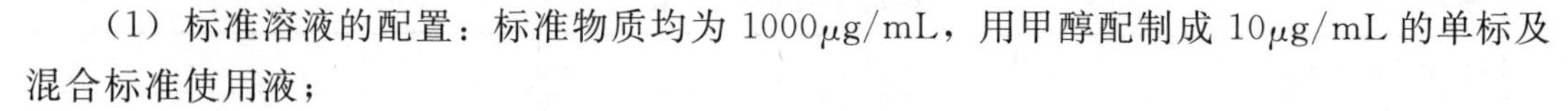

(1) 标准溶液的配置：标准物质均为1000μg/mL，用甲醇配制成10μg/mL的单标及混合标准使用液；

标准曲线的测定：分别吸取标准工作溶液0mL、0.02mL、0.05mL、0.1mL、0.2mL、0.5mL、0.8mL、1.0mL混合标准使用液于50mL容量瓶中，用纯水定容。测量标准溶液的峰高，并绘制相关标准曲线；

未知样的测定：对未知样进行预处理（有机萃取），置于2mL安捷伦瓶中，待用，根据测试未知样峰高，从标准曲线上查得其浓度；

(2) 设定仪器参数及色谱条件。仪器开机，打开氮气钢瓶总阀门，并调节氮气的压力输出阀门，将输出压力调节至0.5MPa。在色谱仪上分别设置参数依次为3部分：

1) 气化室（Inject）的温度。

2) 色谱柱（Column）的升温程序。

3) 检测器（Detect）的温度。

待以上3部分温度升到设定值并设定参数，即进样口温度250℃，检测器温度300℃，气（高纯氮N_2）流速1mL/min，氢气流速30mL/min，空气流速300mL/min。

打开氢气发生器、空气压缩机，点击“Dectect”下的“点火”，进入“Monitor”，可见点火成功后，显示屏上的火苗变为实心。待检测器预热40min后，点击色谱仪上的“zero”将基线调至零点，进行基线检测并等待仪器稳定。

(3) 测试及数据处理。点击桌面上“realtime analysis”按钮，点击确定后打开“GC solution”工作站。基线稳定后点击操作系统中的“单次运行”，用微量进样针取1μL待测液体（气体500μL）样品均速注入，给样品命名，点击仪器上的STAT按键；（★重复单针进样，重复执行上述步骤即可★）仪器自动开始记录谱图。至设定时间后，自动回到初始状态。查看谱图，进行数据处理。

五、数据记录

1. 实验原始数据

实验数据记入表6-11。

表 6-11 实验数据记录表

标准液浓度/ppb	峰高	峰面积	含量	备注

2. 数据处理

数据处理方式参照实验步骤测试及数据处理。

六、注意事项

（1）开机时必须先通载气，才能开色谱仪升温；关机时，先关色谱仪降温，后关载气。

（2）注意进样技术。

七、思考题

（1）内标法定量有哪些优点？方法的关键是什么？

（2）本实验为什么可以采用峰高定量？

第二节 液相色谱法测定水中对硝基酚的含量

一、实验目的

（1）熟悉高效液相色谱仪主要结构组成及功能。

（2）了解液相色谱法的原理、优点和应用。

（3）了解流动相的选择依据及配制方法。

（4）掌握高效液相色谱法进行定性和定量分析的基本方法。

二、实验原理

高效液相色谱法是采用高压输液泵将规定的流动相泵入装有填充剂的色谱柱进行分离测定的色谱方法。注入的测试样品，由流动相带入柱内，各成分在柱内被分离，并依次进入检测器，由数据处理系统记录色谱信号。

三、实验仪器与试剂

1. 仪器及用品

（1）液相色谱仪，如图 6-27 所示。

（2）FID 检测器。

（3）色谱柱。

（4）精密天平。

（5）50μL 进样针。

（6）烧杯。

（7）容量瓶。

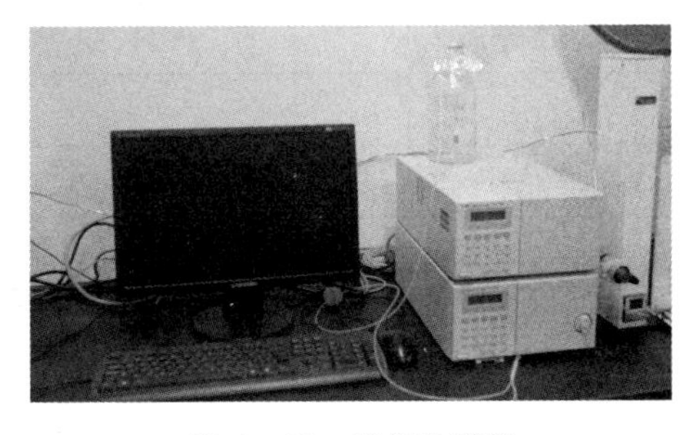

图 6-27 液相色谱仪

2. 试剂

（1）对硝基酚，所用试剂均为分析纯。

（2）超纯水。

（3）甲醇。

四、实验步骤

1. 流动相及标准溶液配制

液相色谱条件：分离柱为 Eclipse SB－C18 柱（150mm×4.6mm，5μm），柱温 30℃；流动相为 V(甲醇)∶V(水)＝70％∶30％；流动相流速为 1.0mL/min；进样量为 5μL；紫外检测器波长为 320nm；数据采集时间为 3.5min。

准确称取对硝基酚 0.02g（精确至 0.0001g），用甲醇溶解后定容至 50mL，摇匀，用 0.22μm 微孔过滤膜过滤，作为标准溶液母液。分别移取上述溶液 0.5mL、1mL、1.5mL、2mL、2.5mL 于 10mL 容量瓶中（20～100mg/L 浓度范围），使用甲醇定容至刻度线，摇匀，用 0.22μm 微孔过滤膜过滤，作为毫克级对硝基酚标样。将上述标准溶液母液准确稀释 1000 倍，其余步骤完全相同，配制 20～100μg/L 浓度范围内的标样，作为微克级对硝基酚标样。

2. 设定仪器参数及色谱条件

仪器依次打开泵、柱温箱、检测器，再打开电脑中的数据在线监测软件。设定色谱参数泵流速、柱温、UV 检测器的检测波长，进行基线检验。待基线平稳，柱温升至设定温度后，点击仪器面板上的 Pump 键，系统开始运行。

3. 测试及数据处理

将仪器上定量环转换至 Load 档，用微量进样针取 50μL 左右待测样品，将其注入定量环中，然后将定量环转换至 Inject 档，仪器自动进入记录状态。重复单针进样，重复执行上述步骤即可。

按照所述的色谱条件将各个标准溶液各进 5μL，得标样色谱图。以浓度 C（mg/L）为纵坐标，峰面积 A（mAU）为横坐标，得校准曲线和回归方程。

五、数据记录

1. 实验原始数据

点击 Single Start 图标，设定数据采集时间长度编辑样品信息，方法文件名，数据存储路径及数据名称，实验数据记录表见表 6－12。

表 6－12　　实验数据记录表

标准液浓度/ppb	峰高	峰面积	含量	备注

2. 数据处理

数据处理方式参照实验步骤测试及数据处理。

对系列对硝基酚的色谱峰进行积分，以峰面积为纵坐标、浓度为横坐标绘制工作曲线并得出线性回归方程及相关系数；将样品中对硝基酚的峰面积代入回归方程计算水样中对硝基酚的浓度。

六、注意事项

(1) 注意进样技术。

(2) 注意影响柱效能的主要因素。

七、思考题

(1) 高效液相色谱仪的主要部件有哪些?

(2) 影响各组分出峰面积的主要因素是什么?

(3) 标准曲线法与内标法、归一化法相比，具有哪些优缺点?

第三节 离子色谱法测定水中常规阴离子的含量

一、实验目的

(1) 掌握离子色谱法分析的基本原理。

(2) 掌握离子色谱仪的组成及基本操作技术。

(3) 掌握常规阴离子的测定方法。

(4) 掌握离子色谱的定性和定量分析方法。

二、实验原理

离子色谱（Ion Chromatography，IC）是色谱法的一个分支，利用被分离物质在离子交换树脂（固定相）上交换能力的不同，从而连续对共存多种阴离子或阳离子进行分离、定性和定量的方法。

三、实验仪器与试剂

1. 仪器及用品

(1) 离子色谱仪，如图 6-28 所示。

(2) FID 检测器。

(3) 色谱柱。

(4) 50μL 进样针。

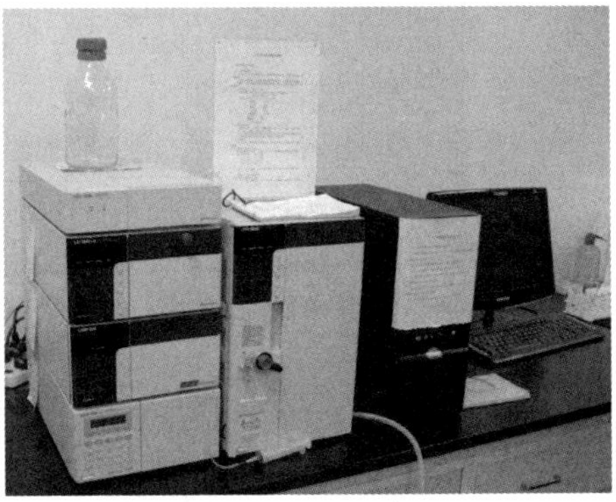

2. 试剂

(1) 标准储备液。

(2) 阴离子混合标准使用液。

(3) 邻苯二甲酸氢钾。

图 6-28 离子色谱仪

四、实验步骤

1. 配制流动相溶液及标准液

流动相前处理：0.75mmol/L 邻苯二甲酸氢钾溶液，用 0.45μm 滤膜抽滤，超声脱气 15min，装入溶剂储液瓶，并确认吸滤头置于液面以下。

配制一系列浓度的待测指标的混合标准溶液，用 0.45μm 滤膜过滤后，置于 2mL 离心管中，待用。

2. 设定仪器参数及色谱条件

（1）打开仪器，对输液泵及自动进样器进行必要的 Purge 操作，排出相应流路中的气泡，使新鲜溶剂在流路中得以置换；检查输液泵在动作前的压力显示值，必要时对此压力值进行调零。

（2）进入 IC 软件系统操作界面。双击 LC solution 图标，弹出登录窗口，如图 6 - 29 所示，在登录窗口中输入用户名 ID 及密码并确定。同时听见 LC 发出“哔”的声音，表示工作站与 LC 联机正常。

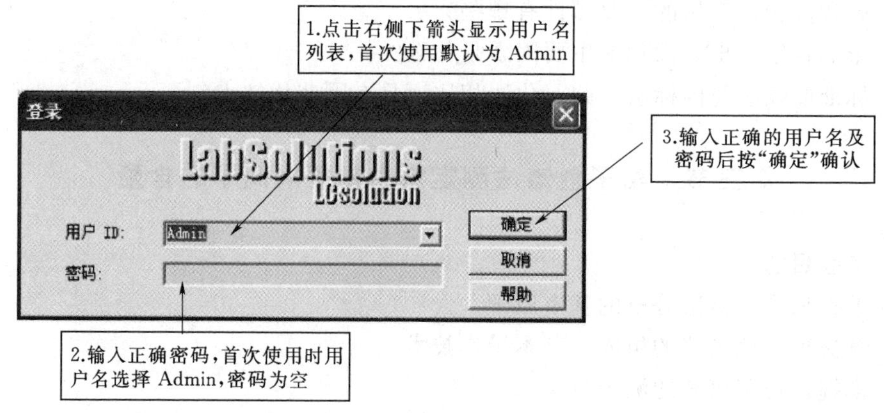

图 6 - 29　开机登录界面

（3）设定色谱参数，进行基线检验。

1）打开一个已建立的方法，也可自行设定分析条件，如图 6 - 30 所示。

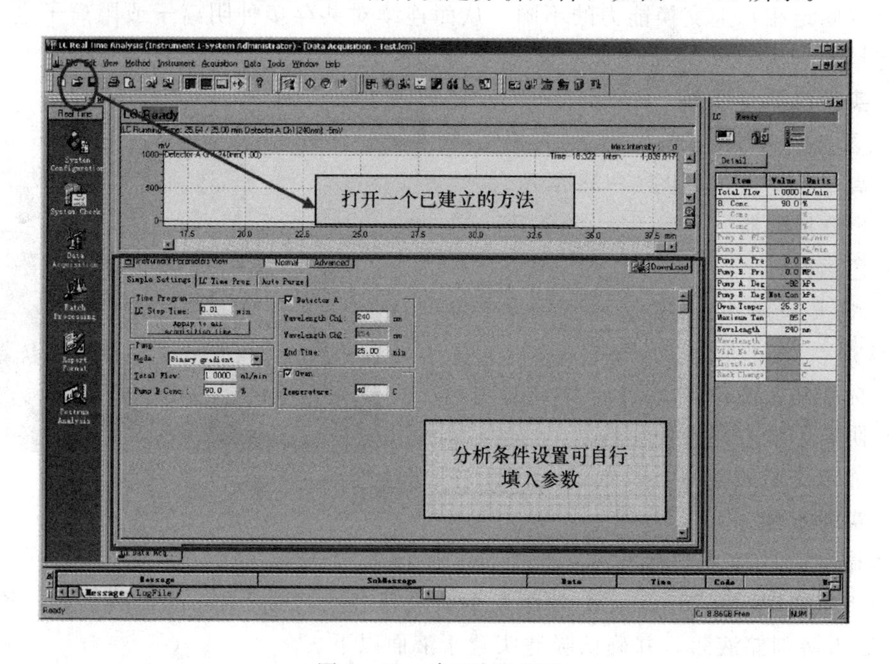

图 6 - 30　建立方法界面

2）若自行设置参数，选中 Normal 项，分别设定：Pumps 泵参数，Total Flow 常用 1.0mL/mim；Column Oven 柱箱参数，Oven 常用 40C；Detecter 检测器参数，默认即可；Time Program 时间程序参数，LC Stop Time，指数据记录时间，一般将此时间设置为 30min（最小值），若测定的是单一组分，其大小需根据该组分的保留时间设定，应大于其保留时间至少 2min 为宜。如图 6 - 31 所示。

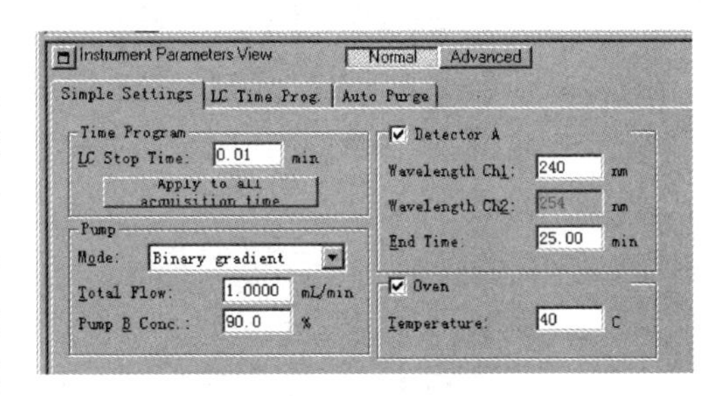

图 6 - 31 参数设置界面

3）参数设定后，需将设定参数传递给仪器，需点击界面中的 Download 完成传送，如图 6 - 32 所示。

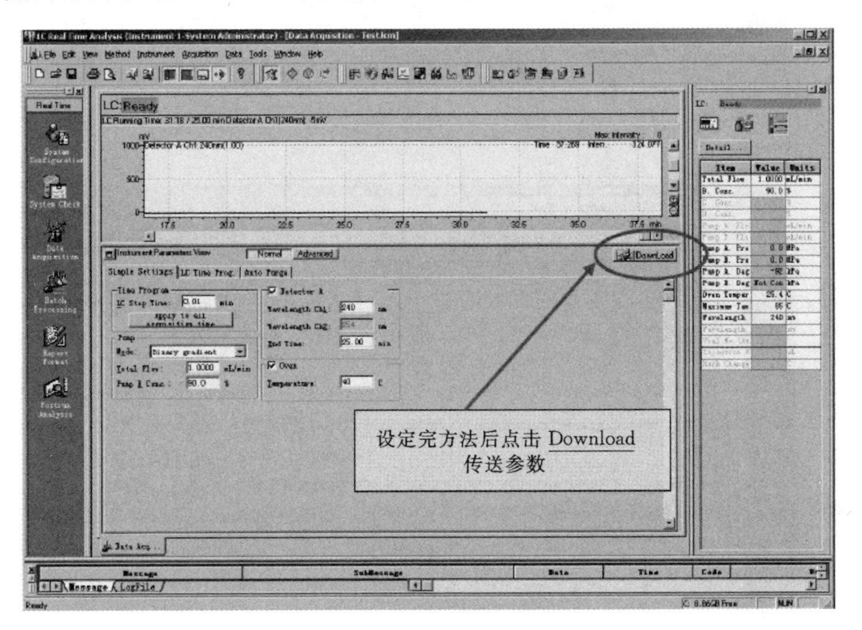

图 6 - 32 参数传输界面

4）柱温和泵开关同时开启，点击 Instrument On/Off 启动仪器。

5）系统开始运行，检查各单元参数应与方法设定一致。观察检测器输出信号变化，如果输出信号稳定不变，即认为接近平衡，基线平稳，调零等待，准备进样分析，如图 6 - 33所示。

3. 测试及数据处理

（1）进样操作步骤：将仪器上定量环转换至 Load 档，用微量进样针取 50uL 左右待测样品，将其注入定量环中，然后将定量环转换至 Inject 档，仪器自动进入记录状态。重复单针进样，重复执行上述步骤即可。

（2）点击 Single Start 图标，设定数据采集时间长度编辑样品信息，方法文件名，数据存储路径及数据名称，如图 6 - 34 所示。

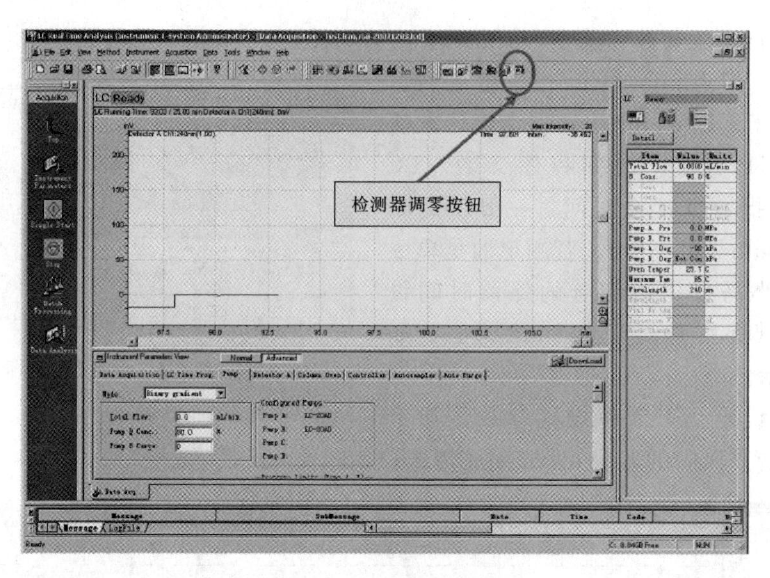

图 6-33　校准基线界面

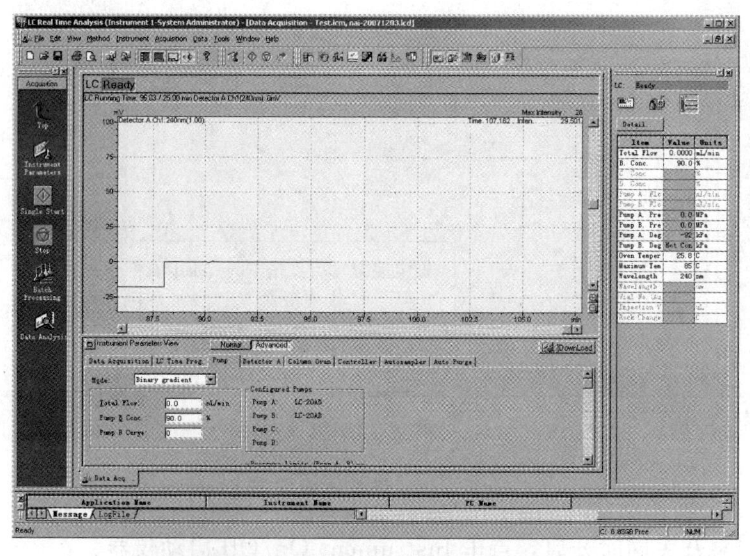

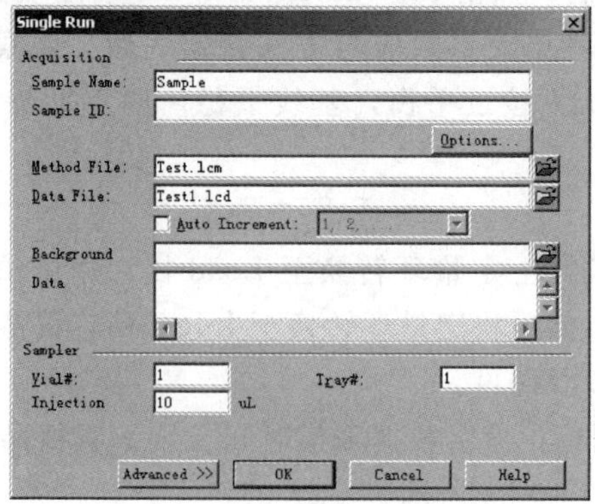

图 6-34　测试及参数设置界面

五、数据记录

1. 实验原始数据

实验数据记入表6-13。

表6-13 实验数据记录表

溶液浓度/ppm	离子	出峰时间/min	峰面积	备注

2. 数据处理

数据处理方式参照实验步骤测试及数据处理。

六、注意事项

(1) 流动相必须先进行超声脱气处理。

(2) 所有进样液体必须经过微孔滤膜过滤。

七、思考题

(1) 比较离子色谱法和键合相色谱法的异同点?

(2) 测定阴离子的方法有哪些?试比较它们各自的特点?

(3) 简述抑制器的作用?

第七部分　环境同位素测试

实验一　低本底α、β测量

一、实验目的

水质检测中的α、β指标是饮用水中一项非常重要的常规检测项目，其目的是对饮用水水源或出厂水水质放射性指标是否出现异常进行初步筛选，以保证水质安全。主要应用于水质监测、食品卫生、环境放射性评价与辐射防护等领域。

二、实验原理

用已知比活度的^{241}Am α标准源、KCl β标准源物质粉末，制备成一系列不同质量厚度的标准源，测量给出标准源的计数效率与标准源质量厚度的关系，绘制α、β计数效率曲线，然后通过样品的质量厚度查出对应的α、β计数效率，计算样品的α、β放射性活度。

三、实验仪器和试剂

1. 仪器及用品

（1）BH1216型低本底α、β测量仪。

（2）电子分析天平、马弗炉、红外灯。

（3）瓷蒸发皿、烧杯、量筒、移液管、玻璃棒等。

2. 试剂

（1）浓盐酸。

（2）硫酸。

（3）乙醇。

（4）丙酮（化学纯或优级纯）。

（5）标准源：已知比活度的^{241}Am标准源、KCl标准源（含量99.5%～99.8%）。

四、实验步骤

1. 样品采集

取一定量的水样，例如能产生固体残渣量10～30Amg（A为样品源面积，cm^2）的确定体积水样。采集的水样必须及时用盐酸调节pH值至2～4，即每升水样加浓盐酸0.8～1.0mL。水样宜低温下储存，并尽快分析。

2. 样品预处理

（1）水样蒸发。用电炉或电热板，烧杯及其他蒸干设备处理水样，待水样蒸发到50mL左右后冷却。将已浓缩的溶液转移到经350℃预先恒重过的瓷蒸发皿中。用少量的蒸馏水仔细地洗烧杯，并将洗液也一并转移至蒸发皿中。

（2）硫酸盐化。将蒸发皿中的浓缩溶液冷却到室温后，将1mL硫酸沿器壁缓慢加入瓷蒸发皿，与浓缩溶液充分混合后，置于红外灯下小心加热、蒸干（防止溅出）。待硫酸冒烟后，将蒸发皿移至加热板上继续加热蒸干，直至将烟雾赶尽。

（3）灼烧。将蒸发皿连同残渣放入马弗炉内灼烧，灼烧温度为500～600℃，时间为1～2h，直至把样品残渣灼烧到白色为止。然后将蒸发皿置于干燥器中冷却至室温。准确称量蒸发皿连同样品残渣的质量，用差减法计算灼烧后的样品残渣质量。

（4）标准源及样品源的制备。用不锈钢药品勺将灼烧后称量过的固体残渣刮下，和等量的^{241}Am α标准源、KCl β标准源分别用玻璃棒研细、混匀，使之成为小于100目的粉末状。准确称量160mg三种粉末，平铺于预先用酒精擦过的样品盘内，滴入数滴体积比为1∶1的丙酮酒精混合溶液，用环形针使样品盘内的粉末平整均匀。再用红外灯把有机溶剂彻底烘干，置于干燥器内待测量使用。

3. 测量

（1）开机。先开仪器主机低压电源，然后开高压电源（预热30min以上），预热后打开显示器，最后打开计算机主机。

（2）本底测量。双击打开软件，单击“文件”后，选择打开文件；双击测水样程序，单击“设置”，并对仪器参数进行设置（进行任何测量都要经过此操作步骤）（图7-1），参数设定完成，单击“确定”；单击测量，选择本底测量，设置测量周期、测量时间等参数；单击“开始”，进行测量。连续测量本底10次，每次100min，打印并存盘。

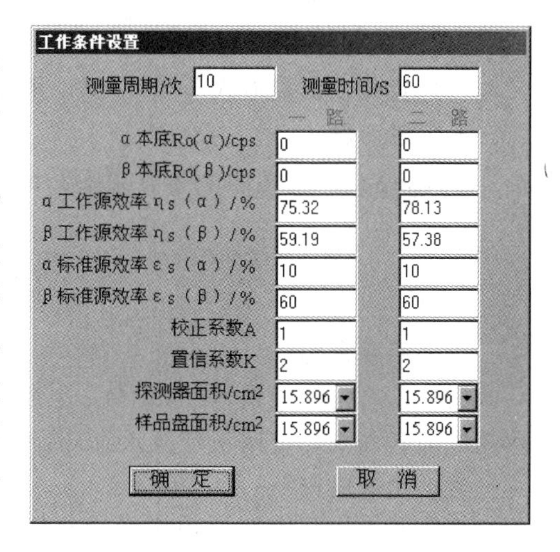

图7-1　参数设定界面

（3）标准源测量。单机测量，选择α标准源效率刻度，设置测量周期、测量时间等参数，单击确定；输入α、β标准源比活度，单击“确定”；单击“开始”，进行测量。α标准源测量4次，每次100min，打印并存盘。单机测量，选择β标准源效率刻度，测量方法与α标准源效率刻度相同。β标准源测量4次，每次30min，打印并存盘。

（4）样品测量。单击“测量”，选择水样品测量，设置测量周期、测量时间（测量时间一般大于200min，查看其他参数是否设定）等参数，单击“确定”；输入相关参数（包括所取水样体积、固体残渣总量、水样名称、水样编号、采样人等），单击“确定”；单击“开始”，进行测量，测试完成（图7-2），打印并存盘，测试完成后及时把样品取出。

BH1216III型二路低本底α，β测量仪 - [α工作源效率稳定性测量]

文件　设置　测量　数据　开始　质量控制图　帮助

一路　二路　返回　打印

测量日期 2001-03-12　完……0　完成时间 0　测量周期 10　测量时间 60

NO		β1	α2	β2	反符合
1	2175	28	1404	12	
2	2209	34	1458	9	
3	2062	28	1397	13	
4	2178	27	1488	6	
5	2202	21	1475	8	

图7-2　仪器测试界面

(5) 关机。先关计算机主机，再关显示器，接着关闭仪器主机高压电源，最后关闭仪器主机低压电源。

五、数据记录

水样 α、β 测试数据记入表 7-1。

表 7-1　　水样 α、β 测试记录表

序号	水样编号	水样体积 V/L	总残渣量 m/mg	测样质量 m_b /mg	总 α 活度浓度 /(Bq/L)	总 β 活度浓度 /(Bq/L)
1						
2						
3						

六、注意事项

(1) 烧杯内待处理水样勿盛太满，避免加热时飞溅而引起误差。

(2) 瓷蒸发皿先放入干燥箱 1h，再放入干燥器，直至冷却，恒重 3 次。

七、思考题

水中 α、β 放射性的来源有哪些？试举例说明。

实验二　天然水稳定同位素测定实验

一、实验目的

天然水稳定同位素（D 和 ^{18}O）组成受到水的来源、水文地球化学反应、蒸发和凝结作用等因素影响，可用于示踪水循环、水文地球化学作用等，应用十分广泛。

二、实验原理

本实验采用基于波长扫描光腔衰荡光谱技术（WS-CRDS）的光谱法。测试中，将吸收激光的水汽导入腔室，使激光快速反复地多次穿过气体样品，产生一种极大增益的有效光程。由于待测水汽同位素能够吸收特定频率的光，所以光衰减到某一确定程度所需要的时间将变短。然后通过这一变短的时间即可推算出天然水稳定同位素的含量。光谱法具有样品前处理简单、分析成本低、测试速度快等优点。

三、实验仪器及试剂

1. 仪器及用品

(1) 液态水稳定同位素测试仪（PICARRO L2130-i 型）（图 7-3）。

(2) 液氮气瓶。

(3) 0.2μm 过滤器、样品瓶等。

2. 试剂

超纯水。

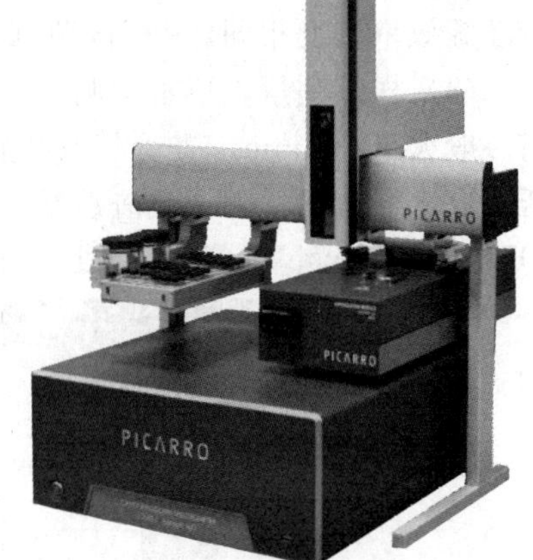

图 7-3　液态水稳定同位素测试仪（PICARRO L2130-i 型）

四、实验步骤

1. 样品预处理

水样采集过滤（0.2μm）后，注入到 2mL 的顶空瓶中（最好充满并保留一个气泡的空间），按顺序码放在托盘上。

2. 样品测量

（1）开机。首先打开主机和汽化装置外置泵；接着打开分析仪背面开关（拨至 1 表示打开），仪器进入启动界面（图 7－4）。预热约半小时，待仪器参数达到 Cavity Pressure 为 50Torr、Cavity Temperature 为 80℃、Warmbox temperature 为 45℃后，打开汽化装置开关，当温度升至设置温度 110℃时，才能开始测样。此时打开氮气瓶，调节压力至 2.5psi，准备测样。

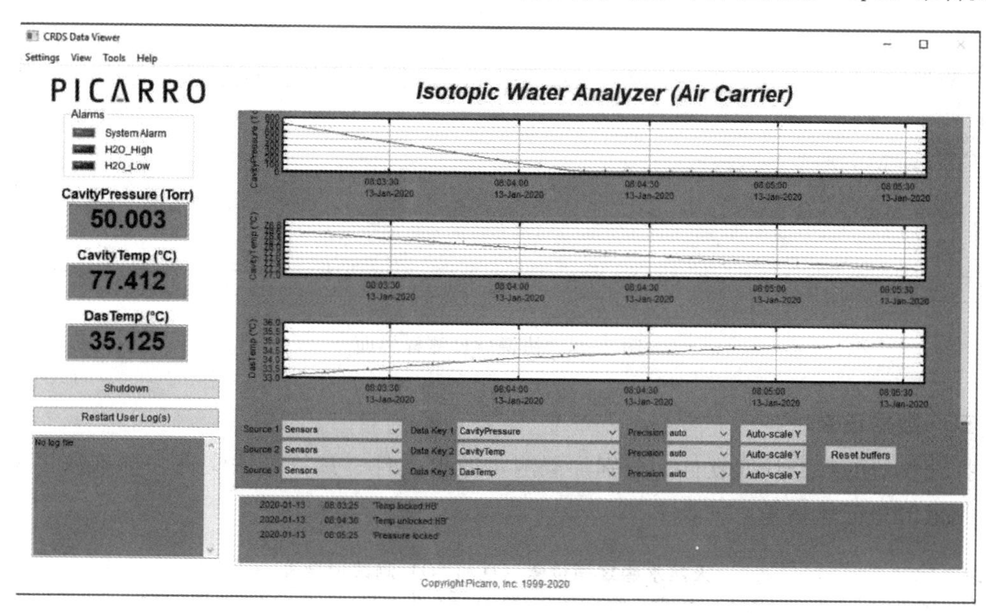

图 7－4　程序用户界面

（2）测量。打开自动进样软件，并编辑进样方法（图 7－5）；打开协调软件，选择要使用的测量模式，进入测样（图 7－6）。当协调软件的 Log 窗口出现“Asserting inject, waiting for injected”时，点击自动进样软件界面的“Run”按钮，开始测量；将填写好的样品描述文件加载到协调软件上，加载样品信息。测试完成，结果将自动保存在计算机上。

（3）关机。测样结束后，关闭协调软件和自动进样软件；点击用户界面的“Shut down”按钮，等待 Cavity pressure 升至与大气压平衡的时候，仪器会在 1min 后自动关机，完全关闭后，顺序关闭主机后面的电源键，汽化室，汽化室泵和主机泵，断开电源。关闭钢瓶气。

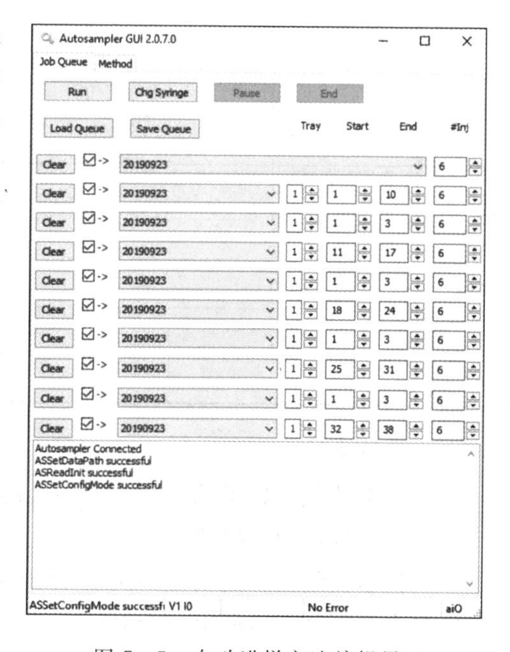

图 7－5　自动进样方法编辑界面

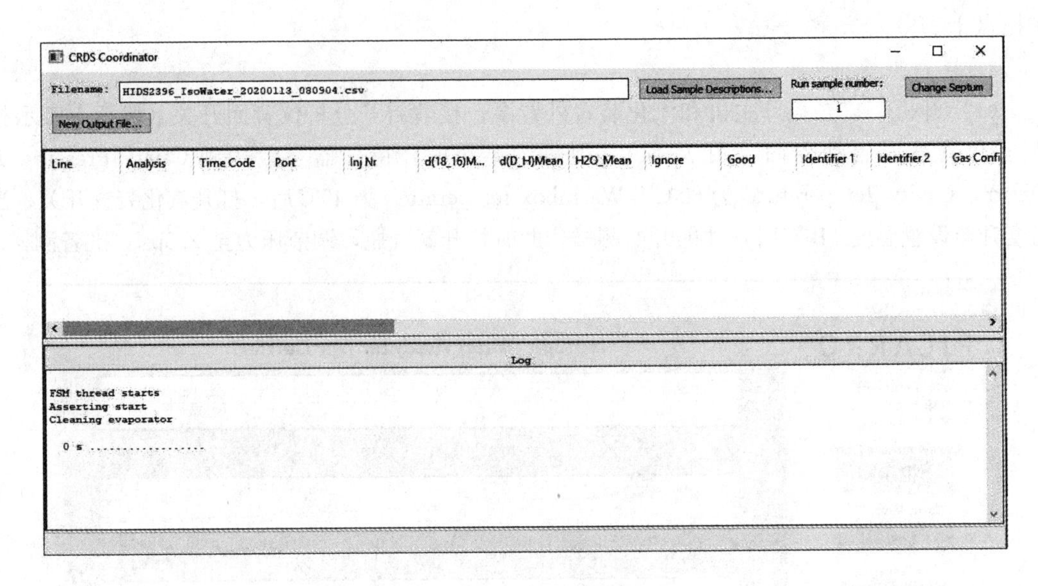

图 7-6 协调软件测样界面

五、数据记录

打开仪器的数据计算软件，分别加载测量数据文件、计算方法文件和标准浓度文件，校正测量值并记录结果，见表 7-2。

表 7-2 天然水稳定同位素（D 和 ^{18}O）测试记录表

序号	样品编号	δD /‰VSMOW	δD 标准偏差	δ^{18}O /‰VSMOW	δ^{18}O 标准偏差
1					
2					
3					
4					
5					
6					
7					
8					

六、注意事项

（1）注射器须每日手动清洗，否则会影响数据质量。

（2）勿将标样顺序排错。

（3）仪器关闭前一定要通入几分钟的干燥气体，避免因关机后温度降低而导致的冷凝。冷凝水汽凝结在镜面上，会对镜子的灵敏度造成损害，影响数据质量。

（4）定期观察自动进样器定位位置是否准确，出现偏移时则要重新校准。

七、思考题

（1）在测试特定区域采集的水样时，如何选择合适的标样？

（2）测试时前后几针水汽浓度波动较大时，应如何处理？

实验三　天然水^{3}H 测定实验

一、实验目的

^{3}H（氚）是氢的放射性同位素，衰变时发射 β 射线。当天然水中氚浓度较低时，可通过电解浓缩法进行测定。

二、实验原理

水电解时分解为氢气和氧气，同时由于^{3}H 为氢的重同位素，将逐渐浓集，其富集程度可表示为

$$\frac{T}{T_0}=R_t\left(\frac{V_0}{V}\right) \tag{7-1}$$

$$R_t=\left(\frac{V_0}{V}\right)^{-\frac{1}{\beta}} \tag{7-2}$$

式中　T_0、T——电解前后^{3}H 的分子数；

V_0、V——电解前后水样的体积，mL；

R_t——^{3}H 回收率；

β——分馏因子。

由公式可见，^{3}H 的富集取决于电解前后水样的浓缩倍数、分馏因子，同时也和^{3}H 的回收率有关，回收率越高，β 值越大，水样中^{3}H 的浓度就越高。

三、实验仪器及试剂

1. 仪器及用品

（1）超低本底液体闪烁计数仪（图 7-7）。

（2）电热套、真空红外蒸馏炉。

（3）卧式冰柜、液氮容器、玻璃电解槽、电极（铁、镍）。

（4）20mL 聚四氟乙烯计数瓶、蒸馏瓶和接收瓶。

图 7-7　超低本底液体闪烁计数仪（Quantulus 1220）

2. 试剂

（1）高锰酸钾（固体，分析纯）。

（2）铜屑（固体，优级纯）。

（3）过氧化钠（固体，分析纯）

（4）液氮。

（5）4 号真空脂。

（6）闪烁液（PPO、POPOP、甲苯、曲拉通 X-100）。

（7）本底水。

（8）^{3}H 标准水。

四、实验步骤

1. 蒸馏

将水样装入蒸馏瓶内，加入1g铜屑及少许高锰酸钾，使水呈粉红色，在电热套上进行蒸馏。

2. 配置电解液

称取2g过氧化钠，取蒸馏后水样200mL装入烧杯，配置浓度为10g/L电解液，摇匀，倒入电解槽。

3. 电解水样

将装有水样的电解槽放入冰柜，插入电极并串联。冰柜温度保持在±5℃范围内。通电开始电解，将产生的氢氧混合物引出室外，电解电流不超过3A。随电解液体积减小，减小电流，待电解液减少至10mL左右时，停止电解，取出电极。

4. 二次蒸馏

将电解槽放入红外真空炉中，装好接收瓶，用装有液氮的保温杯冷冻接收瓶，抽真空。接通电源进行蒸馏。炉温用温度控制器控制在80℃。水样全部蒸出为止，蒸馏后水样pH值应小于7。

5. 样品、空白和标准的配制

将二次蒸馏后的水样准确称量，计算浓缩倍数。取12mL水样加入计数瓶中，再加入8mL闪烁液，盖紧计数瓶，在38～42℃的水浴中放置3min乳化，充分摇匀。空白和标准配制方法与样品配制方法相同。

6. 测量

（1）用酒精擦洗计数样品瓶后，将样品瓶依次装入样品盘，关闭样品室门，静置12h。

（2）打开液闪仪冷却单元开关。

（3）打开液闪仪主机电源开关。

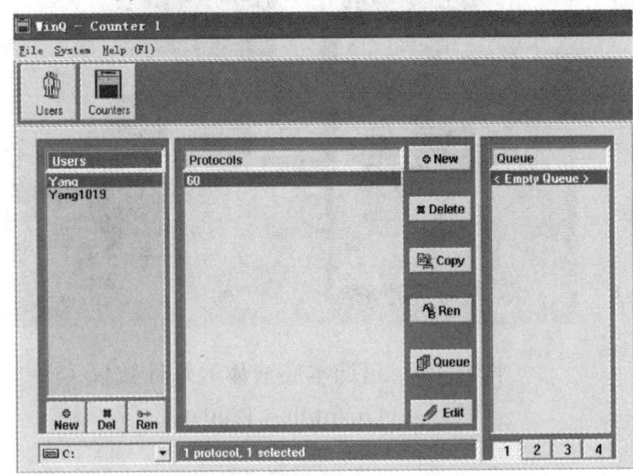

图7-8 程序用户界面

（4）打开计算机。

（5）打开WinQ程序，然后点击“Users”进入用户界面。选择“Users”区域，点击“New”按钮创建用户（图7-8）。

（6）选择“Protocols”区域，点击“New”创建一个新程序，对一般参数（General Prameters）、多道及能量窗口（MCA & Windows setting）和样品参数（Sampel Parameters）进行设置（图7-9）。

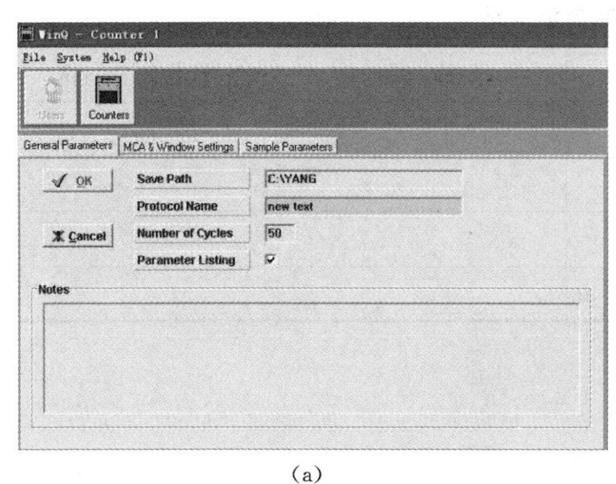

(a)

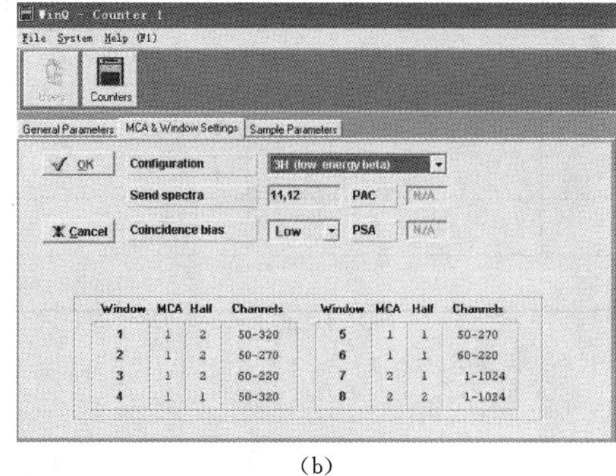

(b)

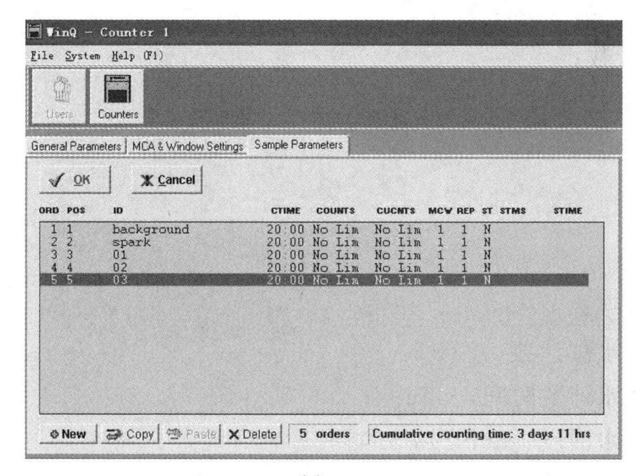

(c)

图 7-9　参数设置界面

(a) General Parameters; (b) MCA & Window Settings; (c) Sample Parameters

(7) 按照对话框提示在“Save Path”中设置样品测试数据的保存路径，在“Protocol Name”中填写程序名称，在“Number of Cycles”中设置循环次数［图 7-9 (a)］。

(8) 选择“MCA & Window Setting”卡片，在“Configuration”中选择^{3}H (Low energy beta)［图 7-9 (b)］。

(9) 选择“Sample Parameters”卡片，输入样品位置 (POS)、样品号 (ID)、测量时间 (CTIME) 等，按“OK”确认［图 7-9 (c)］。

(10) 点击“Queue”按钮，将编辑好的程序添加入队列管理器 (图 7-8)。

(11) 点击“Counters”按钮，当状态栏显示“Ready”后点击“▶”按钮，开始测量。

(12) 测量结束后，启动 Easy View 谱分析程序对数据进行分析。

五、数据记录

1. 实验原始数据

填写^{3}H 测试原始数据记录表 (表 7-3)。

表 7-3　　^{3}H 测试原始数据记录表

序号	样品编号	采样时间	测试时间	^{3}H 计数率/cpm

2. 数据处理

（1）本底值。

$$B=C/t \tag{7-3}$$

式中　B——本底计数率，cpm；

C——本底总计数；

t——本底测量总时间。

（2）计数效率。

$$CE=\frac{\frac{C_s}{t_s}-B}{VA_s e^{-\lambda t}} \tag{7-4}$$

式中　CE——计数效率；

C_s——标准氚水总计数；

t_s——标准氚水计数时间，min；

A_s——标准氚水活度，dpm/g；

λ——氚的衰变常数；

t——取样日期至分析日期之间的时间间隔，年；

e——自然常数，其值约为 2.71828。

（3）电解效率。

$$EE_{es}=\frac{C_{es}-B_e}{VCE\alpha S_{es} e^{-\lambda t}} \tag{7-5}$$

式中　EE_{es}——标准氚水的电解效率；

C_{es}——电解标准氚水的计数率；

B_e——电解本底计数率，cpm；

α——电解标准的浓缩倍数（$\alpha=V_0/V$）；

S_{es}——电解标准氚水活度，dpm/g。

（4）电解分馏系数。

$$\beta=\frac{\ln\left(\frac{V_0}{V}\right)_{es}}{\ln EE_{es}} \tag{7-6}$$

式中　β——电解分馏系数；

V_0——电解样品的初体积，mL；

V——电解样品的终体积，mL。

（5）样品电解效率。

$$EE_s=\left(\frac{V_0}{V}\right)_s^{-\frac{1}{\beta}} \tag{7-7}$$

式中　EE_s——样品电解效率；

$\left(\frac{V_0}{V}\right)_s$——样品浓缩倍数。

（6）氚单位计算。

$$TU=\frac{C_{sa}-B_e}{VCE\left(\frac{V_0}{V}\right)_s EE_S \mathrm{e}^{-\lambda t}k} \tag{7-8}$$

式中　C_{sa}——样品计数率，cpm；

k——7.17×10^{-3} dpm/g。

（7）^3H 比活度。

$$A=TU\times0.12 \tag{7-9}$$

式中　A——氚比活度，Bq/kg。

六、注意事项

（1）避免氚标准样品与皮肤接触。

（2）蒸馏后应保证回收的水样无色，否则重新蒸馏。

（3）检查电解装置排气管线，防止管线破损造成气体泄漏。

七、思考题

（1）在降水氚浓度恢复的基础上，确定地下水的氚年龄。

（2）当降水氚浓度接近背景值时会导致年龄解释出现多解性，在这种情况下，如何确定地下水的真实年龄？

实验四　^{14}C 样品年龄测定实验

一、实验目的

^{14}C 是碳的放射性同位素，半衰期（$T_{1/2}$）为 5730 年±40 年，衰变时辐射 β 射线，可用液闪法测定。

二、实验原理

^{14}C 是宇宙射线中子穿越大气时与氮核（^{14}N）发生核反应形成的，即

$$^{1}_{0}n+^{14}_{7}N\longrightarrow ^{14}_{6}C+^{1}_{1}p$$

新生 ^{14}C 遇氧即被氧化成 CO_2，这种含有 ^{14}C 的 CO_2 与大气原有 CO_2 相混合，遍布整个大气圈，同时通过自然界碳循环扩散到整个生物圈、水圈及一切与大气 CO_2 有过交换关系的含碳物质中，使这些物质具有 ^{14}C 放射性。这些物质一方面从大气中不断获得 ^{14}C，另一方面 ^{14}C 又不断衰变，即：

$$^{14}_{6}C\longrightarrow ^{14}_{7}N+\beta^-$$

补充和衰变的结果，使^{14}C含量在自然界所有含碳物质中保持动态平衡。如果某一含碳物质一旦停止与外界发生交换（如生物死亡、植物燃烧、碳酸盐沉淀和大气水进入地下水等），该物质中^{14}C便不再从大气获得补充，而原来含有的^{14}C则按衰变规律不断减少。故只要测出样品^{14}C的比活度，就可按下式计算含碳样品与大气停止交换后的年代：

$$t=8267\ln\frac{A_0}{A_{样}} \tag{7-10}$$

式中　t——样品年龄，年；

A_0——现代碳的比活度，dpm/g；

$A_{样}$——样品碳的比活度，dpm/g；

8267——^{14}C的平均寿命，年。

三、实验仪器及试剂

1. 仪器

超低本底液体闪烁计数仪。

2. 试剂

（1）苯。

（2）样品苯。

（3）闪烁溶液。

（4）乙醇。

四、实验步骤

1. 配置计数样品

将制好的样品苯，取固定相等的量（如5mL）作为溶剂，把溶有闪烁体的甲苯浓缩液（每毫升含PPO 0.36mg，POPOP 0.6mg）按每毫升苯加0.2mL甲苯浓缩液的比例加入计数瓶中，用天平称重。若样品量不足，用本底苯补足。

标准、空白计数样品配制同上。

2. 测试

样品测试步骤参考^{3}H。

五、数据记录

1. 实验原始数据记录

填写^{14}C测试原始数据记录表（表7-4）。

表7-4　^{14}C测试原始数据记录表

序号	样品编号	采样时间	测试时间	^{14}C计数率/cpm

2. 数据处理

（1）样品纯计数率。

$$n_{样纯}=n_{样}-n_{本} \quad (7-11)$$

式中　$n_{样}$——样品苯计数率，cpm；

$n_{本}$——本底苯计数率，cpm；

$n_{样纯}$——样品纯计数率，cpm。

（2）糖碳标准净计数率。

$$nn_{糖纯}=n_{糖}-n_{本} \quad (7-12)$$

式中　$n_{糖纯}$——糖碳标准纯计数率，cpm；

$n_{糖}$——糖碳计数率，cpm。

（3）样品比活度。

$$A_{样}=\frac{n_{样纯}}{G_{样}} \quad (7-13)$$

式中　$G_{样}$——样品苯用于计数的质量，g；

$A_{样}$——样品比活度，cpm/g。

（4）糖碳标准比活度。

$$A_{糖}=\frac{n_{糖纯}}{G_{糖}\times 1.362} \quad (7-14)$$

式中　$G_{糖}$——糖碳标准计数苯质量，g；

$A_{糖}$——糖碳比活度，cpm/g。

（5）样品现代碳百分比。

$$A_{r}=\frac{A_{样}}{A_{糖}}\times 100\% \quad (7-15)$$

式中　A_{r}——样品现代碳百分比。

（6）样品年龄。

$$t=8267\ln\left(\frac{A_{糖}}{A_{样}}\right) \quad (7-16)$$

式中　t——样品年龄，年。

（7）误差。

$$\sigma=8267\sqrt{\frac{n_{糖纯}+2n_{本}}{n_{糖纯}^{2}t}+\frac{n_{样纯}+2n_{本}}{n_{样纯}^{2}t}} \quad (7-17)$$

式中　t——测量总时间，min。

六、注意事项

（1）注意通风或佩戴防毒面罩，防止苯、甲苯等的吸入。

（2）避免 ^{14}C 标准样品与皮肤接触。

七、思考题

（1）根据水文地质条件和样品水化学组成，判断可能发生的影响 DIC 中 ^{14}C 浓度的水文地球化学反应，并选择合适的校正模型计算所测地下水样品的年龄；

(2) 采用沉淀法采集^{14}C样品时，若空气CO_2混入，所测得的地下水年龄相比实际年龄偏大还是偏小？

实验五　降水同位素样品采集与测试实验

一、实验目的

了解大气降水^2H、^{18}O样品的采集和测试方法，绘制当地大气降水线。了解液态水稳定同位素仪的测试原理，掌握测试方法。

二、实验原理

降水过程的同位素分馏为平衡分馏，降水中δD和$\delta^{18}O$呈线性关系，其一般形式为

$$\delta D = a\delta^{18}O + b \tag{7-18}$$

式中　a——大气降水线的斜率，常数；

b——大气降水线的截距，常数。

该关系式称为大气降水线（图7-10）。

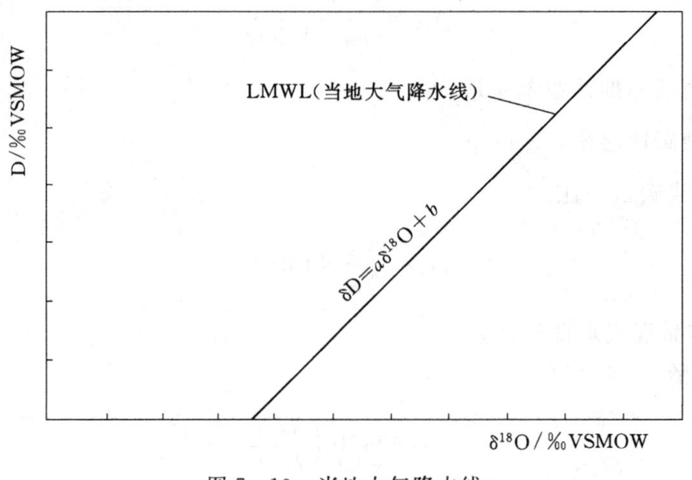

图7-10　当地大气降水线

其中，斜率a约等于降水温度下水中D和^{18}O的平衡分馏系数$\alpha D_{液-汽}$与$\alpha^{18}O_{液-汽}$的自然对数之比，即

$$a = \frac{d(\delta D)}{d(\delta^{18}O)} \approx \frac{\ln\alpha D_{液-汽}}{\ln\alpha^{18}O_{液-汽}} \tag{7-19}$$

采集和测试一定区域内、一个水文年以上的逐次或月均降水样品，可建立当地大气降水线。

三、实验仪器及用品

(1) 液态水同位素分析仪：由主机、汽化装置、进样器及相应的控制软件组成。

(2) 降水采样器。

（3）雨量计、温度计、湿度计。

四、实验步骤

1. 降水同位素样品采集

在降水采样器内加入液体石蜡，厚度为0.5cm，防止水样的蒸发。

次降水（0.1mm以上的降水）结束后，立即将收集的水样转移至50mL高密度聚乙烯瓶水样瓶中。若为降雪，则降雪后将积雪装入洁净塑料袋中，在室温下融化后，装入50mL水样瓶。

采样时，每个样品瓶（含瓶盖）用样品润洗3遍，盖紧；瓶上贴上标签，写上采样编号和采样时间，瓶口用封口膜密封；样品置于阴凉处保存。

填写采样记录，同步记录降水量、气温、相对湿度等气象数据。

2. 降水同位素样品测试

与本部分实验二的操作步骤相同。

五、数据记录

填写大气降水同位素采样与测试记录表（表7－5）。

表7－5　　大气降水同位素采样与测试记录表

采样期次	采样时间	样品编号	降水量/mm	气温/℃	相对湿度/%	δD/‰VSMOW	$\delta^{18}O$/‰VSMOW

六、注意事项

因蒸发会引起同位素分馏，在取样和保存过程中应尽量避免降水样品的蒸发。

七、思考题

（1）单次降水未必落在当地大气降水线上，可能存在一定偏离，分析其原因。

（2）比较所得当地大气降水线的斜率和截距与全球大气降水线的差别，分析其原因。

实验六　开放水面蒸发实验

一、实验目的

了解开放水面蒸发条件下^{2}H、^{18}O同位素的动力分馏过程，加深对于Craig－Gordon蒸发模型的理解。

二、实验原理

Craig－Gordon蒸发模型：描述开放水体蒸发中的同位素分馏过程。在边界层中，液态水与水汽之间保持同位素平衡；在扩散层中，水汽分子之间发生动力学分馏；在紊流混合层中不再发生分馏（图 7-11）。

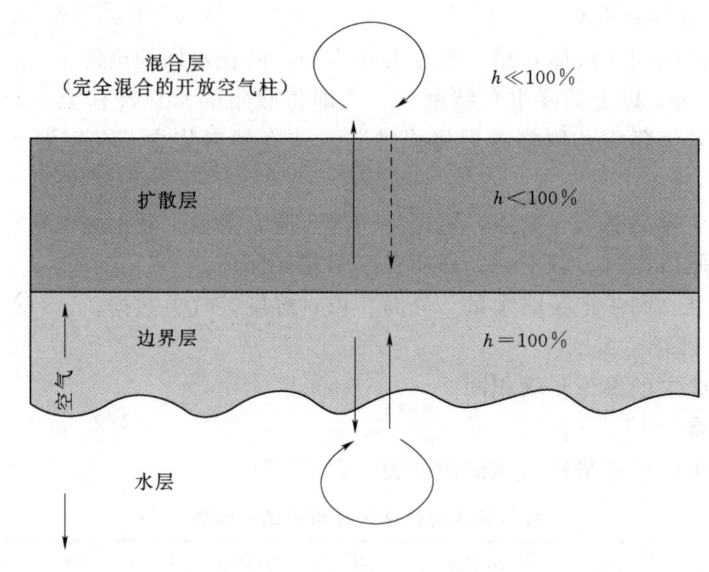

图 7-11 描述开放水体蒸发的 Craig-Gordon 模型

Gonfiantini 公式：描述边界层和紊流层间同位素动力富集系数与相对湿度之间的关系：

$$\Delta\varepsilon^{18}O_{bl-v}=14.2(1-h)‰ \tag{7-20}$$

$$\Delta\varepsilon D_{bl-v}=12.5(1-h)‰ \tag{7-21}$$

式中 $\Delta\varepsilon^{18}O_{bl-v}$、$\Delta\varepsilon D_{bl-v}$——边界层与混合层之间的动力富集系数；

h——相对湿度，%。

三、实验仪器

（1）液态水稳定同位素分析仪。

（2）E601 型蒸发器。

（3）恒温恒湿箱。

四、实验步骤

（1）向蒸发器中加水至水深 35cm，令水在设定温度和相对湿度下蒸发。记录蒸发的开始时间、温度和相对湿度。

（2）以 24h 为时间间隔连续观测蒸发器蒸发量，时长为 10d。每次采集水样 2mL，密封保存。

（3）采用液态水同位素分析仪测定水样的 D 和 ^{18}O 同位素组成。

（4）根据 Craig-Gordon 蒸发模型，采用实验温度下的氘氧同位素平衡富集系数和 Gonfiantini 公式得到的动力富集系数及瑞利分馏公式，计算和绘制蒸发条件下残留水同位素的理论演化曲线，并与实测值对比。

五、数据记录

填写开放水体蒸发实验记录表（表 7-6）。

表 7-6　　开放水体蒸发实验记录表

采样序次	采样时间	样品编号	温度/℃	相对湿度/%	D/‰VSMOW	^{18}O/‰VSMOW
1						
2						
3						
4						
5						
6						
7						
8						
9						
10						

六、注意事项

（1）水样保存时应注意密封。

（2）采集水样时，应快速进行，减少对恒温恒湿箱内温度和相对湿度的扰动。

七、思考题

（1）绘制开放水体蒸发过程残留水体的 D 和 ^{18}O 同位素演化理论曲线和实测曲线。

（2）计算开放水体蒸发过程中平衡分馏和动力分馏对于总分馏的贡献。

（3）开放水体蒸发过程中 D 和 ^{18}O 的动力富集系数相差较大，说明其原因。

参 考 文 献

[1] 张人权，梁杏，靳孟贵，等. 水文地质学基础 [M]. 北京：地质出版社，2011.

[2] 宿青山，刘丽，范兴业，等. 现代实验水文地质学 [M]. 长春：吉林科技出版社，1991.

[3] 马传明. 包气带水文学实验指导书 [M]. 武汉：中国地质大学出版社，2013.

[4] 中华人民共和国建设部. GB 50021—2001 岩土工程勘察规范 [S]. 北京：中国建筑工业出版社，2009.

[5] 中华人民共和国水利部. SL 237—1999 土工试验规范 [S]. 北京：中国水利水电出版社，1999.

[6] 刘兆昌，张兰生，聂永丰，等. 地下水系统的污染与控制 [M]. 北京：中国环境科学出版社，1991.

[7] 吴持恭. 水力学 [M]. 北京：高等教育出版社，1982.

[8] 尚全夫，崔莉，王庆国. 水力学实验教程 [M]. 大连：大连理工大学出版社，2007.

[9] 赵振兴，何建京. 水力学 [M]. 北京：清华大学出版社，2010.

[10] 王亚玲. 水力学 [M]. 北京：人民交通出版社，2015.

[11] 靳孟贵，陈刚. 地下水动力学实验与习题 [M]. 武汉：中国地质大学出版社，1999.

[12] 吴吉春，薛禹群. 地下水动力学 [M]. 北京：中国水利水电出版社，2009.

[13] 许光泉，刘丽红，胡友彪，刘启蒙. 一种测试渗透系数、给水度与贮水系数的综合实验装置：中国，CN201020641706. 3 [P]. 2011-09-07.

[14] 邓先俊. 陆地水文学 [M]. 北京：水利电力出版社，1985.

[15] 地矿部水文地质专业实验测试中心. 地质矿产部地下水标准检验方法 [M]. 1987.

[16] 黄君礼. 水分析化学 [M]. 北京：中国建筑工业出版社，2008.

[17] 王有志. 水质分析技术 [M]. 2 版. 北京：化学工业出版社，2018.

[18] 姚文志. 水质分析方法及应用探析 [M]. 北京：中国水利水电出版社，2015.

[19] 戴竹青. 水分析化学实验 [M]. 2 版. 北京：中国石化出版社有限公司，2013.

[20] 国家环境保护局. GB/T 12375—1990 水中氚的分析方法 [S]. 北京：中国标准出版社，1990.

[21] Operation of QUANTULUS 1220 Liquid Scintillation Counter (LSC) Using WinQ and Easy View Software. Radiological Controls: Central Radcon Organization, 2016.

[22] Sundaram B et al. Groundwater sampling and analysis—a field guide. Geoscience Australia Record, 2009, 27.

[23] Clark, Fritz. 张慧，张新基. 译. 水文地质学中的环境同位素 [M]. 郑州：黄河水利出版社，2006.